L'HOMÉOPATHIE, DES DÉSACCORDS ENTRE SCIENTIFIQUES

HOMEOPATHY, DISAGREEMENTS BETWEEN SCIENTISTS

Emmanuella DI SCALA, Maître de Conférences, Université de Bourgogne-Franche-Comté, est responsable du projet HOMEOCSS et s'occupe de l'analyse du public des « scientifiques » (objet d'étude 5) au sein du projet.

HOMEO CSS
HOMEOPATHY
Object of Controversy
in the Societal Sphere

www.projet-homeocss.com

5-7, rue de l'École-Polytechnique ; 75005 Paris

http://www.editions-harmattan.fr/

ISBN : 978-2-343-21662-1
EAN : 9782343216621

Emmanuella Di Scala

L'homéopathie, des désaccords entre scientifiques

Comprendre les divergences

Homeopathy, Disagreements between Scientists

Understanding Divergences

L'Harmattan

Du même auteur

Science en Société – Les représentations dans les controverses et les questions socio-scientifiques, ouvrage coordonné par Emmanuella Di Scala, 2019, L'Harmattan

L'Homéopathie en question : HOMEOCSS – Projet de recherche sociétale sur la controverse au sujet de l'homéopathie – Enjeux, cadre théorique, approche méthodologique, ouvrage dirigé par Emmanuella Di Scala, 2020, L'Harmattan

Tous mes remerciements au comité scientifique, présidé par le Pr Fabien MEDVECKY de l'Université d'Otago en Nouvelle-Zélande, pour son évaluation et ses commentaires sur cet ouvrage.

Composition du comité scientifique :
https://www.projet-homeocss.com/comite-scientifique

Pr Bruno FALISSARD, Université de Paris, France
Dr Manon KNAPEN, Université d'Otago, Nouvelle-Zélande
Pr Fabien MEDVECKY, Université d'Otago, Nouvelle-Zélande
Pr Bruno POZZETO, Université de Saint-Etienne, France
Pr Pascal RAGOUET, Université de Bordeaux, France
Dr Benoît URGELLI, Université de Lyon, France
Dr Empar VENGUT CLIMENT, Université de Valence, Espagne

****

Mes remerciements à tous les médecins/chercheurs de la sphère académique ayant accepté de participer à cette étude et du temps qu'ils ont bien voulu y consacrer malgré des emplois du temps très chargés. Sans eux, cette étude n'aurait pas pu voir le jour.

****

-Mes remerciements au Dr Thomas GILLE, MCU-PH de Physiologie, Inserm UMR 1272, membre du collectif Fakemed, ancien membre du conseil d'administration, pour ses commentaires et son avis sur les propositions d'amélioration de la communication science-société intégré au sein de l'ouvrage.

-Mes remerciements au Dr Hélène RENOUX, présidente de la société savante d'homéopathie (SSH) et du comité européen d'homéopathie (ECH) pour ses commentaires et son avis sur les propositions d'amélioration de la communication science-société intégré au sein de l'ouvrage.

-Mes remerciements au Pr Rémy BOUSSAGEON, Médecin Généraliste, Collège universitaire de Médecine Générale, UCBL Lyon 1 et Conseil Scientifique du CNGE, pour ses commentaires sur le paragraphe théorique portant sur la « notion d'effet placebo », pour les références théoriques complémentaires proposées dans le paragraphe « perception du terme effet placebo » et pour ses remarques sur le schéma de proposition d'amélioration de la communication science-société.

-Mes remerciements au Dr Florian PETITJEAN, Pharmacien en santé intégrative, pour ses commentaires et son avis sur les propositions d'amélioration de la communication science-société.

-Mes remerciements au Dr Dalila KESSOUAR, membre du projet HOMEOCSS et au Dr Robert-Michel DI SCALA pour leurs relectures ainsi que leurs commentaires sur l'analyse synthétique.

-Merci à Mme Lisa VICTORIA RIGAUD pour la traduction anglaise de l'analyse synthétique.

-Merci à mes collègues du projet HOMEOCSS pour leurs relectures morphosyntaxiques, leurs commentaires et nos échanges lors des séminaires de recherche, notamment : Dr Sébastien MALPEL, Dr Sophie DEMONCEAUX, Dr Dalila KESSOUAR, Dr Mohamed DJOUANI, Dr Marie-Laure GROULT et Dr Guy LEVEQUE.

****

Dans ma démarche et dans cette analyse, je me suis abstenue de juger les valeurs, de déclarer qu'elles sont justes ou injustes, vraies ou fausses, recommandables ou à déconseiller. Je me suis abstenue de juger de façon analogue les représentations des acteurs étudiés. Mon enjeu a été de les restituer, de les caractériser, de les analyser et de les comprendre.

COMPRENDRE LES DIVERGENCES ENTRE SCIENTIFIQUES AU SUJET DE L'HOMÉOPATHIE

****

UNDERSTANDING DIVERGENCES BETWEEN SCIENTISTS ABOUT HOMEOPATHY

PARTIE 1 : ANALYSE SYNTHÉTIQUE ACCESSIBLE AU GRAND PUBLIC (français)

PARTIE 2 : SYNTHETIC ANALYSIS ACCESSIBLE TO THE GENERAL PUBLIC (english)

PARTIE 3 : ANALYSE DE RECHERCHE DÉTAILLÉE

PARTIE 1 : ANALYSE SYNTHÉTIQUE ACCESSIBLE AU GRAND PUBLIC (français)

Chapitre I – INTRODUCTION

Les références bibliographiques et les annexes mentionnées sont référencées dans l'analyse de recherche détaillée (chapitres VII et VIII)

Cet ouvrage présente une étude des représentations sociales de l'homéopathie de scientifiques (médecins/chercheurs). Les représentations sociales correspondent à la vision qu'un individu se fait d'un sujet, d'un objet. La théorie des représentations sociales date de 1961 et des travaux de Serge Moscovici. « Les représentations sont un ensemble d'opinions, d'informations, de valeurs et de croyances sur un objet particulier » (De Carlos, 2015, p. 34). Une analyse de ces représentations permet donc de comprendre quelles sont les causes qui conduisent une personne à se forger une vision. L'étude portera sur les représentations de scientifiques au sujet de l'homéopathie, sujet controversé dans l'espace public. L'enjeu sera de mieux comprendre ce qui oriente le positionnement de chacun face à l'homéopathie et de définir les sources d'oppositions et les désaccords au sein de cette controverse sociétale.

L'homéopathie est un sujet publiquement controversé. La controverse porte essentiellement sur la scientificité de cet objet. Certains estiment que cet objet n'est pas un objet médical et scientifique, les autres estimant au contraire qu'il est un objet médical et de science dont il reste encore des connaissances à découvrir. Les premiers se basent sur des recherches attribuant uniquement un effet placebo à cet objet (NHMRC, 2015 ; EASAC, 2017), les opposants revendiquent des recherches (Bornhoft & Matthiessen, 2011 ; Grimaldi-Bensouda *et al.*, 2016) montrant son action propre notamment dans un cadre de référence différent. En 2018, ces affrontements ont conduit à une tribune publique en défaveur de l'homéopathie et à des procès en justice suite à des dépôts de plaintes des défenseurs de l'homéopathie.

Des recherches démontrent que les effets placebo sont un véritable phénomène psychobiologique attribuable au contexte thérapeutique global (Finniss *et al.*, 2010). Les différentes définitions de l'effet placebo présent dans tout acte thérapeutique (Autret, 2013 ; Boussageon, 2010), ont été recensées (Tilmans-Cabiaux, 2010) dans la littérature : 1) l'explication « négationniste » niant l'effet placebo, cherchant à montrer les biais et erreurs méthodologiques et/ou l'attribuant à une évolution naturelle de la maladie vers la guérison. 2) l'hypothèse du conditionnement expliquée par la psychologie expérimentale ne permettant cependant pas d'expliquer le caractère anticipatif. 3) l'hypothèse de l'attente du patient selon laquelle sans conditionnement, l'attente, l'espoir et l'envie de guérir de la part du patient peuvent déclencher la survenue de l'effet placebo. La confiance dans le médecin, la conviction du soignant et la relation mutuelle s'y ajouteraient. 4) les explications physiologiques telles que le déclenchement de la voie des benzodiazépines, les médiateurs endogènes. La microarchitecture cérébrale serait également impliquée. Les définitions 2, 3 et 4 sont celles retenues par les scientifiques pour expliquer actuellement l'effet placebo.

L'OMS dès 2002 (OMS, 2002) différencie les médecines conventionnelles des médecines non conventionnelles. Parmi les médecines non conventionnelles, les plus fréquentes et les mieux reconnues au niveau européen, il y a l'homéopathie. L'Europe a choisi le terme de « médecine non conventionnelle (MNC) » dans ses textes officiels (Assemblée parlementaire, 1999). La France est le premier pays consommateur et exportateur (CAMbrella, 2012). Le dernier sondage IPSOS 2018 réalisé pour les laboratoires pharmaceutiques homéopathiques, indique que 77% des Français ont déjà pris de l'homéopathie au cours de leur vie et que 58% en ont pris plusieurs fois. 76% des Français ont une bonne image des médicaments homéopathiques. D'après le sondage IPSOS 2012 réalisé à la demande des laboratoires pharmaceutiques homéopathiques, 56% des Français utilisent l'homéopathie pour se soigner dont 36% de façon régulière. Ce sondage indiquait par ailleurs que 77% des Français souhaiteraient que l'homéopathie soit prescrite plus souvent en première intention. 90% des Français désirent que les professionnels de santé soient mieux formés et plus compétents avec une formation intégrée dans le cursus. 44% des Français se sentent très mal informés sur cette thérapeutique. En France, tous les praticiens de santé reconnus peuvent prétendre à prescrire des traitements homéopathiques et sont les seuls à pouvoir obtenir un diplôme officiel, droit au titre qui vient néanmoins d'être remis en question en octobre 2019 par l'ordre des médecins.

Les politiques de remboursement des médicaments homéopathiques sont continuellement remises en cause par les différents gouvernements, la majeure partie des remboursements se faisant par la complémentaire santé. Suite à la tribune publique en défaveur de l'homéopathie (2018), suite au communiqué de presse de l'Académie de Médecine en défaveur du remboursement de l'homéopathie (2019) et suite à différentes études indiquant son effet placebo, une évaluation de l'HAS commanditée par le Ministère de la santé a conduit à l'arrêt du remboursement de l'homéopathie prévu pour 2021. La controverse sociétale se poursuit néanmoins. Deux laboratoires pharmaceutiques impliqués dans la production d'homéopathie ont décidé de déposer deux recours auprès du Conseil d'État en octobre 2019.

Chapitre II – MÉTHODOLOGIE

Pour analyser les représentations, des entretiens narratifs qui sont des formes d'interviews, ont été réalisés téléphoniquement. Pour chaque entretien, la durée moyenne était de 50 min et il a été demandé aux scientifiques interrogés : « Pouvez-vous me raconter votre parcours de vie et vos raisons/motivations qui vous ont conduit à devenir médecin/chercheur/scientifique d'une part puis à vous spécialiser sur votre thématique d'autre part ? Dans un dernier temps, vous me direz ce que vous pensez de l'homéopathie en général et des recherches qui sont menées. Prenez tout le temps nécessaire pour raconter ce parcours de vie et débuter votre narration à l'époque de votre vie qui vous semble la plus judicieuse (cela peut être dès le plus jeune âge ou plus tard…). »

Dans le respect de la réglementation européenne de protection des données RGPD applicable depuis le 25 mai 2018, lors de la soumission des entretiens, une demande de consentement oral enregistré portant sur l'anonymat des données a été au préalable soumis afin d'avoir l'accord des scientifiques interrogés. Une demande écrite d'accord pour publication des discours a également été obtenue au préalable de la diffusion.

Les entretiens qui ont eu lieu entre novembre 2018 et octobre 2019, se sont poursuivis jusqu'à l'obtention de l'effet de saturation, c'est-à-dire jusqu'à ce qu'ils n'apportent plus de valeur ajoutée à la connaissance sociologique de l'objet étudié (Abric, 2011). Les données bibliographiques indiquent que cet effet de saturation variable a souvent lieu entre 10/12 et 30 entretiens recueillis (Poupart *et al.*, 1997 ; Guest *et al.*, 2006).

Au total, environ 200 scientifiques ont été contactés pour ces entretiens. Parmi eux, 36 ont accepté de participer à l'étude. Le choix du nombre de sujets interrogés, et donc l'arrêt de la recherche de nouveaux contacts, ont été définis par l'effet de saturation présenté précédemment. Les scientifiques ciblés ont été choisis soit en fonction de positions publiques ayant pu être identifiées en faveur ou en défaveur de l'homéopathie, soit par l'intermédiaire de contacts, soit ont été choisis au hasard sans connaître leur tendance en contactant différents chercheurs nationalement. L'objectif est de caractériser les représentations des groupes opposés et d'identifier si des positionnements intermédiaires de chercheurs pris au hasard constituent un groupe de représentation distinct. Les thématiques de recherche des chercheurs contactés étaient en lien avec la santé soit dans le cadre de recherches fondamentales soit dans le cadre de recherches cliniques et médicales. L'effet de saturation a donc été atteint lorsque les différents arguments, positionnements, opinions et évaluations devenaient redondants de façon répétée parmi les sujets interrogés et que les entretiens n'apportaient plus de nouvelles variantes.

Les discours issus des entretiens réalisés avec les scientifiques interrogés ont été découpés en sept thématiques : 1) parcours 2) évaluation de l'homéopathie 3) opinions sur les recherches en homéopathie 4) opinions sur les médecins homéopathes et/ou sur les raisons des oppositions 5) évaluation de l'effet placebo 6) opinions sur les laboratoires pharmaceutiques 7) opinions sur le genre. Pour cet ouvrage, les thématiques portant sur l'opinion sur les laboratoires pharmaceutiques et l'opinion sur le genre, n'ont pas été analysées. Elles feront l'objet de la suite de cette étude.

Le logiciel IRaMuTeQ est un logiciel libre de Pierre Ratinaud permettant les analyses multidimensionnelles de textes et de questionnaires grâce à son interface avec le logiciel de statistique R, il utilise des clés d'analyse équivalentes aux clés catégorielles d'ALCESTE. Il permet des analyses de similitudes (ADS) permettant d'identifier le noyau de la représentation sociale et sa périphérie s'appuyant sur une analyse statistique de type Khi 2. Par un calcul d'écart à l'indépendance et de forces de cooccurrences entre les termes lexicaux employés dans un discours, ce logiciel permet une représentation graphique en arbre (d'un ou plusieurs discours) en faisant apparaître de façon centrale les formes lexicales les plus représentées et leurs forces de cooccurrences avec les communautés lexicales voisines. Ce logiciel couplé à une analyse qualitative a donc été utilisé pour effectuer cette analyse.

L'objectif du projet HOMEOCSS dans lequel s'insère cette étude a pour première intention d'analyser puis de comparer les représentations des différents acteurs selon leur fonction sociétale (médecins, pharmaciens, chercheurs, patients etc..). En conséquence, cette variable sera prioritaire dans cette analyse. Dans notre cas d'étude ce sont les scientifiques chercheurs. La variable « fonction sociétale » pourrait être également croisée avec d'autres variables sociologiques tel que l'âge ou le genre par exemple. Nous ferons le choix dans cette étude de privilégier dans un premier temps une analyse détaillée selon cette première variable, une analyse croisant d'autres variables notamment le genre pourrait faire l'objet d'une étude ultérieure.

Chapitre III – ANALYSE

Parmi les 36 scientifiques étudiés, deux groupes ont été distingués selon un critère de classification commun qui a ensuite émergé : groupe A, nommé « Pas d'action propre pharmacologique de l'homéopathie (PAP) » et groupe B, nommé « Action propre de l'homéopathie (AP), certaine, possible ou non exclue » (degré de certitude évalué en fonction des propos des sujets).

Dans le groupe A (n = 19) : 1 médecin en lien avec l'Université, 9 sont médecins-chercheurs sur un sujet extérieur à l'homéopathie (l'un d'entre eux ayant mentionné avoir travaillé plusieurs années sur un sujet associé à l'homéopathie) et 9 sont chercheurs en santé sur un sujet également extérieur (l'un d'entre eux ayant mentionné avoir travaillé ponctuellement sur un sujet associé à l'homéopathie). Le groupe est représenté par 14 hommes et 5 femmes, dont les âges renseignés se situent entre 33 et 72 ans (moyenne = 52,5 ans, écart-type = 11,5 ans, médiane = 52 ans, 50% des âges renseignés sont compris entre 41 et 60 ans). L'âge de quatre sujets n'est pas renseigné.

Dans le groupe B (n = 17) : 7 sont médecins spécialisés en homéopathie et ont participé à des expérimentations de recherche publiées sur le sujet, 4 sont médecins-chercheurs dont 2 ont travaillé sur le sujet de l'homéopathie et 2 sont extérieurs au sujet, et 6 sont chercheurs en recherche fondamentale dont 2 ont travaillé sur le sujet de l'homéopathie et 4 sont extérieurs au sujet. Le groupe est représenté par 13 hommes et 4 femmes, dont les âges renseignés se situent entre 40 et 73 ans (moyenne = 59,5 ans, écart-type = 11,5 ans, médiane = 64 ans, 50% des âges renseignés sont compris entre 45 et 67 ans). L'âge de trois sujets n'est pas renseigné.

La moyenne et la médiane des âges de ces deux groupes ainsi que les proportions genrées ne sont pas forcément représentatives de la répartition réelle du public ciblé, puisque ce n'était pas l'objet de cette étude. Il sera cependant intéressant de noter que l'on retrouve aussi bien des hommes que des femmes dans ces deux groupes en proportion équivalente, comprenant des sujets de classes d'âges différentes et équivalentes dans les deux groupes.

Les profils et spécialités des chercheurs en santé et médecins-chercheurs restent diversifiés dans les deux groupes : il est retrouvé des spécialités de médecine générale, d'immunologie, de physiologie, de génétique par exemple, avec néanmoins des spécialités en lien avec la chimie présentes uniquement pour le groupe B. Quant aux parcours rencontrés, on retrouve dans les deux groupes des sujets ayant intégré une grande école ou ayant un cursus universitaire plus classique.

A) Quelle vision de l'homéopathie ont les scientifiques interrogés ?

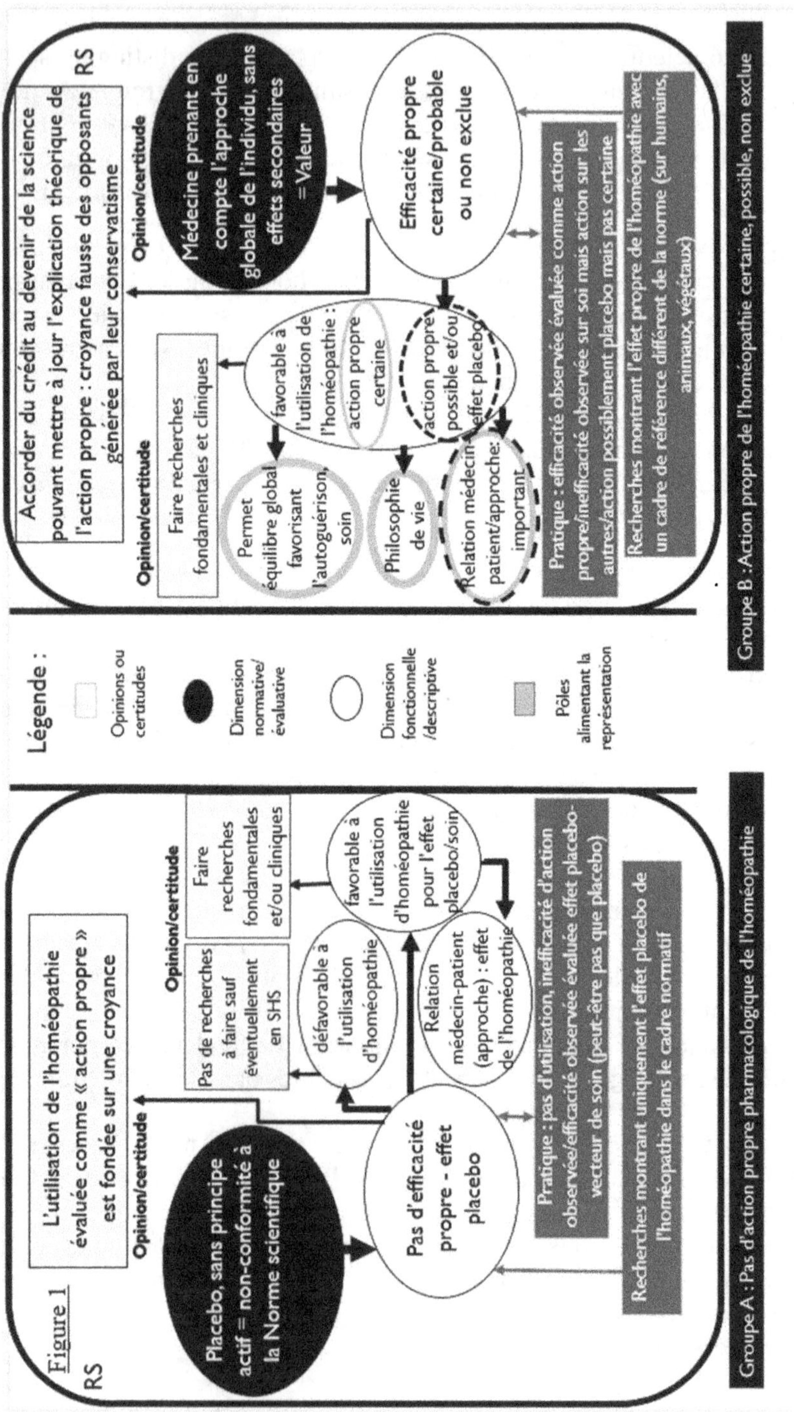

A l'aide d'une analyse de similitudes et d'une analyse qualitative, un schéma explicatif a été produit. Les représentations des scientifiques sur l'homéopathie des groupes A et B sont présentées de façon synthétique dans la figure 1 ci-dessus.

A.1) L'origine des visions opposées des scientifiques : norme *vs* valeur (détails de l'analyse p83)

Sur ce schéma, on peut identifier l'origine de la représentation en ovale noir :

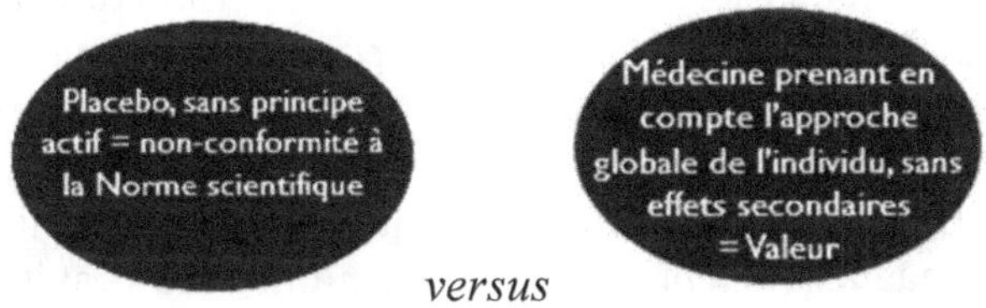

Pour les scientifiques du groupe A, l'homéopathie est évaluée comme une non-conformité à la norme scientifique. Au contraire pour les scientifiques du groupe B, l'homéopathie est évaluée comme une valeur médicale qui prend en compte l'approche globale de l'individu et sans effets secondaires. S'affrontent donc deux visions différentes en raison d'une norme (groupe A) qui se confronte à une valeur (groupe B).

Il est intéressant de voir dans les discours des scientifiques que cette norme et cette valeur existent dans leurs représentations sur la médecine en dehors même de l'homéopathie. En d'autres termes, cette confrontation entre norme et valeur ne s'applique pas uniquement à l'homéopathie et pourrait s'appliquer à d'autres médecines non conventionnelles comme par exemple l'acupuncture. Voici des extraits de discours de scientifiques des deux groupes l'illustrant : le sujet 9 (groupe B, Annexe A2) s'est par exemple orienté vers l'acupuncture en première intention pour des raisons équivalentes à l'homéopathie « J'ai été très déçu par le morcellement de l'approche médicale : pas d'approche de la personne. J'ai alors voulu apprendre l'acupuncture pendant mes études de médecine. Mes patients me parlaient d'homéopathie avec beaucoup de témoignages alors que je n'y croyais pas en fonction de mes études. Puis j'ai suivi une formation en homéopathie et je me suis lancé dans l'homéopathie en voyant ses bienfaits. » / de même le sujet 16 (groupe A, Annexe A1) par exemple évalue l'acupuncture de façon analogue à l'homéopathie : « Leurs soins ont un intérêt mais ce qu'ils racontent est faux. Leur rationnel est faux. Ils n'ont pas réussi à caractériser la raison des soins et ils ne peuvent plus avancer. Pour l'acupuncture, c'est d'ailleurs pareil. »

En conséquence de cette non-conformité à la norme ou de cette valeur, l'homéopathie sera vue fonctionnellement (en ovale blanc) différemment pour chacun des groupes :

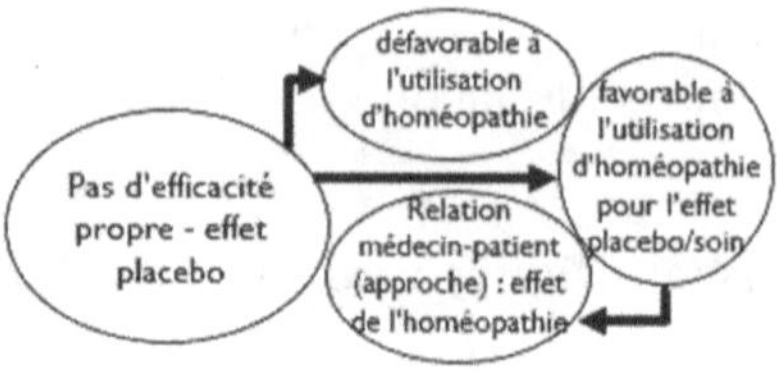

versus

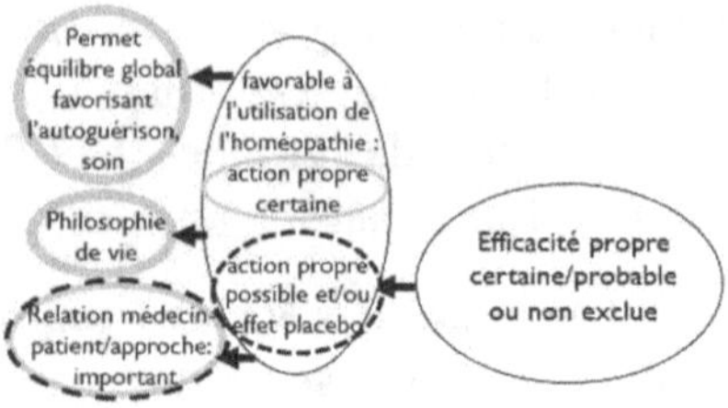

Pour le groupe A elle sera vue comme fonctionnelle et efficace au travers de l'effet placebo et certains seront alors défavorables à son utilisation, d'autres du groupe A au contraire seront favorables pour l'effet placebo observé (ou comme action de soin qui serait différente pour certains sujets de l'effet placebo). Voici des propos de scientifiques l'illustrant : sujet 10 (groupe A, Annexe A1) « Les gens ne savent pas ce qu'est l'homéopathie, donc ils en prennent. Mais quand on leur explique, ils n'ont plus d'avis positifs » ou encore sujet 4 (groupe A, Annexe A1) « J'en pratique, j'y ai recours avec deux idées : d'une part certains disent, c'est très efficace et si ça ne fait rien ça ne fera pas de mal. Moi, je crois à l'effet placebo, c'est-à-dire à un effet bénéfique sans qu'il y ait de molécules actives identifiées, mais dont la seule prise agit favorablement sur le patient par des mécanismes cognitifs, car il pense qu'il se soigne et c'est alors cette pensée qui est favorable sur sa santé. »

Pour le groupe B, elle sera perçue comme fonctionnelle au travers d'un mécanisme d'action qui lui est propre et qui diffère de l'effet placebo. Selon les scientifiques interrogés, des variantes existent néanmoins dans cette vision. Une partie des scientifiques pensera que l'homéopathie possède une efficacité propre certaine (encerclés en gris), d'autres auront un degré de certitude différent et estimeront que l'efficacité propre est possible ou non exclue (encerclés en pointillés), n'excluant pas non plus un effet placebo. Ils seront tous favorables à l'utilisation de l'homéopathie. La distinction se fera entre ceux qui ont une certitude face à son action propre et les autres. Parmi les scientifiques estimant que l'homéopathie a de façon certaine une efficacité propre, une partie d'entre eux verra l'homéopathie comme favorisant l'autoguérison, et/ou d'autres comme une philosophie de vie. Ils estimeront aussi que la relation médecin-patient et l'approche homéopathique est importante tout comme les scientifiques qui ont un degré de certitude inférieur face à son action propre. Voici des propos l'illustrant : sujet 16 (groupe B, Annexe A2) possédant une certitude face à l'action propre « Le médicament homéopathique *ad hoc* induit la production de molécules endogènes qui vont agir sur les récepteurs. Le médicament homéopathique n'agit pas, mais fait réagir l'organisme, il contient une information électromagnétique matériellement stabilisée dans la solution. » ou encore sujet 7 (groupe B, Annexe A2) ayant un degré de certitude inférieur « L'origine de l'efficacité, je ne la connais pas, je n'en sais rien, il peut y avoir l'effet placebo, mais peut-être pas uniquement. Je n'exclus pas l'existence possible de molécules actives, mais dont on ne connaît pas l'existence aujourd'hui. »

La pratique ou non de l'homéopathie ainsi que la lecture des recherches sur le sujet (rectangles gris) contribuent à alimenter ces différentes visions que ce soit pour le groupe A ou le groupe B :

Pratique : pas d'utilisation, inefficacité d'action observée/efficacité observée évaluée effet placebo-vecteur de soin (peut-être pas que placebo)

Recherches montrant uniquement l'effet placebo de l'homéopathie dans le cadre normatif

versus

Pratique : efficacité observée évaluée comme action propre/inefficacité observée sur soi mais action sur les autres/action possiblement placebo mais pas certaine

Recherches montrant l'effet propre de l'homéopathie avec un cadre de référence différent de la norme (sur humains, animaux, végétaux)

Voici des propos l'illustrant : sujet 17 (groupe A, Annexe A1) « Je n'ai jamais pris d'homéopathie de souvenir. J'ai été tentée, car des fois, on n'a pas envie de prendre des médicaments ou d'en donner à ses enfants pour certains maux, mais j'aurais eu l'impression d'être malhonnête » ou encore sujet 10 (groupe B, Annexe A2) « L'un de mes enfants a souffert d'otites difficiles et à répétition à partir de l'âge de deux mois. Je me suis orientée vers l'homéopathie, car les médicaments classiques n'aidaient pas. J'ai vu l'efficacité, j'ai alors décidé de me former à l'homéopathie ».

Enfin pour le groupe A certains scientifiques estiment que des recherches fondamentales et/ou cliniques doivent être faites sur le sujet de l'homéopathie, d'autres estimeront que ces recherches ne sont plus utiles et que seules des recherches éventuellement en sciences humaines peuvent être menées. Tous les scientifiques du groupe B pensent quant à eux que des recherches fondamentales et cliniques sur l'homéopathie sont importantes.

Pas de recherches à faire sauf éventuellement en SHS

Faire recherches fondamentales et/ou cliniques

versus

Faire recherches fondamentales et cliniques

Voici des propos l'illustrant : sujet 2 (groupe A, Annexe A1) estimant que des recherches sont intéressantes à faire « L'homéopathie en tant que sujet de recherche : je pense que c'est très intéressant et je n'ai rien contre et c'est même intéressant permettant de découvrir des choses non connues, mais pour l'instant aucune n'a permis de montrer un effet autre que placebo. », sujet 13 (groupe A, Annexe A1) estimant que des recherches fondamentales ou cliniques ne sont pas nécessaires « Sans intérêt de faire des recherches sur l'homéopathie à part sur l'aspect psychologique, car il n'y a rien dans les granules (pas la moindre trace de la moindre substance active) : c'est de la magie, donc cela ne se prête pas à une étude scientifique : les tests d'étude le montrent. », ou encore sujet 17 (groupe B, Annexe A2) favorable aux recherches « La recherche scientifique ne prend pas la bonne méthode. En Allemagne, ils ont une vision intégrative, nous en France, on prend une partie sans tenir compte de l'aspect qualitatif. On confond efficacité et utilité. Il faut de la recherche fondamentale et clinique. Elle existe, mais elle a été niée. Ces recherches ne sont pas aidées par l'Etat. »

Les scientifiques du groupe A pensent par ailleurs pour la majorité d'entre eux, que les sujets du groupe B sont dans une croyance (rectangle blanc) en estimant l'homéopathie comme pouvant avoir une efficacité propre. *A contrario*, les scientifiques du groupe B pensent qu'il faut accorder du crédit au devenir de la science qui pourra mettre à jour l'explication de l'efficacité propre de l'homéopathie.

L'utilisation de l'homéopathie évaluée comme « action propre » est fondée sur une croyance	*versus*	Accorder du crédit au devenir de la science pouvant mettre à jour l'explication théorique de l'action propre : croyance fausse des opposants générée par leur conservatisme

Voici des propos l'illustrant : sujet 2 (groupe A, Annexe A1) « Ce qui m'embête, c'est qu'ils croient à l'efficacité de leurs médicaments : ils devraient dire que cela accompagne, mais ne soigne pas. » ou encore sujet 4 (groupe B, Annexe A2) « Pour moi la recherche en homéopathie c'est du Monnet, c'est de l'impressionnisme avec une image qui émerge [...] on est des humains et on ne comprend pas tout et j'ai accepté de ne pas tout comprendre. »

A.2) Comprenons pourquoi ces représentations opposées créent des conflits et parfois des affaires en justice (détails de l'analyse p133)

Tout d'abord, il a semblé important de définir ce qu'était une norme et une valeur afin de comprendre pourquoi leur confrontation crée des tensions.

Rezsohazy nous explique que « tout ce que les hommes apprécient, estiment, désirent obtenir, recommandent, voire proposent comme idéal, peut être considéré comme une valeur » (2006, p. 5), « les valeurs deviennent des normes dès qu'elles commandent ou réglementent les conduites, prescrivent une ligne d'action. Les normes tendent à conformer les comportements et les engagements aux valeurs déclarées » (*Ibid.*, p. 6).

Se confrontent donc dans notre étude une norme scientifique (groupe A) qui a été construite sur des valeurs déjà instituées et une nouvelle valeur (groupe B) qui n'est pas existante sous cette forme dans la norme scientifique actuelle.

La norme scientifique pharmacologique (retrouvée chez le groupe A) s'est établie depuis l'entrée dans l'époque du modernisme suite à la mise en place de la médecine expérimentale vers le XIX siècle. Cette norme scientifique est donc basée sur des valeurs antérieurement déclarées sur l'objet médecine indiquant que l'action pharmacologique d'une substance (l'action par l'intermédiaire de molécules actives) est nécessaire pour avoir une action efficace et donc pour soigner/guérir un individu d'une maladie. Les effets secondaires font alors partie de la balance bénéfice/risque.

La valeur privilégiant une médecine sans effets secondaires et prenant en compte l'approche globale de l'individu (retrouvée chez le groupe B) est dite « nouvelle », non parce qu'elle n'existait pas antérieurement, mais parce qu'elle a pris de l'importance notamment depuis les années 1980 (Rezsohazy, 2006).

Il est important de noter que la norme scientifique et cette « nouvelle » valeur sont en réalité présentes chez les scientifiques des deux groupes. Cependant, la norme scientifique est positionnée à la place centrale dans la vision des scientifiques du groupe A, la « nouvelle » valeur prend donc une forme différente dans leur vision, puisqu'elle est au service de la norme scientifique. C'est ainsi qu'on retrouvera pour ces scientifiques, par exemple, une volonté de privilégier le soin lorsque cela est possible au travers de la dé-prescription, en limitant l'usage excessif de médicaments induisant des effets secondaires (Sujet 14, groupe A - Annexe A1 : « Il y a de moins en moins de médecins qui se forment aux médecines complémentaires, car on n'est plus dans la même situation, on a plus de mouvement en faveur de la dé-prescription. »). A l'inverse, c'est la « nouvelle » valeur qui sera centrale dans la vision des scientifiques du groupe B, la norme scientifique sera donc au service de cette valeur. C'est ainsi qu'on retrouvera les scientifiques du groupe B privilégier, quand cela semble possible pour le patient, une approche vers des médecines non conventionnelles et orientales (Sujet 16, groupe B - Annexe A2 : « J'ai toujours voulu soigner les gens, peu importe la méthode. La phytothérapie, j'ai essayé, mais c'est pareil que l'allopathie car il y a des effets toxiques alors que l'homéopathie n'a pas d'effets secondaires. On ne guérit pas tout, il faut trouver l'origine de la maladie. »).

Que se passe-t-il lorsque qu'il y a confrontation entre cette norme scientifique et cette valeur ? Lorsque la valeur du groupe B s'affronte à la norme scientifique, elle est alors perçue comme une transgression à la norme. Eric Prairat (2012, p. 40) nous indique sur ce sujet que « [...] la transgression publique d'une norme déclenche toujours une vive réaction, pour ne pas dire une sanction. [...] La transgression d'une norme soulève l'inquiétude du retour à un monde fondamentalement imprévisible. Au-delà de la norme transgressée, l'acte déviant porte toujours en lui le germe du désordre et le phantasme mortifère de la vie à nouveau impossible ». Les sujets du groupe B, essentiellement ceux travaillant sur l'homéopathie, se mobiliseront alors face à ces « vives réactions ». Rezsohazy (2006, p. 12) indique en effet sur la notion de valeur, que ces dernières « mobilisent les acteurs, particulièrement lorsque les leurs sont négligées, contredites, attaquées, bafouées ». Voici des propos illustrant ces oppositions : sujet 10 (groupe A, Annexe A1) « Une idée loufoque d'un illuminé qui invente des principes qui reposent sur son imagination et qui ne tombent pas dans l'oubli. L'homéopathie est à déviance sectaire. Ce n'est pas parce que les patients réagissent différemment qu'on va leur donner une thérapie type placebo : l'homéopathie est un savoir ésotérique et invalide, ce sont des croyances [...] c'est grave que ceux qui sont supposés détenir du savoir soient l'équivalent de magiciens dont le savoir est inexistant. » et sujet 10 (groupe B, Annexe A2) « Je pense que c'est anti-scientifique pour des médecins de tenir des propos si agressifs sans essayer d'approfondir et de ne pas accepter qu'il puisse exister des représentations différentes, face à la maladie et à la façon de soigner. »

En regardant de plus près, l'analyse nous montre qu'en réalité trois registres de valeurs ou familles de valeurs (Heinich, 2017) s'affrontent entre les groupes A et B : les registres mystique/épistémique, les registres, éthique de la justice/éthique du *care* et les registres fonctionnel effet placebo/fonctionnel action propre. A quoi correspondent-ils et quels types de conflits génèrent-ils ?

-Les registres mystique/épistémique : ces familles de valeurs sont diamétralement opposées. Les scientifiques du groupe A pour une partie d'entre eux (mais pas tous) voient l'homéopathie comme un objet de « croyance », de « sorcellerie », de « charlatanisme », de « magie » se référant à des valeurs mystiques. Au contraire les scientifiques du groupe B voient l'homéopathie comme une « médecine », des « connaissances scientifiques » à approfondir se référant à des valeurs que l'on nomme épistémique puisqu'associant l'homéopathie au savoir scientifique. C'est cette totale incompatibilité entre ces registres de valeurs qui serait à l'origine des plus fortes tensions, des plus forts conflits et des procès en justice.

-Les registres fonctionnels effet placebo/fonctionnel action propre : ces familles de valeurs ne sont pas diamétralement opposées puisqu'elles portent sur l'existence d'une efficacité de l'homéopathie. Les scientifiques du groupe A estiment que cette efficacité se fait par effet placebo (et est vecteur de soins pour certains sujets). Au contraire, les scientifiques du groupe B estiment que cette efficacité a lieu par action propre (avec des degrés de certitude). Une opposition sur le mécanisme d'action crée donc des tensions et des conflits mais pas des affaires en justice. Notons néanmoins que pour certains sujets du groupe A l'homéopathie n'a pas d'efficacité, pour ces derniers il y a alors incompatibilité avec les sujets qui estiment qu'il existe une efficacité. Cette opposition peut même avoir lieu au sein du groupe A entre ceux qui estiment qu'il existe une efficacité par effet placebo et ceux qui estiment qu'il n'y a pas d'efficacité du tout.

-Les registres éthique de la justice/éthique du *care* : ces familles de valeurs ne sont pas diamétralement opposées puisqu'elles concernent toutes deux l'éthique en matière médicale, c'est-à-dire la façon de prendre en compte le patient dans l'acte de soin. Les scientifiques du groupe A estiment que les patients doivent être pris en compte et soignés dans le cadre précis d'une balance bénéfice/risque, ce qu'ils estiment être le plus juste et le plus équitable. Ils mobilisent donc l'éthique de la justice. Les scientifiques du groupe B estiment que les patients doivent être pris en compte et soignés en s'occupant de ce qui est important pour le patient en tant qu'individu au travers de son bien-être. Ils mobilisent donc l'éthique du *care* qui déplace le centre de gravité de l'éthique du juste sur l'important (Molinier *et al.*, 2009). Cette opposition crée des conflits, mais pas des procès, en effet la sociologie nous indique que ce sont les registres incompatibles qui conduisent à des affaires en justice (Heinich, 2017). Voici des propos l'illustrant : sujet 4 (groupe B, Annexe A2) « On n'est pas que des cellules, on est en interaction avec notre esprit. [...] c'est plus facile de regarder sur un organe, mais en fait, c'est l'individu entier qu'il faut regarder. » et sujet 11 (groupe A, Annexe A1) « Je ne pense pas que les médecins doivent s'occuper du bien-être, il est déjà bien compliqué de s'occuper des maladies ».

Notons que certains scientifiques du groupe A sont cependant favorables à l'introduction d'une « sensibilité », d'une approche plus globale dans le soin : sujet 7, groupe A- Annexe A1 « Si le médecin croit profondément à l'efficacité de l'homéopathie, ce n'est pas tenable. En revanche, s'il considère que la prise en compte globale est importante, cette approche médicale est bonne et je l'approuve en demandant aux médecins d'avoir cette approche et pas uniquement centrée sur la pathologie ».

Soulignons par ailleurs que le *care* est défini comme une « combinaison de sentiments d'affection et de responsabilité, accompagnés d'actions qui subviennent aux besoins ou au bien-être d'un individu dans une interaction en face-à-face » (Molinier *et al.*, 2009). Fabienne Brugère (2017) précise quant à l'éthique du *care* qu'« [...] Il s'agit bien d'une nouvelle philosophie qui se matérialise par un déplacement des frontières entre les concepts de dépendance, d'interdépendance, de vulnérabilité et d'autonomie ».

La valeur d'une médecine sans effets secondaires prenant en compte l'individu, retrouvée dans la vision des sujets du groupe B, serait donc en réalité une valeur du *care*.

A.3) Modernisme *vs* postmodernisme : norme et valeur, sont-elles vraiment à l'origine des différences de visions entre les scientifiques ? (détails de l'analyse p142)

Depuis les années 1980, les études sociologiques semblent montrer que la modernité et son hypertechnicité conduisent à des conséquences et à des risques. Si l'ensemble des sociologues s'accordent sur ce point certains d'entre eux estimeront néanmoins que le potentiel bénéfique de l'ère moderne dépasse de loin les aspects négatifs. Face aux conséquences et aux risques de la modernité, il a été analysé sociologiquement une évolution de la société. Cependant, cette évolution sociétale se voit expliquée par deux théories qui s'opposent quant à leur interprétation. D'une part, la théorie d'une radicalisation de la modernité portée notamment par le sociologue Anthony Giddens (1990) dans son ouvrage « Les conséquences de la modernité » et d'autre part, la théorie du postmodernisme portée notamment par Michel Maffesoli (1996) dans son ouvrage « Eloge de la raison sensible ».

La théorie du modernisme voit l'évolution actuelle de notre société depuis les années 1980 comme une coexistence d'individus dont les comportements sont ancrés dans la modernité et d'autres dont les comportements se distinguent par une radicalisation de la modernité face à ses risques. Cette théorie distingue ainsi des comportements responsables, prenant en compte de façon rationnelle la balance bénéfice/risque issue de l'ère moderne ; et des comportements irresponsables, se positionnant parfois radicalement face aux risques rencontrés au dépens des bénéfices apportés.

La théorie de la postmodernité avance quant à elle, qu'il y a un besoin de ré-enchantement du monde que les élites instituées ne peuvent ou ne veulent pas entendre. Cette théorie ancre donc les nouveaux comportements dans une évolution de la société intégrant la raison sensible en plus d'une simple rationalité abstraite. La rationalité abstraite correspondrait à la raison fonctionnelle et instrumentale mobilisée dans l'ère moderne. La raison sensible regroupant la raison interne de l'individu, son expérience et le sens commun, correspondrait à une rationalité organique allant au-delà de la seule mécanicité mobilisée par la rationalité abstraite. Cette théorie veut donc prendre en compte la réalité dans sa totalité plutôt que de se contenter d'analyser le monde réel au travers d'un rationalisme moderne.

Concernant nos deux groupes, l'analyse nous montre que les scientifiques du groupe B auraient une vision postmoderne alors que les scientifiques du groupe A auraient une vision moderne. Pour chacun des scientifiques cette vision moderne ou postmoderne aura cependant des degrés différents d'enracinement.

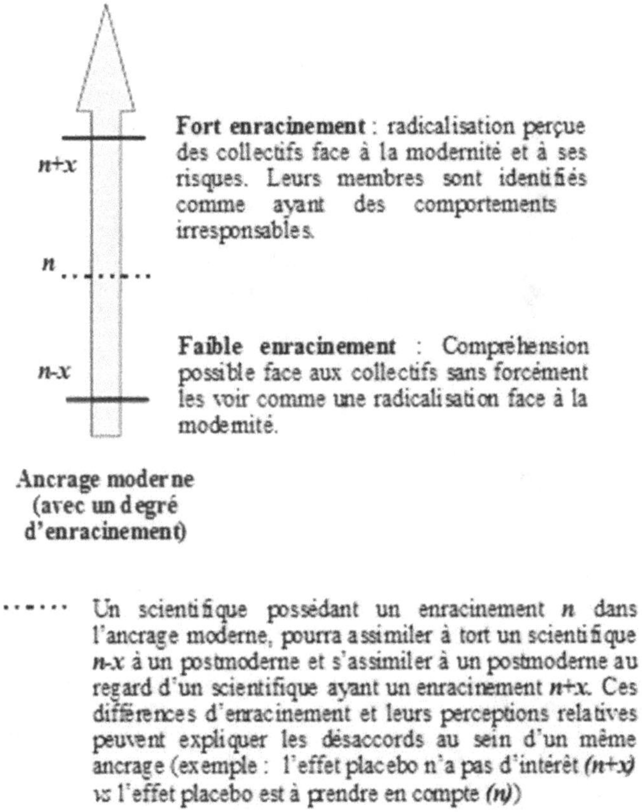

Figure 2 : Degrés d'enracinement de la vision d'un scientifique dans l'ancrage moderne.

Les scientifiques du groupe A (figure 2) qui ont la vision moderne la moins enracinée ne verront pas forcément les mouvements associatifs de scientifiques homéopathes comme une forme de radicalisation. Ils seront mêmes pour certains compréhensifs. Les scientifiques qui ont la vision moderne la plus enracinée verront *a contrario* les scientifiques homéopathes comme des individus irresponsables qui se sont radicalisés contre les risques de la science moderne et de la médecine conventionnelle, alors qu'il faudrait se recentrer d'après eux sur la balance bénéfice/risque existante. Voici des propos l'illustrant : -Sujet 6 (groupe A, Annexe A1) : « L'autre aspect est sociétal : c'est compliqué, car on ouvre des portes. Il y a un conflit permanent entre les patients et le monde médical et ceci pour plusieurs raisons : la médecine est devenue populationnelle, or, le patient veut un soin individuel, car il estime inacceptable qu'on lui applique un soin statistique. L'individu est insensible à la statistique, surtout quand on nous donne des produits chimiques donc on se réfugie dans des croyances, par le biais de collectifs, associations etc…L'homéopathie en est un des aspects mais le refus des vaccins c'est pareil. »

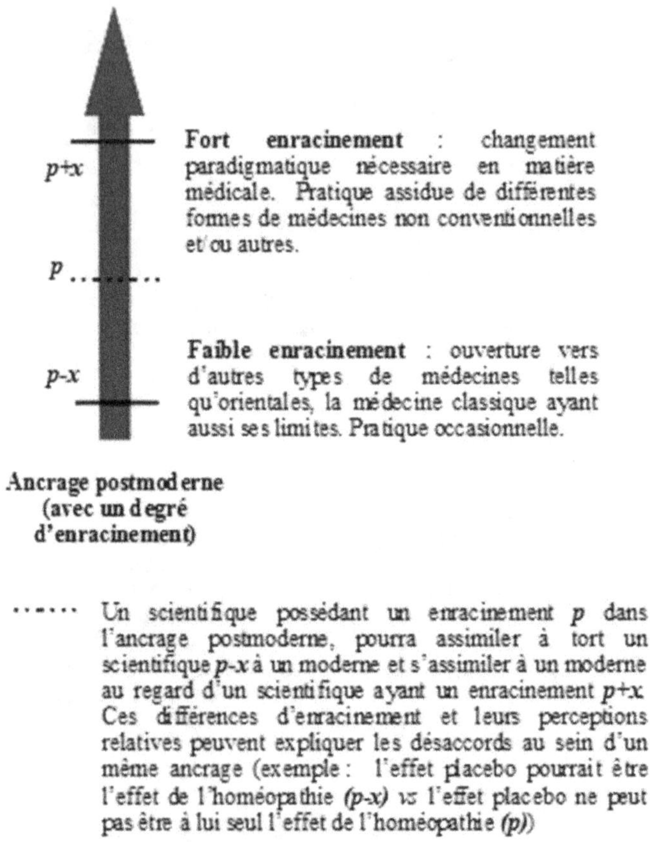

Figure 3 : Degrés d'enracinement de la vision d'un scientifique dans l'ancrage postmoderne.

Les scientifiques du groupe B (figure 3) qui ont la vision postmoderne la moins enracinée estime qu'il faut avoir une ouverture vers d'autres types de médecines telles qu'orientales, la science et la médecine classique ayant aussi ses limites. Les scientifiques ayant la vision postmoderne la plus enracinée estimeront quant à eux que non seulement la science moderne et la médecine conventionnelle possède ses limites, mais qu'il faut un changement de paradigme en matière scientifique et médicale. Voici des propos l'illustrant : Sujet 6 (groupe B, Annexe A2) : « Je trouvais que la médecine était trop matérialiste et qu'elle faisait fausse route. J'ai décidé de pratiquer la médecine générale, mais cela ne me satisfaisait pas et des personnes de mon entourage m'ont incitée à étudier l'homéopathie qui pourrait plus correspondre à ma vision, une vision prenant mieux en compte l'individu. »

Il apparaît ici que la norme et la valeur qui s'opposent et que nous avions identifiées au sein des représentations des scientifiques, sont en réalité présentes dans la vision des scientifiques en raison de leur vision respectivement moderne et postmoderne. Ce serait donc l'ancrage moderne ou postmoderne qui serait à l'origine des différences de visions entre scientifiques. Les trois registres de valeurs identifiés et opposés (mystique/épistémique ; éthique de la justice/éthique du *care* ; fonctionnel effet placebo/fonctionnel action propre) seraient quant à eux la conséquence de ces norme et valeur mobilisées. Le degré d'enracinement de ces registres de valeurs varierait chez les scientifiques de façon corrélative au degré d'enracinement de l'ancrage sociologique moderne ou postmoderne. Notons que ces différents degrés d'enracinement ont été retrouvés aussi bien chez les scientifiques hommes et femmes étudiés de classes d'âges différentes.

B) Quelle vision de l'effet placebo ont les scientifiques interrogés ?

Comme nous l'avons mentionné précédemment, l'effet placebo est le mécanisme d'action avancé par les scientifiques du groupe A pour expliquer l'efficacité de l'homéopathie. *A contrario*, les scientifiques du groupe B estiment qu'une action propre différente de l'effet placebo existe (certainement ou possiblement). L'Académie de Médecine et de Pharmacie a indiqué d'ailleurs en 2019 dans un de ses communiqués, que la connaissance insuffisante et/ou la sous-estimation de l'effet placebo avec attente serait à l'origine des divergences sur l'homéopathie. Qu'en est-il ? Comment les scientifiques de ces deux groupes se représentent l'effet placebo ?

B.1) Définitions et représentations similaires de l'effet placebo pour les scientifiques interrogés (détails de l'analyse p151)

L'analyse nous montre que les scientifiques des deux groupes ont une représentation équivalente de l'effet placebo. Chacun des sujets des deux groupes centre son discours prioritairement sur des facteurs psychologiques comme étant à l'origine de l'effet placebo. La relation médecin-patient semble également être un facteur important même si elle n'est pas évoquée par tous. Certains scientifiques estiment d'ailleurs que l'effet de la relation médecin-patient ne correspond pas à un effet placebo et s'en distingue même si elle possède aussi une action au travers d'un effet psychologique. Voici des propos l'illustrant : sujet 3 (groupe A, Annexe A3) « C'est le témoin négatif. La psychologie n'est pas placebo : le mot placebo est non approprié pour l'interprétation de l'évaluation des thérapies non médicamenteuses car il est lié à l'évaluation des effets biochimiques des médicaments. Donc il vaut mieux utiliser les termes ; spécifique *versus* non spécifique. Tout ce qui n'est pas spécifique à la thérapie (le temps du soin, le fait de croire au bénéfice du soin) = l'effet placebo. Je pense que l'individu n'est pas qu'une machine : un effet spécifique *via* la psyché (cf *via* une diminution du stress permettant une meilleure gestion de la douleur) n'est pas placebo. Mais ce n'est pas une opposition, car l'effet *via* la psyché c'est aussi un effet biologique, car il peut induire entre autres la libération d'endorphine. Il y a un lien entre psychologie et biologie. ».

Certains scientifiques des groupes A et B, moins nombreux, verront les mécanismes biologiques comme étant également à l'origine de l'effet placebo. Cette vision, moins représentée parmi les scientifiques interrogés des deux groupes, correspond à la définition donnée par l'Académie de Médecine et de Pharmacie qui souligne la combinaison de l'impact psychologique et biologique pour entrer dans l'effet placebo.

Par ailleurs, les scientifiques des deux groupes décrivent une même fonction à l'effet placebo : celle d'un effet de la pensée ou de l'esprit sur le corps conduisant à une autoguérison. Cette notion d'autoguérison est également retrouvée dans la littérature et associée à l'effet placebo (Howick, 2017).

Nous voyons donc ici que la vision des scientifiques sur l'effet placebo est similaire dans les deux groupes. Il semble probable que si une connaissance insuffisante et/ou une sous-estimation de l'effet placebo avec attente existent parmi les scientifiques, comme l'indique l'Académie de Médecine, elles soient assez équivalentes au sein des deux groupes, mais ne permettent pas d'expliquer (à elles seules) les divergences rencontrées. Voici des propos illustrant l'estimation de l'effet placebo au sein de l'acte homéopathique par un scientifique travaillant sur l'homéopathie : sujet 16 (groupe B, Annexe A4) « C'est un effet lié à l'espoir d'avoir un résultat. Même en chirurgie, cet effet a été identifié. Mais cet effet n'est possible que pour des pathologies qui peuvent guérir seules et toujours à court terme. Je pense que cet effet est même plus important en homéopathie, car on s'occupe de la psychologie de l'individu. C'est l'action de l'esprit sur le corps pour des pathologies spontanément réversibles. »

B.2) Perception négative de l'effet placebo comme objet de comparaison : amplificateur de divergences (détails de l'analyse p170)

Lorsque l'on interroge les scientifiques sur l'effet placebo, aucune perception négative ne semble émerger de leur discours. En revanche, lorsque l'effet placebo devient objet de comparaison et notamment ici lorsque l'homéopathie est comparée à l'effet placebo, une perception négative apparaît dans les discours des scientifiques du groupe B travaillant sur l'homéopathie. Trois types de perceptions négatives peuvent être distingués dans les discours de ces scientifiques : la perception d'attaque (sujet 6, groupe B - Annexe A2 : « […]

Chaque fois, c'est la même attaque : effet placebo, charlatanisme, attaque du corps médical [...] »), la perception de dénigrement scientifique (sujet 9, groupe B – Annexe A2: [...] « On ne parle pas de l'agro-homéopathie, le soin des plantes avec granules, car là, il ne peut pas y avoir d'effet placebo [...] ») et la perception de réductionnisme (sujet 11, groupe B – Annexe A2: « [...] L'homéopathie ne peut pas être et se faire que par effet placebo : il y a autre chose [...] »). En d'autres termes, les scientifiques travaillant sur l'homéopathie, lorsqu'elle comparée à l'effet placebo, perçoivent cette comparaison comme une attaque dirigée sous-entendant que l'effet placebo véhicule une vision de discrédit. Ils la perçoivent comme un dénigrement scientifique sous-entendant que l'effet placebo véhicule un faux-semblant. Ils la perçoivent comme un réductionnisme sous-entendant que l'effet placebo n'est rien ou pas grand-chose.

Différents auteurs ont écrit sur l'effet placebo (Lemoine, 1996 ; Boussageon, 2010 ; Autret, 2013, Howick, 2017). Ces derniers indiquent que l'effet placebo, au travers du terme placebo qui correspond à un objet qui ne contient rien, véhicule historiquement une vision de discrédit, de charlatanisme, de faux-semblant. Pour autant, la littérature (Boussageon, 2010) nous indique que l'effet placebo est un réel effet distinct de tous les autres et qu'il conduit à des guérisons dans le cas de maladies à rémissions spontanées.

Nous voyons donc ici, qu'au-delà d'un désaccord entre les scientifiques des groupes A et B sur une action de l'homéopathie passant uniquement par un effet placebo, s'ajoute une forte tension par la charge négative que véhicule l'expression « effet placebo ». Cette tension amplifie les divergences face au désaccord initial sur le mécanisme d'action.

Il serait donc intéressant de réfléchir à redimensionner l'« effet placebo » (voir l'effet placebo avec un autre regard) afin de diminuer la charge négative et ne pas amplifier les divergences. Cela pourrait se faire au travers de la fonction de l'effet placebo décrite par les scientifiques : c'est-à-dire un effet pensée/esprit-corps. Le choix de l'aspect fonctionnel de l'effet placebo pour le redimensionner semble plus pertinent que celui de l'aspect descriptif psychologique qui est très en lien avec la notion de placebo et donc avec la charge négative véhiculée.

Chapitre IV – CONCLUSION

1) Cette étude nous permet donc de conclure que la vision moderne ou postmoderne serait à l'origine et expliquerait les différences de représentations sociales des scientifiques au sujet de l'homéopathie (figure 4).

2) Elle nous permet également de conclure que l'ancrage moderne ou postmoderne a pour conséquence une opposition entre une non-conformité à la norme scientifique et une valeur, engendrant une opposition entre trois registres de valeurs au sein des représentations qui sont à l'origine des divergences et des affaires en justice (figure 4) : registres mystique *vs* épistémique (registres incompatibles, plus importante source de divergence et source d'affaires en justice), registres éthique de la justice *vs* éthique du *care* (opposition entre les centres de gravité de la prise en compte du patient passant du « juste » à « l'important »), registres fonctionnel effet placebo *vs* fonctionnel action propre (opposition entre les mécanismes d'action effet placebo *vs* action propre, amplifiée par la charge négative de l'effet placebo en tant qu'objet de comparaison).

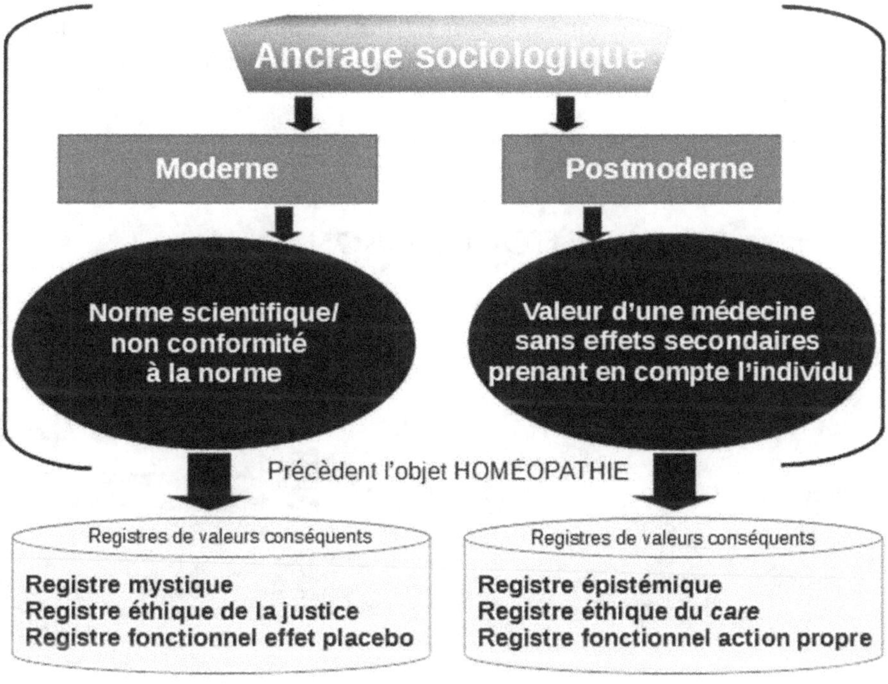

Figure 4 : Schéma synthétique de conclusion - lien entre ancrages sociologiques/norme et valeur/registres de valeurs au sein des représentations sociales

A) Propositions d'amélioration de la communication science-société

Des conciliations semblent possibles entre les scientifiques les plus opposés. Identifions-les registre par registre :

-Proposition 1 : registres éthique de la justice *vs* éthique du *care* : une conciliation prenant en compte « la sensibilité comme condition nécessaire du juste », serait par exemple de laisser plus de temps aux médecins, lors des consultations afin d'entrer dans une approche plus globale du patient. Une réflexion autour de la notion/définition du soin pourrait également être réengagée. La société du *care* est analysée par certains sociologues comme étant une façon de diminuer la radicalisation et les comportements irresponsables perçus face aux risques de la modernité (Tronto, 2012, p. 44).

- Proposition 2 : registres mystique *vs* épistémique / registres fonctionnel effet placebo *vs* fonctionnel action propre : une conciliation permettant de redimensionner les registres fonctionnels et épistémiques correspondrait à la mise en place d'un nouveau champ scientifique et médical nommé « Autoguérison ». Dans ce nouveau champ, seraient inclus l'effet placebo subissant une métamorphose sociale supprimant ainsi la valeur de négation scientifique dont il s'est chargé ; et l'homéopathie. Chacun de ces objets a été décrit par les scientifiques comme participant à, et/ou favorisant l'autoguérison *via* un effet pensée/esprit-corps et/ou d'autres formes et voies à déterminer.

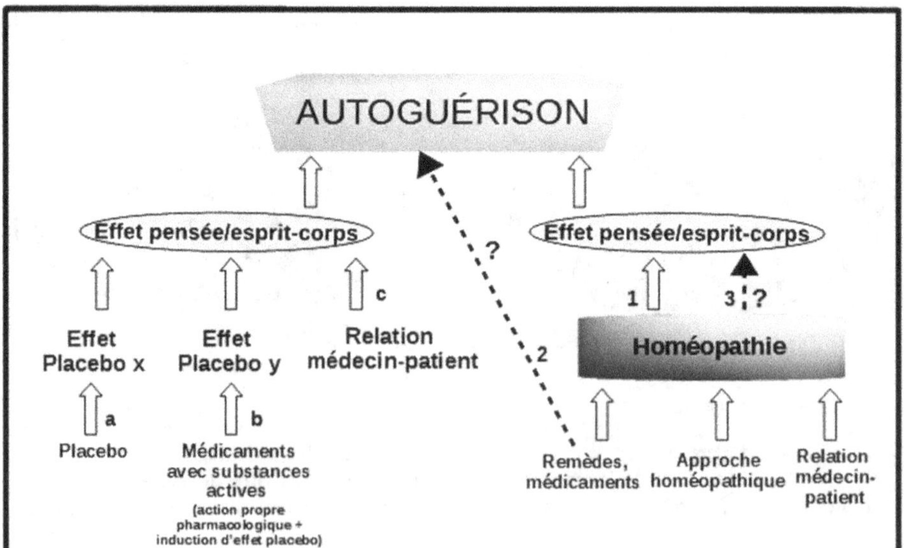

Figure 5 : Proposition de conciliation et d'amélioration de la communication science-société portant sur les registres mystique/épistémique et fonctionnels (effet placebo *vs* action propre) des scientifiques des groupes A et B

Pour l'Effet Placebo :

a : **Effet Placebo du placebo**. La majorité des scientifiques interrogés (groupes A et B) mentionnent l'effet placebo (ici nommé « effet placebo x ») comme étant généré par les placebos, certains scientifiques assimilant la relation médecin-patient à un placebo.

b : **Effet Placebo du médicament contenant des substances actives**. La majorité des scientifiques interrogés (groupes A et B) mentionnent l'existence d'un effet placebo présent dans tout acte thérapeutique. Il est nommé ici « effet placebo y ». Il est induit notamment par des médicaments avec substances actives conduisant possiblement en sus d'une action propre pharmacologique, à un effet placebo pouvant être différent de l'effet placebo induit par un placebo (a) (cf. Boussageon, 2010).

c : **Relation médecin-patient**. Pour certains scientifiques interrogés, la relation médecin-patient se distingue d'un placebo même si elle induit bien une action « effet pensée/esprit-corps ». La littérature indique d'ailleurs que la relation médecin-patient, tout comme par exemple aussi la psychothérapie, seraient différentes d'un placebo (cf. Autret, 2013).

Pour l'Homéopathie :

1 : **Effet pensée/esprit-corps = effet de la relation médecin-patient + effet placebo issu de l'approche homéopathique et des remèdes/médicaments homéopathiques**. Ce serait l'effet complet de l'homéopathie pour la majorité des scientifiques du groupe A, les remèdes/médicaments étant considérés comme des placebos pour ces scientifiques. L'homéopathie ne se réduirait pas qu'à cet effet pour les scientifiques du groupe B, les remèdes/médicaments n'étant pas considérés comme des placebos.

2 : **Voie d'action propre mobilisant directement les capacités d'autoguérison = existence d'une voie différente de l'effet pensée/esprit-corps.** Elle est mentionnée par les scientifiques du groupe B, notamment ceux travaillant sur l'homéopathie. Cette voie serait la voie d'action propre des remèdes/médicaments homéopathiques *via* un message électromagnétique informationnel et/ou *via* des micro-dilutions de substances actives par exemple, en mobilisant/favorisant directement les capacités d'autoguérison. Cette voie serait inexistante pour les sujets du groupe A.

3 : **Autre forme d'effet pensée/esprit-corps = un vecteur de soins.** Cette voie serait médiée par l'approche homéopathique et/ou les remèdes/médicaments homéopathiques et se différencierait de l'effet placebo et de la relation médecin-patient pour les sujets du groupe B travaillant sur l'homéopathie. Elle est mentionnée également par au moins un sujet du groupe A l'évoquant par exemple au travers du phénomène d'anamnèse mené lors de l'approche homéopathique. Pour les autres sujets du groupe A cette voie serait assimilée à la voie 1 et à son effet placebo.

(**2 et 3** sont indiquées en pointillés et avec un point d'interrogation puisqu'elles restent des voies questionnées et suscitent des désaccords entre les scientifiques des groupes A et B).

La mise en place institutionnelle d'un nouveau champ scientifique et médical portant sur « l'Autoguérison » :

-Permettrait de supprimer l'opposition des registres mystique-épistémique qui est à l'origine de la plus importante divergence entre les sujets, les conduisant à des affaires en justice.

-Permettrait d'associer l'effet placebo, par l'intermédiaire de l'effet pensée/esprit-corps, à un champ scientifique et médical en supprimant la valeur de négation scientifique dont il s'est chargé historiquement en tant qu'objet de comparaison et en réaffirmant sa valeur épistémique.

-Répondrait à la valeur du *care* retrouvée dans les représentations des sujets du groupe B souhaitant une médecine sans effets secondaires prenant en compte l'individu.

-Répondrait à la demande des scientifiques interrogés issus des groupes A et B, souhaitant des recherches institutionnelles sur l'homéopathie tout comme sur l'effet placebo.

-Permettrait institutionnellement aux médecins d'utiliser une autre forme de médecine reconnue au travers de ce champ scientifique et médical, qui jusqu'alors pouvait leur poser un problème éthique (Lemoine, 1996 ; Howick, 2017). En effet il apparaît que 50 à 80 % des médecins avouent prescrire un placebo et que les patients trouvent acceptables de prendre un placebo s'il ne comporte pas de risques et possède un bénéfice potentiel (Boussageon, 2019).

-Permettrait de proposer de nouveaux enseignements universitaires adressés aussi bien à des étudiants de médecine, de pharmacie, de science que de psychologie par exemple, dans le cadre d'un nouveau champ disciplinaire et d'une formation scientifique.

Il semble, comme l'indique Alain Autret (2013, p. 23), que « vers les années deux mille, la question fut jugée suffisamment importante pour que soit initiée par le NIH (National Institute of Health aux Etats-Unis) une réflexion sur le thème « la science du placebo » ». Rémy Boussageon (2019) a d'autre part conduit une réflexion sur la façon de réconcilier ce qu'il nomme « la médecine magique » et « la médecine étroitement scientifique » (pour laquelle le placebo n'est rien et l'effet placebo est un problème). Il propose d'optimiser l'effet placebo sans prescrire de placebo ou sans traitement comportant des risques.

Notre analyse et cette proposition de conciliation conséquente iraient dans un sens analogue tout en redimensionnant la réflexion, en prenant en compte les représentations des scientifiques. Alain Autret indiquera en conclusion qu'« un champ de réflexion, de recherche, pourrait s'ouvrir sur des modèles qui restent à découvrir » (2013, p. 85). Ce nouveau champ scientifique et médical institutionnel proposé, « l'Autoguérison », nécessiterait une approche de recherche pluridisciplinaire afin de mieux comprendre comment non seulement la psyché, la pensée/l'esprit, la biologie du corps, mais aussi les représentations sociales des individus, peuvent conduire à une mobilisation des capacités d'autoguérison.

Il semble par ailleurs probable que ces propositions d'amélioration de la communication science-société, notamment concernant la proposition de mise en place d'un nouveau champ institutionnel scientifique et médical « Autoguérison », puissent concerner d'autres médecines non conventionnelles.

B) Avis d'experts de terrain sur les propositions d'amélioration : deux médecins, membres respectifs des collectifs *Fakemed* et HoméoFrance, s'expriment

Proposition 1 : Registres éthique de la justice *vs* éthique du *care* - laisser plus de temps aux médecins, lors des consultations afin d'entrer dans une approche plus globale du patient. Une réflexion autour de la notion/définition du soin pourrait également être réengagée.

Avis Dr Hélène Renoux – Médecin homéopathe, collectif HoméoFrance et présidente de la Société savante d'homéopathie :

L'idée d'accorder toute sa valeur à l'aspect relationnel de la thérapeutique est très important, merci de l'avoir souligné. L'éthique du « care » comme valeur postmoderne est aussi très porteuse à mes yeux.

Cependant, je ressens une gêne dans ce que cela sous-entend de négation de l'action propre du médicament homéopathique. Les médecins non-homéopathes même s'ils ont une consultation aussi longue et attentive que leurs confrères homéopathes, manqueront de l'outil, du médicament, pour tirer tout le parti de cette consultation longue.

Valoriser les consultations longues, détaillées, moins gourmandes d'examens complémentaires superfétatoires est une bonne chose, et cela devrait apporter un bon début de réponse à l'amertume qui s'exprime dans les attaques contre l'homéopathie, cela fera donc du bien aux tenants de votre groupe A, mais au bout du compte n'apportera qu'un très petit début de reconnaissance aux tenants de votre groupe B.

Valoriser les consultations longues est donc un préalable nécessaire mais non suffisant, le surcoût lié à la consultation longue doit se justifier : prescriptions différentes, moins onéreuses, compétences ajoutées, y inclut reconnaissance de la qualification en homéopathie comme compétence à même de justifier la prise en charge des consultations longues.

Réponse Emmanuella Di Scala :

Cette proposition veut uniquement pointer une réflexion sur la prise en compte du patient puisque l'analyse montre qu'il existe une divergence sur ce point. Elle n'entend pas nier les approches homéopathiques ni l'utilisation des médicaments homéopathiques, puisque ce n'est pas mon sujet. Elle veut juste mettre en lumière ce point de divergence existant dans la prise en compte du patient et dans la définition de soin et proposer une façon possible d'y trouver un point d'équilibre. Reste à chacun de savoir si cela lui semble intéressant, de s'en emparer et de la faire évoluer s'il le souhaite.

Avis Dr Thomas Gille – Médecin-MCU-PH, collectif *Fakemed*, ancien membre du conseil d'administration :

Parfaitement en accord avec cette proposition, c'est à mon sens une demande de plus en plus prégnante dans les « jeunes » générations de médecins, et une condition nécessaire à la prescription raisonnée voire à la dé-prescription.

****

Proposition 2 : Registres mystique *vs* épistémique/Registre fonctionnel effet placebo *vs* action propre (certaine, possible ou non exclue) - la mise en place institutionnelle d'un nouveau champ scientifique et médical nommé « Autoguérison ».

Avis Dr Hélène Renoux – Médecin homéopathe, collectif HoméoFrance et présidente de la Société savante d'homéopathie :

Le concept d'auto-guérison ne nierait-il pas quand même l'aspect curatif du médicament homéopathique ? Un médicament suggère un apport extérieur, une action extérieure au sujet, le terme auto-guérison pourrait devenir réducteur, et de plus gommer l'efficacité possible de l'homéopathie dans des pathologies n'évoluant pas spontanément vers la guérison. Et la notion d'effet « pensée-corps » nie de facto l'homéopathie vétérinaire et l'agro-homéopathie.

Cependant, si on se place dans une optique de « négociation », cela signifie que pour arriver à un terrain d'entente chaque partie accepte de renoncer à quelque chose, pour sauvegarder ce qui lui semble le plus important (?)

Et pour les homéopathes, il leur faudrait donc renoncer à l'aspect médicamenteux de leur thérapeutique ? Cela est difficilement acceptable pour la communauté homéopathique.

Il faudrait trouver un moyen de moins nommer les choses, pour laisser plus de place aux interprétations différentes. Effet pensée-corps est déjà trop explicite, trop engagé, trop limitant.

Réponse Emmanuella Di Scala :

Cette proposition ne se veut pas nier un aspect ou un autre des représentations des scientifiques interrogés, mais tente de redimensionner ces aspects au regard des propos de chacun sur l'effet placebo et l'homéopathie.

Un certain nombre de scientifiques interrogés du groupe B ont signifié que l'homéopathie, au travers des médicaments et/ou de l'approche proposée, mobilisait/favorisait les capacités d'autoguérison. Ci-dessous un exemple de propos l'illustrant :

Sujet 16, groupe B : « Le médicament homéopathique n'agit pas, mais fait réagir l'organisme, il contient une information électromagnétique matériellement stabilisée dans la solution. Quand un organisme est malade il devient sensible à des messages même non moléculaires, comme cette information est spécifique il va la reconnaître et réagir. L'action de l'homéopathie s'explique par une action épigénétique modulant l'expression des gènes cibles. L'homéopathie favorise l'autoguérison qui va plus loin que l'esprit, mais sa limite, c'est qu'il faut que l'organisme cible soit encore capable de réagir ».

Le schéma proposé se veut prendre en compte ces aspects. L'homéopathie au travers de ses remèdes/médicaments, sa relation patient-médecin et de son approche agira d'une part au travers d'un effet pensée/esprit-corps (relation médecin-patient et effet placebo) que l'on retrouve dans chaque thérapeutique, comme cela est signifié par l'ensemble des scientifiques des groupes A et B. Cet aspect est matérialisé par la voie 1 sur la figure 5. L'homéopathie pourra agir (et cela est mis en pointillé puisque sur ces points les scientifiques des groupes A et B ne sont pas d'accord) par des voies différentes (flèche 2) ne passant pas forcément par l'effet pensée/esprit-corps, mais notamment au travers des médicaments/remèdes ayant une action par messages informationnels électromagnétiques ou micro-dilutions (comme cela est mentionné par un certain nombre de scientifiques du groupe B). D'autres scientifiques du groupe B ont mentionné l'action possible de vecteur de soins dans l'acte homéopathique, d'où la flèche 3 qui peut laisser la porte ouverte à d'autres formes d'effets pensée/esprit-corps que celles déjà indiquées. Cependant selon la représentation que le scientifique se fait de ce qu'est « la pensée ou l'esprit » et donc de son aspect limitant possible ou non, il pourra privilégier la voie différente (flèche 2), ne niant ainsi pas d'ailleurs l'homéopathie vétérinaire et l'agro-homéopathie. Par ailleurs, comprendre par la recherche comment l'homéopathie peut favoriser/mobiliser l'autoguérison et notamment par une voie différente (flèche 2) si c'est le cas, pourrait permettre de comprendre comment l'homéopathie peut intervenir éventuellement dans des pathologies n'évoluant pas spontanément vers la guérison (comme le mentionne un certain nombre de scientifiques du groupe B).

Avis Dr Thomas Gille – Médecin-MCU-PH, collectif *Fakemed,* ancien membre du conseil d'administration :

Globalement d'accord avec cette proposition, à une réserve près : un des reproches qui a été fait à l'homéopathie sur ce plan, et qui rejoint le registre éthique, est que l'effet placebo fonctionne même lorsqu'on prévient le patient qu'on lui administre une substance biologiquement inactive. Ainsi, si on a comme représentation scientifique qu'il n'y a pas d'effet spécifique de l'homéopathie, il peut être difficilement conciliable de regrouper dans le champ « autoguérison » une recherche sur le mode d'action de l'effet placebo (dont tout le monde s'accorde à dire qu'elle est d'importance capitale) et sur le mode d'action supposé de l'homéopathie si ça implique d'adhérer aux principes fondamentaux de l'homéopathie. Ces principes n'étant typiquement pas considérés comme scientifiques par les sujets du groupe A, leur mise en œuvre pourrait alors s'apparenter à un mensonge au patient et à une pratique « paternaliste » de la médecine, relativement datée. Cette réflexion s'applique aux autres pratiques non conventionnelles (ex : l'acupuncture pour laquelle personne n'a pu mettre en évidence l'existence de méridiens énergétiques, etc.)

Réponse Emmanuella Di Scala :

Cette proposition d'amélioration de la communication n'a pas pour objectif de faire adhérer une des parties à la vision de l'autre des parties, mais de prendre en compte l'ensemble des représentations de chacun sur le sujet et d'identifier un point de convergence pouvant aider à améliorer. Le champ de l'autoguérison, institutionnellement reconnu, pourrait permettre de replacer l'homéopathie dans un registre épistémique qui est la cause principale de divergence puisqu'elle est perçue comme un objet mystique pour un certain nombre de sujets du groupe A, notamment les plus opposés. La compréhension des voies de fonctionnement de l'homéopathie conduisant à mobiliser/favoriser les capacités d'autoguérison reste le fruit de la recherche à poursuivre en ayant redimensionné la réflexion au travers de ce champ d'autoguérison. Elle correspondrait au regard de la majorité des sujets du groupe A, à la voie 1 (cf schéma détaillé figure 5) et donc à son effet placebo – sa relation médecin-patient et aux voies 1, 2 et 3 au regard des sujets du groupe B (avec des degrés de certitude selon les sujets B).

PARTIE 2 : SYNTHETIC ANALYSIS ACCESSIBLE TO THE GENERAL PUBLIC (english)

Chapter I – INTRODUCTION

The bibliographic references and the appendices mentioned are referenced in the detailed research analysis (chapters VII and VIII)

This book presents a study of the social representations of homeopathy by scientists (doctors-researchers). Social representations correspond to an individual's vision of a subject, of an object. The theory of social representations dates from 1961 and the works of Serge Moscovi. "Representations are a collection of opinions, information, values and beliefs about a particular object" (De Carlos, 2015, p. 34). An analysis of these representations therefore makes it possible to understand what are the causes that lead a person to form a vision. The study will focus on the representations of scientists on the subject of homeopathy, a controversial subject in the public space. The challenge will be to better understand where everyone stands concerning the subject of homeopathy and to define the sources of opposition and disagreement within this societal controversy.

Homeopathy is a publicly controversial subject. The controversy revolves around the scientificity of it. Some believe that this subject is not a medical and scientific object, while others, on the contrary, believe that it is a medical and scientific object of which there is still knowledge to be discovered. The first are based on research attributing only a placebo effect to this object (NHMRC, 2015; EASAC, 2017), opponents demand research (Bornhoft & Matthiessen, 2011; Grimaldi-Bensouda and al., 2016) showing its own action, particularly in a different frame of reference. In 2018 these clashes led to a public forum against homeopathy and to lawsuits following complaints filed by homeopathy advocates.

The different definitions of the placebo effect, which is an effect present in any therapeutic act (Autret, 2013; Boussageon, 2010), have been identified (Tilmans-Cabiaux, 2010) : 1) the "negationist" explanation denying the placebo effect, seeking to show bias and methodological errors and/or attributing it to a natural progression of the disease towards recovery. 2) the hypothesis of conditioning explained by experimental psychology does not, however, make it possible to explain the anticipatory nature. 3) the assumption that without conditioning, the patient's expectation, hope and desire to heal may trigger the occurrence of the placebo effect. Would be added : trust in the physician, the conviction of the caregiver, and the mutual relationship. 4) Physiological explanations such as the initiation of the benzodiazepine pathway, endogenous mediators. Cerebral microarchitecture would also be involved. Definitions 2, 3 and 4 are those retained by scientists to currently explain the placebo effect

WHO in 2002 (WHO, 2002) differentiates conventional medicines from non-conventional or complementary medicines which are used in parallel in developed countries (Europe, North America). We find homeopathy among the most frequent and best recognized non-conventional medicines on an European level. Europe has chosen the term "non-conventional medicine (NCM)" in its official records. France is the leading consumer and exporter (CAMbrella, 2012). The latest 2018 IPSOS survey indicates that 77% of French people have already taken homeopathy in their lifetime and 58% have taken it several times. 76% of French people have a good image of homeopathic medicines. According to the 2012 IPSOS survey, 56% of French people use homeopathy to treat themselves, 36% of which on a regular basis. This survey also indicated that 77% of French people would like homeopathy to be prescribed more often as a first-line treatment. 90% of French people want health professionals to be better trained and more competent with training integrated into the curriculum. 44% of French people feel very uninformed about this therapy. In France, all recognized health practitioners can claim to be able to prescribe homeopathic treatments and are the only ones able to obtain an official diploma, a title which has nevertheless just been called into question in October 2019 by the French Order of Doctors.

Reimbursement policies for homeopathic medicines are continually being questioned by the various governments, with the majority of reimbursements being made through the complementary health insurance system. Following the public forum against homeopathy (2018), following the press release from the Academy of Medicine against the reimbursement of homeopathic medicine (2019) and following various studies indicating its placebo effect, an evaluation of the French National Authority for Health (HAS) commissioned by the Ministry of Health has led to the end of reimbursement of homeopathy scheduled for 2021. The controversy continues. Indeed, opponents consider that research indicating its own action in a different normative framework has not been taken into consideration. Two pharmaceutical laboratories involved in the production of homeopathy decided to file two appeals with the Council of State in October 2019.

Chapter II - METHODOLOGY

In order to analyse the representations, narrative discussions, which are a form of interview, were carried out by telephone. The average duration of each interview was 50 minutes and the scientists were asked : « Can you tell me about your life journey and the reasons / motivations that led you to become a doctor / researcher / scientist on the one hand and then to specialize in your subject on the other ? Finally, tell me what you think of homeopathy in general and the research that is being carried out. Take all the time necessary to relate this life course and start your narration at the time of your life which seems the most judicious to you (it can be from an early age or later ...). »

In compliance with the European GDPR data protection regulations applicable since May 25, 2018, when submitting the interviews, a request for recorded oral consent relating to the anonymity of the data was previously submitted in order to have the agreement of the scientists interviewed. A written request for agreement to publish the speeches was also obtained prior to broadcast.

The number of interviews, that took place between November 2018 and October 2019, continued until the saturation effect was reached, *i.e.* until the interviews collected no longer added value to the sociological knowledge of the object under study (Abric, 2011). The bibliographical data indicate that this variable saturation effect often takes place between 10/12 and 30 interviews collected (Poupart and al, 1997; Guest and al., 2006).

A total of about 200 scientists were contacted for these interviews. Among them, 36 medical experts and researchers agreed to participate in the study. The choice of the number of subjects questioned, and therefore the cessation of the search for new contacts, was defined by the saturation effect presented previously. The targeted scientists were chosen either on the basis of public positions that could be identified in favor or against homeopathy, or through contacts, or were randomly chosen without knowing their tendency by contacting different researchers nationally. The objective is to characterize the representations of opposing groups and to identify whether the intermediate positions of randomly selected researchers constitute a distinct representation group. The research themes of the researchers contacted were related to health either in the context of basic research or in the context of clinical and medical research. The saturation effect was therefore reached when the various arguments, positions, opinions and evaluations repeatedly became redundant among the subjects interviewed and the interviews no longer brought new variants.

The speeches resulting from the interviews conducted with the scientists interviewed were divided into seven themes: 1) background 2) evaluation of homeopathy 3) opinions on homeopathic research 4) opinions on homeopathic doctors and/or the reasons for opposition 5) evaluation of the placebo effect 6) opinions on pharmaceutical laboratories 7) opinions on gender. For this book, the themes of opinion on pharmaceutical companies and gender opinion were not analysed. They will be the subject of the rest of this study.

The IRaMuTeQ software is an open-source software created by Pierre Ratinaud allowing multidimensional analysis of texts and questionnaires thanks to its interface with the R statistical software, it uses analysis keys equivalent to the categorical keys of ALCESTE. It allows similarity analysis (SA) to identify the core of social representation and its periphery based on Chi-square statistical analysis. This software was used to perform this analysis.

The objective of the HOMEOCSS project into which this study is part is primarily intended to analyze and then compare the representations of the different actors according to their societal function (doctors, pharmacists, researchers, patients, etc.). Consequently, this variable will have priority in this analysis. In our case study it is the research scientists. The "societal function" variable could also be crossed with other sociological variables such as age, social origin or gender for example. In this study, we will choose to initially focus on a detailed analysis according to this first variable, an analysis crossing other variables including gender will be the subject of a later study.

Chapter III - ANALYSIS

Among the 36 scientists studied, two groups were distinguished according to a common classification criterion which emerged: group A, named "No proper pharmacological action of homeopathy" and group B, named "Own action of homeopathy, certain, possible or not excluded" (degree of certainty assessed according to the subjects' comments).

In group A (n =19) : 1 is a doctor with ties to the University, 9 are doctor-researchers on a subject outside of homeopathy (one of them having mentioned having worked several years on a subject associated with homeopathy) and 9 are health researchers on a subject also outside of homeopathy (one of them having mentioned having worked occasionally on a subject associated with homeopathy). The group is represented by 14 men and 5 women, whose ages are between 33 and 72 years old (mean = 52.5 years, standard deviation = 11.5 years, median = 52 years, 50% of the ages indicated are between 41 and 60 years old). The age of four subjects is unknown.

In group B (n=17) : 7 are doctors specialized in homeopathy and have participated in published research experiments on the subject, 4 are physician-researchers of whom 2 have worked on the subject of homeopathy and 2 are external to the subject. 6 are researchers in fundamental research including 2 who have worked on the subject of homeopathy, and 4 are outside the subject. The group is represented by 13 men and 4 women, whose ages are between 40 and 73 years old (mean = 59.5 years, standard deviation = 11.5 years, median = 64 years, 50% of the indicated ages are between 45 and 67 years old). The age of three subjects is unknown.

The mean and median of the ages of these two groups as well as the gendered proportions are not necessarily representative of the actual distribution of the target audience, since this was not the subject of this study. However, it will be interesting to note that there are both men and women in these two groups in equivalent proportions, including subjects of different age classes and equivalent in the two groups.

The profiles and specialties of health researchers and doctor-researchers remain diversified in the two groups: immunology, physiology, genetics, for example, are found, with specialties related to chemistry only present in group B and specialties of general medicine only present in group A. As for the backgrounds encountered, in both groups we find subjects who pursued higher academic studies or who have a more traditional university education.

A) What vision of homeopathy do the scientists interviewed have?

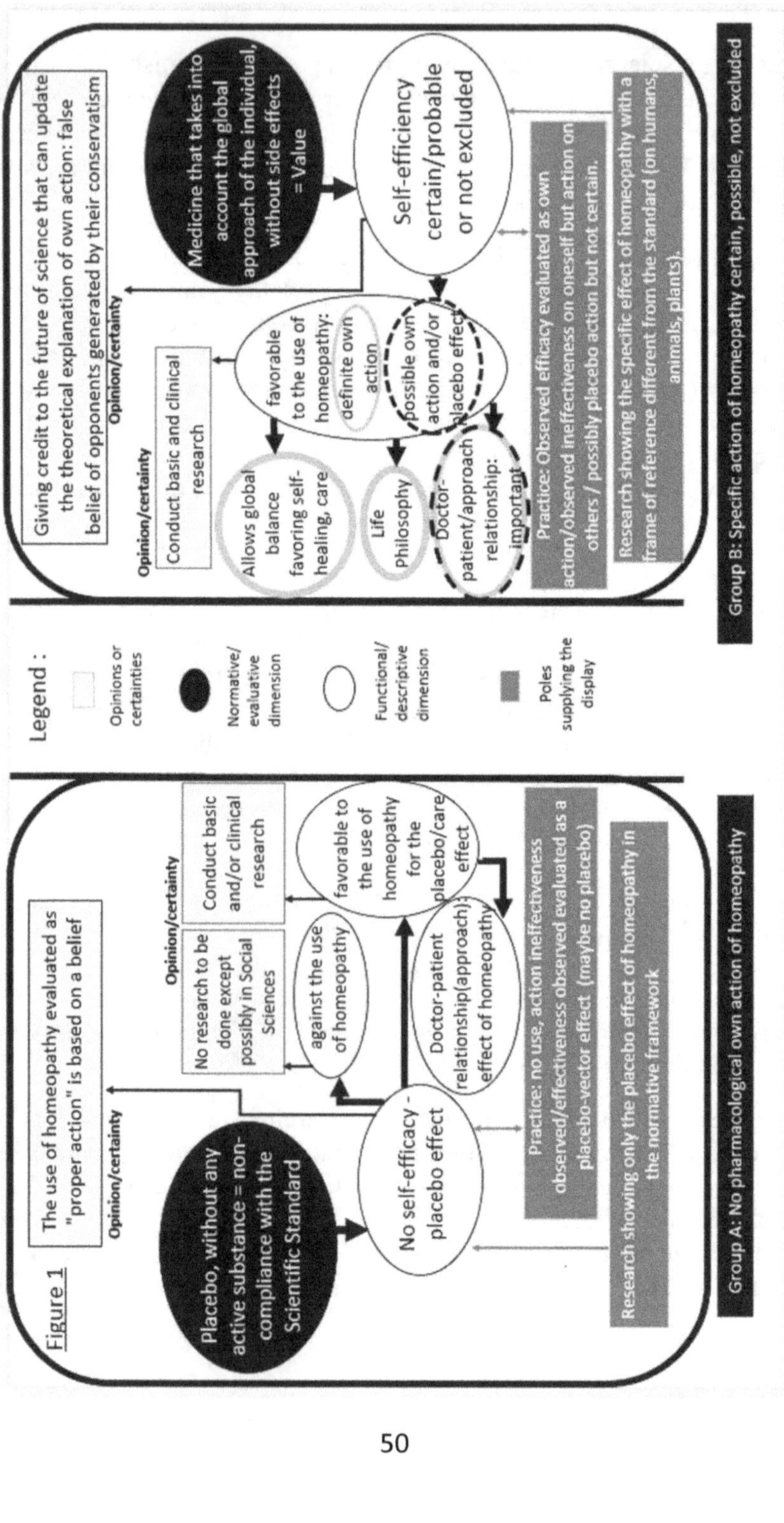

Using a similarity analysis and a qualitative analysis, an explanatory diagram was produced. The scientists' homeopathic representations of group A and B are summarized in Figure 1 above.

A.1) The origin of scientists' opposing visions: norm *vs* value

On this diagram we can identify the origin of the black oval representation:

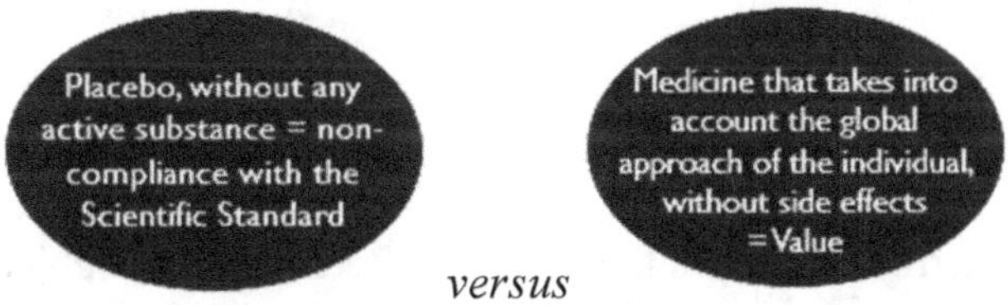

For Group A scientists, homeopathy is evaluated as a non-compliance with the scientific standard. On the contrary, for group B scientists, homeopathy is evaluated as a medical value that takes into account the global approach of the individual and without side effects. These two different visions are confronted by a standard (group A) which is confronted to a value (group B).

It is interesting to see in the speeches of scientists that this standard and this value exist in their representations of medicine apart from homeopathy. In other words, this confrontation between norm and value does not only apply to homeopathy and could apply to other unconventional medicines such as acupuncture. Here are excerpts from speeches of scientists from both groups illustrating this: Topic 9 (Group B, Appendix A2), for example, turned to acupuncture as a first-line treatment for reasons equivalent to homeopathy: "I was very disappointed by the fragmentation of the medical approach: no approach to the person. So I wanted to learn about acupuncture while studying medicine. My patients talked to me about homeopathy with a lot of testimonials when I did not believe it based on my studies. Then I followed a training in homeopathy and I started working with homeopathy when I started noticing its benefits". Similarly subject 16 (group A, Annex A1) for example evaluates acupuncture in a similar way than homeopathy: "Their care has an interest but what they say is false. Their rational is false. They have failed to characterize the reason for the care and they can no longer move forward. It's the same for acupuncture".

As a result of this non-compliance with the standard or value, homeopathy will be seen functionally (in a white oval) differently for each of the groups:

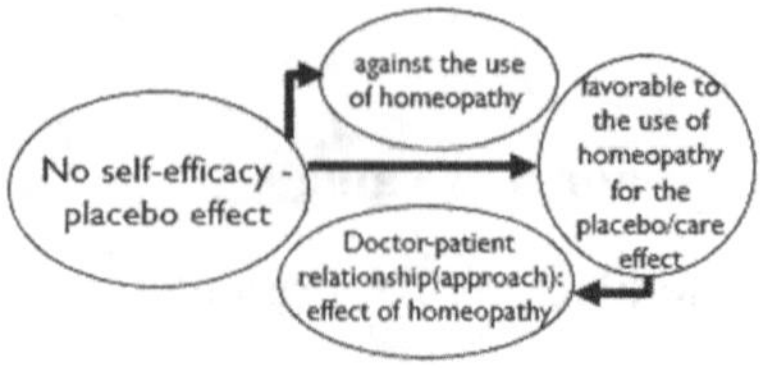

versus

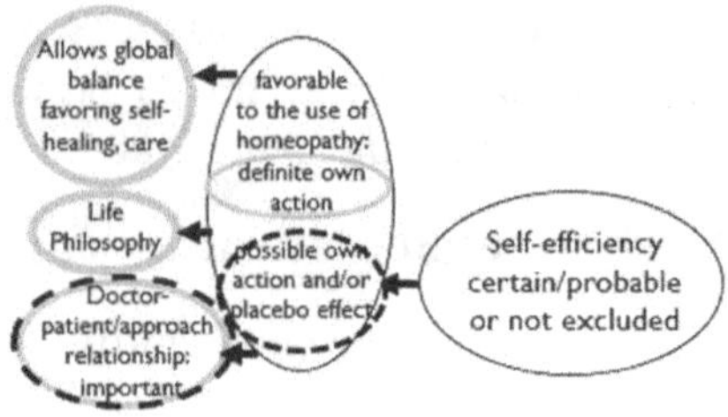

For Group A it will be seen as functional and effective through the placebo effect and some will then be unfavorable to its use, on the contrary, others in Group A will be favorable to the placebo effect observed (or as a care action which would be different from the placebo effect for some subjects). Here are some comments from scientists illustrating this: Topic 10 (Group A, Appendix A1) "People don't know what homeopathy is, so they take it. But when it is explained to them they no longer have a positive opinion" or topic 4 (group A, Appendix A1) "I use it with two ideas: on the one hand, some people say it is very effective and if it doesn't do anything, it won't do any harm. I believe in the placebo effect, *i.e.* a beneficial effect without any identified active molecules, but whose only intake acts favourably on the patient through cognitive mechanisms because he thinks he is being treated and it is then this thought that is favourable to his health".

For group B it will be perceived as functional through a mechanism of action that is specific to it and that differs from the placebo effect. According to the scientists questioned, variants however exist in this vision. Some of the scientists will think that homeopathy has a certain inherent efficacy (circled in grey), others will have a different degree of certainty and will consider that inherent efficacy is possible or not excluded (circled in dotted lines), not excluding a placebo effect either. They will all be in favour of the use of homeopathy. A distinction will be made between those who are certain of its own action and those who are not. Scientists who believe that homeopathy has a certain effectiveness of its own will see homeopathy as promoting self-healing and as a philosophy of life. They will also see the doctor-patient relationship and the homeopathic approach as important, as will scientists who have a lower degree of certainty about its own action. Here are some comments illustrating this: Subject 16 (Group B, Appendix A2) with a certainty regarding its own action: "The *ad hoc* homeopathic medicine induces the production of endogenous molecules that will act on the receptors. The homeopathic medicine does not act but causes the organism to react; it contains electromagnetic information that is materially stabilized in solution", or subject 7 (group B, Appendix A2) with a lower degree of certainty "I do not know the origin of the efficacy, I do not know, I do not know anything about it, there may be a placebo effect, but perhaps not only. I don't exclude the possible existence of active molecules that we don't know about today".

The practice or no-practice of homeopathy as well as the reading of research on the subject (grey rectangles) contribute to these different visions whether for group A or group B :

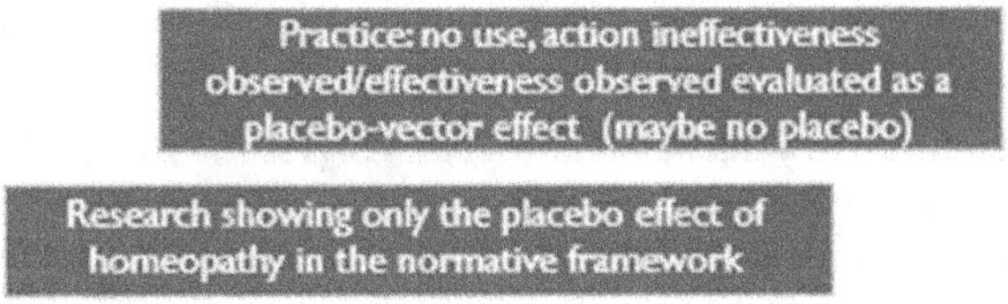

versus

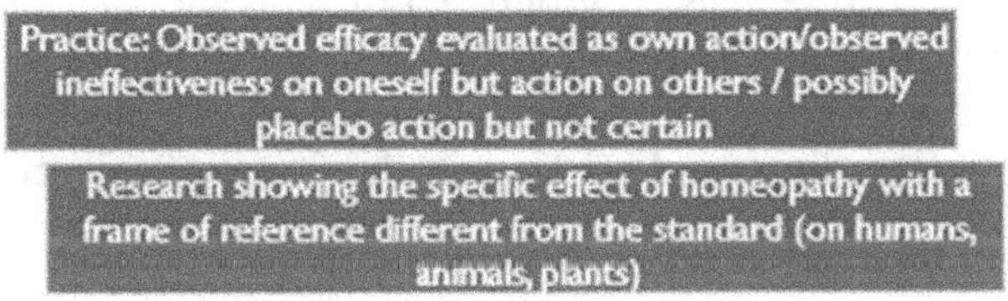

Here are some comments illustrating this: Subject 17 (Group A, Appendix A1) "I don't remember ever taking homeopathy. I was tempted because sometimes you don't want to take medication or give it to your children for certain aches, but I would have felt like I wasn't being truthful" or subject 10 (Group B, Appendix A2) "One of my children suffered from tough and recurring ear infections since he was two months old. I turned to homeopathy because conventional medication did not help. I saw the effectiveness, so I decided to train myself with homeopathy".

Finally, for Group A, some scientists believe that basic and/or clinical research should be carried out on the subject of homeopathy, others believe that this research is no longer useful and that only research possibly in the social sciences and humanities can be carried out. All Group B scientists believe that basic and clinical research on homeopathy is important.

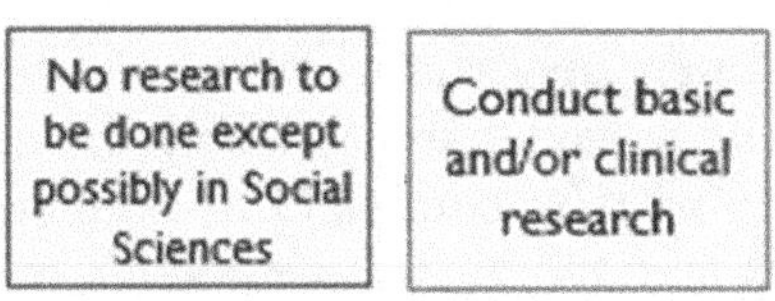

versus

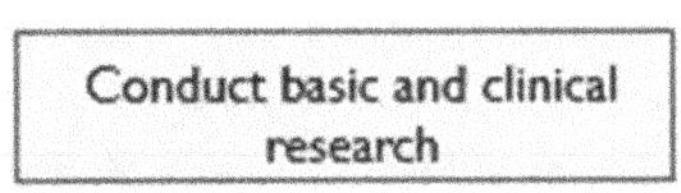

Here are some comments illustrating this: subject 2 (group A, Appendix A1) felt that it would be interesting to do some research "Homeopathy as a research subject: I think it's very interesting and I have nothing against it, and it's even interesting allowing us to discover unknown things, but for the moment nothing has allowed us to show an effect other than a placebo", subject 13 (group A, Appendix A1) considering that fundamental or clinical research is not necessary "There is no point in researching homeopathy apart from the psychological aspect because there is nothing in the granules (not the slightest trace of the least active substance): it is magic, so it does not lend itself to a scientific study: the study tests show this", or subject 17 (Group B, Appendix A2) in favour of research "Scientific research does not take the right method. In Germany they have an integrative vision, we, in France take one part without taking into account the qualitative aspect. We are confused between efficiency and usefulness. Fundamental and clinical research is needed. It exists but it has been denied. This research is not supported by the State".

The majority of the scientists in group A also believes that the subjects in group B are in their belief (white rectangle) when estimating homeopathy as being able to have its own effectiveness. On the other hand, the scientists in group B think that credit should be given to the future of science which could update the explanation of the effectiveness of homeopathy.

The use of homeopathy evaluated as "proper action" is based on a belief	*versus*	Giving credit to the future of science that can update the theoretical explanation of own action: false belief of opponents generated by their conservatism

Here are some comments illustrating this: Subject 2 (Group A, Appendix A1) "What bothers me is that they believe in the effectiveness of their medications: they should say that it accompanies but does not cure", or subject 4 (Group B, Appendix A2) "For me, homeopathic research is Monnet, it's impressionism with an image that emerges [...] We're human and we don't understand everything and I agreed not to understand everything".

A.2) Understand why these opposing representations create conflicts and sometimes legal cases

First of all it seemed important to define what a norm and a value are in order to understand why their confrontation creates tensions.

Rezsohazy explains that "everything that men appreciate, value, desire, recommend, or even propose as ideal, can be considered a valuable thing" (2006, p. 5), "values become norms as soon as they command or regulate conduct, prescribe a course of action. Norms tend to conform behaviour and commitments to declared values" (2006, p. 6).

Therefore, in our study, a scientific standard (group A) that has been built on already established values, and a new value (group B) that does not exist in this form in the current scientific standard are confronted.

The scientific pharmacological standard (found in group A) has been established since the beginning of modernism following the introduction of experimental medicine around the 19th century. This scientific standard is therefore based on previously declared values on the subject of medicine indicating that the pharmacological action of a substance (the action through active molecules) is necessary to have an effective reaction and therefore to treat/heal an individual of a disease. Side effects are then part of the risk/benefit balance.

The value favouring a medicine without side effects and taking into account the global approach of the individual (found in group B) is said to be “new”, not because it did not exist previously, but because it has become more important, particularly since the 1980s. (Rezsohazy, 2006).

It is important to point out that the scientific standard and this “new” value are actually present among scientists in both groups. However, the scientific standard is central to the vision of Group A scientists, so the “new” value takes a different form in their vision, as it serves the scientific standard. This is how we find for these scientists, for example, a willingness to favour care when possible through de-prescription, by limiting the excessive use of drugs that induce side effects (Subject 14, Group A - Appendix A1: “There are fewer and fewer doctors training in complementary medicine because we are no longer in the same situation, there is more movement in favour of de-prescription”). Conversely, it is the “new” value that will be central in the vision of the scientists in Group B, the scientific standard will therefore serve this value. This is how Group B scientists will be found to favour, when it seems possible for the patient, an approach towards unconventional and oriental medicines (Topic 16, Group B - Appendix A2: “I have always wanted to treat people, no matter the method. I have tried phytotherapy but it is the same as allopathy because there are toxic effects whereas homeopathy has no side effects. You can't cure everything; you have to find the origin of the disease”).

What happens when there is a confrontation between this scientific standard and this value? When the Group B value confronts the scientific standard it is then perceived as a transgression of the standard. Eric Prairat (2012, p. 40) tells us on this subject that “[…] public transgression of a standard always triggers a strong reaction, not to say a sanction. […] The transgression of a norm raises the concern of a return to a fundamentally unpredictable world. Beyond the transgressed norm, the deviant act always carries within it the seed of disorder and the deadly fantasy of life being impossible again”. The subjects in group B, essentially those working on homeopathy, will then mobilize in the face of these “strong reactions”. Indeed, Rezsohazy (2006, p. 12) indicates on the notion of value, that it “mobilizes the actors, especially when theirs are neglected, contradicted, attacked, scorned”. Here are some comments illustrating these oppositions: Topic 10 (Group A, Appendix A1) "A crazy idea from an enlightened person who invents principles that are based on his imagination and that do not fall into oblivion. Homeopathy is sectarian deviation. It is not because patients react differently that they will be given a placebo-type therapy: homeopathy is esoteric and invalid knowledge; these are beliefs [...] It is serious that those who are supposed to have knowledge are the equivalent of magicians whose knowledge is non-existent", and Subject 10 (Group B, Appendix A2) "I think it's anti-scientific for doctors to make such aggressive statements without trying to go deeper and not accept that there may be different representations of a disease and how to treat it".

A closer look at the analysis shows us that in reality three value registers or families of values (Heinich, 2017) clash between groups A and B: the mystical/epistemic registers, the ethical registers of justice/ethics of *care* and the functional registers placebo effect/functional own action. What do they correspond to and what types of conflicts do they generate?

-The mystical/epistemic registers: these families of values are diametrically opposed. Some (but not all) scientists in group A see homeopathy as an object of "belief", "witchcraft", "charlatanism", "magic" referring to mystical values. On the contrary, the scientists in group B see homeopathy as a "medicine", "scientific knowledge" to be deepened referring to values that are called epistemic since they associate homeopathy with scientific knowledge. It is this total incompatibility between these registers of values that is at the origin of the greatest tensions, conflicts and lawsuits.

-Functional registers placebo effect/functional own action: these groups of values are not diametrically opposed since they relate to the existence of the efficacy of homeopathy. Group A scientists believe that this efficacy is due to the placebo effect (and is a vector of *care* for certain subjects). On the contrary, the scientists of group B believe that this efficacy takes place by its own action (with degrees of certainty). Opposition on the mechanism of action therefore creates tensions and conflicts but no court cases. It should be noted, however, that for certain subjects in group A, homeopathy does not have efficacy, there is then some incompatibility with subjects who believe that there is efficacy. This opposition may even take place within group A between those who believe that there is efficacy through the placebo effect and those who believe that there is no efficacy at all.

-Ethical registers of justice/ethics of *care* : these families of values are not diametrically opposed since they both concern ethics in medical matters, *i.e.* the way in which the patient is taken into account in the act of care. Group A scientists believe that patients must be taken into account and cared for within the precise framework of a risk/benefit balance, which they consider to be the fairest and most equitable. They therefore mobilize the ethics of justice. Group

B scientists believe that patients should be considered and cared for by addressing what is important to the patient as an individual through his or her well-being. They therefore mobilize the ethics of *care* that shifts the center of gravity of the ethics of justice to the important (Molinier and al., 2009). This opposition creates conflicts but not lawsuits, as sociology tells us that it is incompatible records that lead to lawsuits (Heinich, 2017). Here are some comments illustrating this: Subject 4 (Group B, Appendix A2) "We are not just cells, we interact with our mind [...] It is easier to look at an organ, but in fact it is the whole individual that we must look at", and Subject 11 (Group A, Appendix A1) "I don't think doctors should be concerned with wellness, it's already very complicated to deal with diseases".

Let's note that some Group A scientists are however in favour of introducing some "sensitivity", a more global approach to care : Subject 7, Group A-Appendix A1 "If the physician believes deeply in the effectiveness of homeopathy, it is not tenable. On the other hand, if he or she considers that a global approach is important, this medical approach is good and I agree with this and ask doctors to use this approach and not only focus on the pathology".

It should also be noted that *care* is defined as "a combination of feelings of affection and responsibility, accompanied by actions that support the needs or well-being of an individual in a face-to-face interaction" (Molinier et al., 2009). Fabienne Brugère (2017) states with regard to the ethics of *care* that "[...] It is indeed a new philosophy that materializes by shifting the boundaries between the concepts of dependence, interdependence, vulnerability and autonomy".

The value of a medicine without side effects taking into account the individual, found in the vision of the subjects of group B, would thus be in reality a value of *care*.

A.3) Modernism *vs* postmodernism: are norm and value really at the root of the vision differences between scientists?

Since the 1980s, sociological studies seem to show that modernity and its hypertechnicity lead to consequences and risks. While all sociologists agree on this point, some of them nevertheless consider that the beneficial potential of the modern era far outweighs the negative aspects. Faced with the consequences and risks of modernity, a sociological analysis has been made of the evolution of society. However, this societal evolution is explained by two theories which are opposed in their interpretation. On the one hand, the theory of a radicalization of modernity, as expressed in particular by the sociologist Anthony Giddens (1990) in his work "Les conséquences de la modernité", and on the other hand, the theory of postmodernism, as expressed particularly by Michel Maffesoli (1996) in his work "Eloge de la raison sensible".

The theory of modernism sees the current evolution of our society since the 1980s as a coexistence of individuals whose behaviour is rooted in modernity and others whose behaviour is characterized by a radicalization of modernity in the face of its risks, thus distinguishing between responsible and irresponsible behaviour.

The theory of postmodernity, on the other hand, argues that there is a need for re-enchantment of the world that the instituted elites cannot or will not hear. This theory therefore anchors new behaviours in an evolution of society that integrates sensitive reason (internal reason, experience, common sense) in addition to simple abstract rationality that takes into account reality in its totality rather than simply analyzing the real world through modern rationalism.

For the two groups, the analysis shows us that the scientists in Group B would have a postmodern vision, whereas the scientists in Group A would have a modern vision. For each of the scientists, however, this modern or postmodern vision will have different degrees of rootedness.

Group A scientists (figure 2) who have the least rooted modern vision will not necessarily see the associative movements of homeopathic scientists as a form of radicalization. They will even be sympathetic to some of them. Scientists with the most ingrained modern vision will, on the other hand, see homeopathic scientists as irresponsible individuals who have radicalized against the risks of conventional medicine, whereas they believe that we should refocus on the existing risk/benefit balance. Here are some words to illustrate this: Topic 6 (Group A, Appendix A1) "The other aspect is societal: it's complicated because you open doors. There is a permanent conflict between patients and the medical world for several reasons: medicine has become population-based, yet the patient wants individual care because he or she finds it unacceptable to have statistical care applied to him or her. The individual is insensitive to statistics, especially when we are given chemicals, so we take refuge in beliefs, through collectives, associations, etc. Homeopathy is one aspect of this, but refusing vaccines is the same".

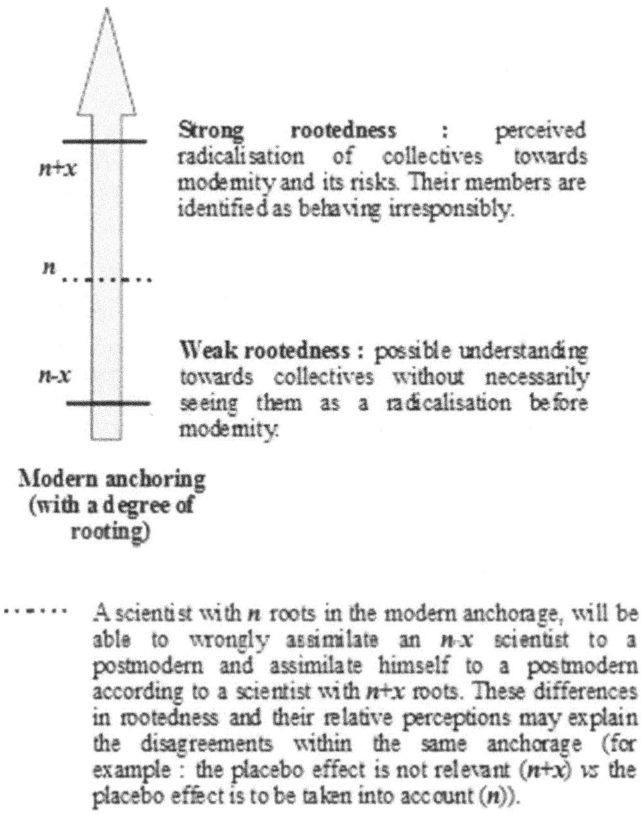

Figure 2: Degree to which a scientist's vision is rooted into modernity

Group B scientists (figure 3) with the least rooted postmodern vision believe that there must be an opening towards other types of medicine such as oriental medicine, as classical medicine also has its limits. Scientists with the most rooted postmodern vision will feel that not only does conventional medicine have its limitations but that a paradigm shift in medical matters is needed. Here are a few words to illustrate this: Topic 6 (Group B, Appendix A2) "I felt that medicine was too materialistic and was going in the wrong direction. I decided to practice general medicine but I was not satisfied with it and people around me encouraged me to study homeopathy which could correspond more to my vision, a vision that takes the individual into account".

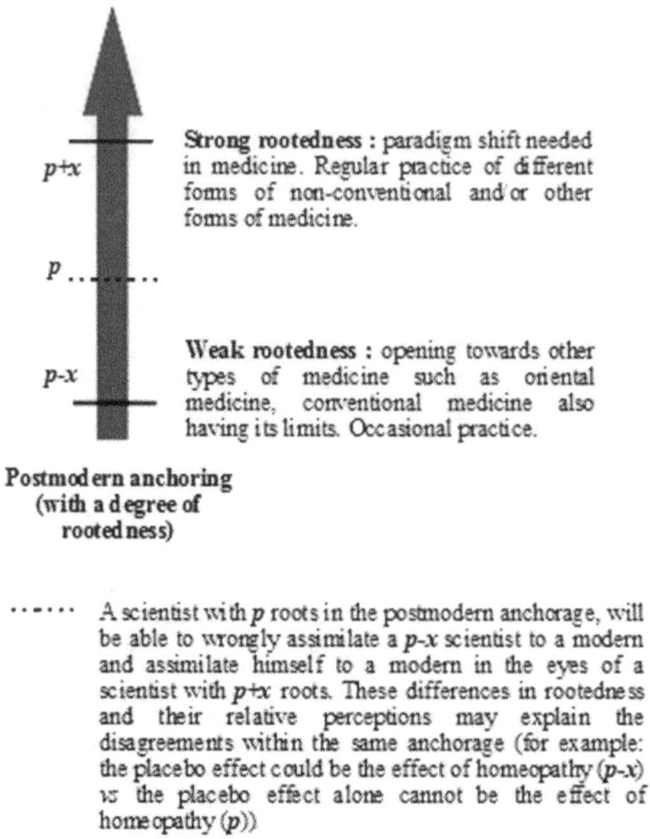

Figure 3: Degree to which a scientist's vision is rooted in the postmodern anchor

It appears here that the opposing norm and value, which we had identified within the scientists' representations, are actually present in the scientists' vision because of their respectively modern and postmodern vision. It is therefore the modern or postmodern anchoring that is at the origin of the differences in vision between scientists. The three identified and opposing registers of values (mystical/epistemic; ethics of justice/ethics of *care*; functional placebo effect/functional self-action) would be the consequence for these norms and values to be mobilized. Note that these different degrees of rooting were found in both male and female scientists studied from different age groups.

B) What vision of the placebo effect do the scientists interviewed have?

As we mentioned earlier, the placebo effect is the mechanism of action put forward by group A scientists to explain the effectiveness of homeopathy. On the other hand, Group B scientists believe that a specific action different from the placebo effect exists (certainly or possibly). The Academy of Medicine and Pharmacy also indicated in 2019 in one of its press releases that insufficient knowledge and/or underestimation of the placebo effect with waiting would be at the origin of the differences on homeopathy. What is the situation? How do scientists in these two groups view the placebo effect?

B.1) Definition and similar representation of the placebo effect for the scientists interviewed

The analysis shows us that scientists in both groups have an equivalent representation of the placebo effect. Each of the subjects in the two groups focuses his or her discourse primarily on psychological factors as being at the origin of the placebo effect. The doctor-patient relationship also seems to be an important factor even if it is not mentioned by all. Some scientists also consider that the effect of the doctor-patient relationship does not correspond to a placebo effect and differs from it, even if it also has an action through a psychological effect. This is illustrated by the following statement: Topic 3 (Group A, Appendix A3) "This is the negative control. Psychology is no placebo: the word placebo is inappropriate for the interpretation of the evaluation of non-drug therapies because it is related to the evaluation of the biochemical effects of drugs. Therefore, it is better to use the terms; specific versus non-specific. Anything that is not specific to the therapy (time of care, belief in the benefit of care) = the placebo effect. I think that the individual is not just a machine: a specific effect via the psyche (cf. *via* a reduction in stress allowing better pain management) is not a placebo. But this is not an opposition because the effect *via* the psyche is also a biological effect because it can induce, among other things, the release of endorphins. There is a link between psychology and biology".

Fewer scientists in Groups A and B will see the biological mechanisms as also causing the placebo effect. This vision, less represented among the scientists questioned from both groups, corresponds to the definition given by the Academy of Medicine and Pharmacy, which emphasizes the combination of psychological and biological impact to enter the placebo effect.

Furthermore, scientists in both groups describe the same placebo-effect function: that of an effect of thought or mind on the body leading to self-healing. This notion of self-healing is also found in the literature and associated with the placebo effect (Howick, 2017).

We can see here that the scientists' view of the placebo effect is similar in both groups. It seems likely that if insufficient knowledge and/or an underestimation of the placebo effect with expectation exist(s) among scientists, as indicated by the Academy of Medicine, they are fairly equivalent within the two groups but do not explain (alone) the differences encountered. Here are comments illustrating the estimation of the placebo effect within the homeopathic act by a scientist working on homeopathy: subject 16 (group B, Appendix A4) "It is an effect linked to the hope of having a result. Even in surgery this effect has been identified. But this effect is only possible for pathologies that can heal on their own and always in the short term. I think that this effect is even more important in homeopathy because we deal with the psychology of the individual. It is the action of the mind on the body for spontaneously reversible pathologies".

B.2) Negative perception of the placebo effect as an object of comparison: divergence amplifier

When scientists are asked about the placebo effect, no negative perceptions seem to emerge from their statements. On the other hand, when the placebo effect becomes an object of comparison, and particularly here when homeopathy is compared to the placebo effect, a negative perception appears in the statement made by Group B scientists working on homeopathy. Three types of negative perceptions can be distinguished in the discourse of these scientists: the perception of attack (Subject 6, Group B - Appendix A2: "[...] Each time it is the same attack: placebo effect, charlatanism, attack by the medical profession [...]"), the perception of scientific denigration (Subject 9, Group B - Appendix A2: "[...] We are not talking about agro-homeopathy, the care of plants with granules because there can be no placebo effect [...]") and the perception of reductionism (subject 11, group B - Appendix A2: "[...] Homeopathy cannot be and be done only by placebo effect: there is something else [...]"). In other words, scientists working on homeopathy, when compared to the placebo effect, perceive this comparison as a directed attack implying that the placebo effect conveys a vision of discredit. They perceive it as a scientific denigration implying that the placebo effect conveys a false pretence. They see it as reductionism, implying that the placebo effect is nothing or not much.

Various authors have written about the placebo effect (Lemoine, 1996; Boussageon, 2010; Autret, 2013, Howick, 2017). They indicate that the placebo effect, through the term placebo, which corresponds to an object that contains nothing, historically conveys a vision of discredit, charlatanism, pretense. However, literature (Boussageon, 2010) tells us that the placebo effect is a real effect distinct from all others and that it leads to cures in the case of diseases with spontaneous remissions.

We can see here that, beyond a disagreement between the scientists of groups A and B on the action of homeopathy passing solely through a placebo effect, there is also a strong tension due to the negative charge conveyed by the expression "placebo effect". This tension amplifies the divergence in the face of the initial disagreement on the mechanism of action.

It would therefore be interesting to think about resizing the "placebo effect" (see the placebo effect with another look) in order to decrease the negative charge and not amplify the divergences. This could be done through the function of the placebo effect described by scientists: *i.e.* a mind-body thought effect. The choice of the functional aspect of the placebo effect to resize it seems more relevant than the psychological descriptive aspect which is very much linked to the notion of placebo and therefore to the negative charge conveyed.

Chapter IV – CONCLUSION

1) This study therefore allows us to conclude that the modern or postmodern vision would be at the origin and explain the differences in the social representations of scientists regarding homeopathy (figure 4).

2) It also allows us to conclude that modern or postmodern anchoring result in an opposition between a non-conformity to the scientific norm and a value, generating an opposition between three registers of values within the representations that are at the origin of divergences and court cases (figure 4) : mystical *vs* epistemic registers (incompatible registers, the most important source of divergence and source of legal cases), registers of ethics of justice *vs* ethics of *care* (opposition between the centres of gravity of the consideration of the patient going from the "just" to the "important"), registers of functional placebo effect *vs* functional own action (opposition between the mechanisms of action placebo effect *vs* own action, amplified by the negative charge of the placebo effect as an object of comparison).

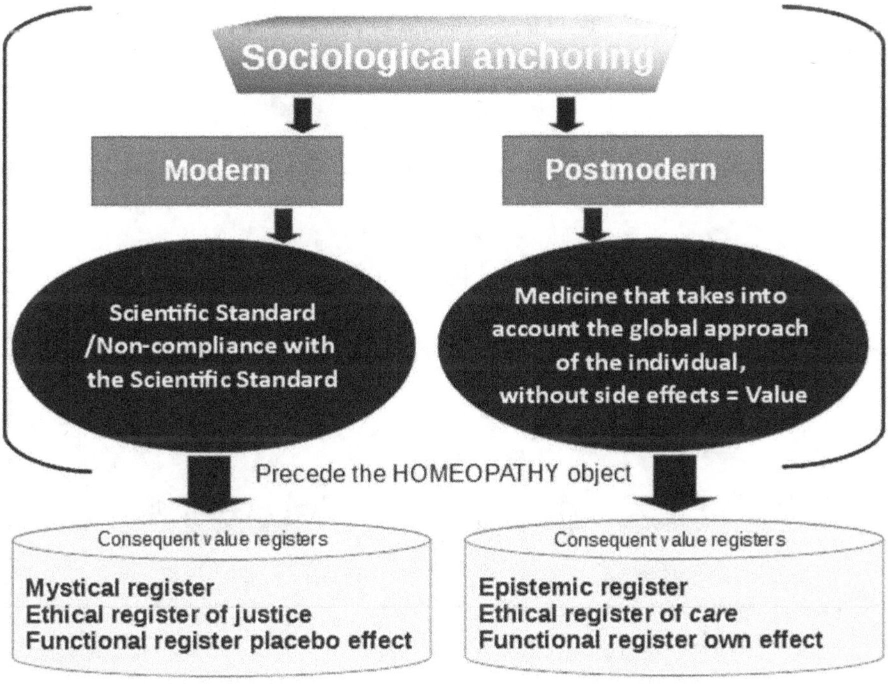

Figure 4 : Synthetic diagram of conclusion - link between sociological anchors / norm and value / value registers within social representations

Improvements in science-society communication

Reconciliations seem possible between the most opposed scientists. Let us identify them registry by registry:

- ethics of justice *vs* ethics of *care* : a reconciliation that takes into account "sensitivity as a necessary condition for justice" would be, for example, to allow doctors more time during consultations in order to enter into a more global approach to the patient. A reflection on the notion/definition of care could also be reengaged. The *care* society is analyzed by some sociologists as a way of reducing radicalization and irresponsible behaviour perceived in the face of the risks of modernity. (Tronto, 2012, p. 44).

- mystical *vs* epistemic registers / functional registers placebo effect *vs* functional own action : a conciliation allowing to resize the functional and epistemic registers would correspond to the implementation of a new scientific and medical field called "self-healing". This new field would include the placebo effect undergoing a social metamorphosis, thus eliminating the value of scientific negation that it has taken on; and homeopathy. Each of these objects has been described by scientists as participating in and/or promoting self-healing via a mind/body-mind effect and/or other forms and pathways to be determined.

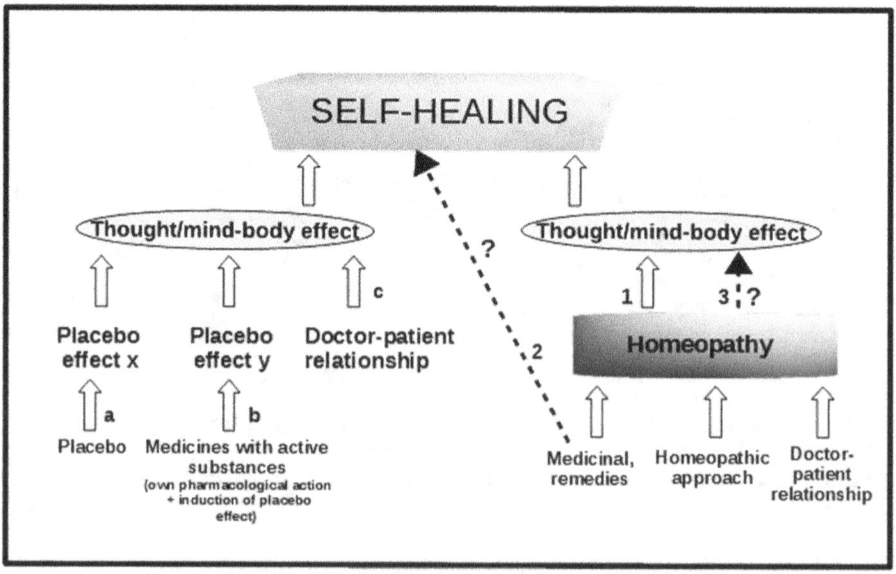

Figure 5 : Proposal to reconcile and improve science-society communication concerning the mystical/epistemic and functional registers (placebo effect *vs* self-action) of scientists in groups A and B.

For the Placebo Effect :

a: The Placebo's placebo effect: The majority of scientists interviewed (Groups A and B) mention the placebo effect (here referred to as "placebo x effect") as being generated by placebos, with some scientists equating the doctor-patient relationship with a placebo.

b: Placebo effect of the medicinal product containing active substances. The majority of the scientists interviewed (groups A and B) mention the existence of a placebo effect present in any therapeutic act. It is here referred to as the "placebo y effect". It is particularly induced by medicinal products with active substances which may lead, in addition to their own pharmacological action, to a placebo effect which may be different from the placebo effect induced by a placebo (a) (cf. Boussageon, 2010).

c : Doctor-patient relationship. For some scientists interviewed, the doctor-patient relationship is different from a placebo even if it does induce a "thought-mind-body effect". Moreover, literature indicates that the doctor-patient relationship, just like psychotherapy, for example, is different from a placebo. (cf. Autret, 2013).

In homeopathy:

1: Thought/mind-body effect = effect of the doctor-patient relationship + placebo effect from the homeopathic approach and homeopathic remedies/medicines. That would be the full effect of homeopathy for the majority of group A scientists. Homeopathy would be more than just that for group B scientists.

2 : Own path of action directly mobilizing the self-healing capacities = existence of a different path of the thought/mind-body effect. It is mentioned by scientists in group B, particularly those working on homeopathy. This path would be the way in which homeopathic remedies/medicines act via an informative electromagnetic message and/or via micro-dilutions of active substances, for example, by directly mobilising/favouring self-healing capacities. This route would be non-existent for subjects in group A.

3 : Another form of mind/body-mind effect = a vector of care. This pathway would be mediated by the homeopathic approach and/or homeopathic remedies/medicines and would differ from the placebo effect and the doctor-patient relationship for subjects in group B working on homeopathy. It is also mentioned by at least one subject in group A, evoking it, for example, through the phenomenon of an anamnesis carried out during the homeopathic approach. For the other subjects in group A, this pathway would be assimilated to pathway 1 and its placebo effect.

(**2 and 3** are indicated in dotted lines and with a question mark since they remain questionable paths and give rise to disagreements between scientists in Groups A and B).

The institutional setting up of a new scientific and medical field on "self-healing":

-Would remove the opposition of mystical-epistemic registers which is at the origin of the most important divergence between the subjects, leading them to court cases.

Would make it possible to associate the placebo effect, via the thought-mind-body effect, with a scientific and medical field by removing the value of scientific negation which it has historically taken on as an object of comparison.

-Would respond to the value of *care* found in the representations of Group B subjects wishing for a medicine without side effects that takes the individual into account.

-Would respond to the request of the scientists questioned from groups A and B for institutional research on homeopathy as well as on the placebo effect.

-Would institutionally allow physicians to use another form of medicine recognized through this scientific and medical field, which until then could pose an ethical problem for them (Lemoine, 1996; Howick, 2017). Indeed, it appears that 50 to 80% of physicians admit to be prescribing placebos and that patients find it acceptable to take a placebo if it carries no risks and has a potential benefit (Boussageon, 2019).

-Would make it possible to offer new university courses aimed at students of medicine, pharmacy, science and psychology, for example, within the framework of a new disciplinary field and scientific training.

It seems, as Alain Autret (2013, p. 23) indicates, that "around the year two thousand, the question was considered important enough to initiate a reflection on the theme of 'placebo science' by the NIH (National Institute of Health in the United States)". Rémy Boussageon (2019) also led a reflection on how to reconcile what he calls "magic medicine" and "closely scientific medicine" (for which the placebo is nothing and the placebo effect is a problem). He proposes to optimize the placebo effect without prescribing a placebo or without risky treatment.

Our analysis and this consequent proposal for conciliation would go in a similar direction while resizing the reflection, taking into account the representations of the scientists. Alain Autret concludes that "a field of reflection and research could open up to models that have yet to be discovered" (2013, p. 85). This proposed new institutional scientific and medical field, "self-healing", would require a multidisciplinary research approach in order to better understand how not only the psyche, thought/mind, and biology of the body but also the social representations of individuals can lead to a mobilization of self-healing capacities.

Moreover, it seems likely that these proposals for improving science-society communication, particularly with regard to the proposal to set up a new scientific and medical institutional field, "self-healing", may concern other non-conventional medicines.

PARTIE 3 : ANALYSE DE RECHERCHE DÉTAILLÉE

Chapitre I

INTRODUCTION

Cette étude s'intègre dans le projet de recherche sociétale HOMEOCSS (www.projet-homeoccs.com) et plus particulièrement dans l'OBJ5, objet d'étude 5 du projet portant sur les experts et chercheurs.

Ce travail repose sur une étude des représentations sociales de membres de la sphère académique (experts médicaux et chercheurs en santé) au sujet de l'objet « homéopathie », objet de controverse socio-scientifique. L'enjeu sera de mieux comprendre ce qui oriente le positionnement de chacun face à l'homéopathie et de définir les sources d'oppositions et de divergences au sein de cette controverse sociétale. Pour ce faire, il sera nécessaire de caractériser les représentations sociales des acteurs de la sphère académique sur cet objet.

A. Notion de représentations sociales

La théorie des représentations sociales date de 1961 et des travaux de Serge Moscovici. Ses travaux ont été complétés par les travaux d'Abric (2011) sur la nature du noyau central de la représentation. Il a en effet enrichi le cadre théorique en montrant que la représentation est composée d'un noyau central ou système central et d'éléments périphériques. « Les représentations sont un ensemble d'opinions, d'informations, de valeurs et de croyances sur un objet particulier » (De Carlos, 2015, p. 34). Il découle de cette théorie structurale que deux représentations sociales sont différentes si elles n'ont pas le même noyau, une représentation sociale se construisant dans un processus historique. Cette étude cherchera à identifier si les représentations sociales des sujets sont disjointes ou non sur cet objet.

Le système central a deux fonctions : une fonction génératrice qui donne à la représentation sa signification et une fonction organisatrice dans la mesure où il pondère chaque élément de la périphérie et détermine la nature des liens entre ces éléments. Tous les éléments du système central ne sont pas identiques, car on y distingue les « prioritaires » des « adjoints » en fonction de leur « inconditionnalité » (De Carlos, 2015). Les premiers étant inconditionnels, les seconds prenant leur valeur par adjonction aux premiers (Flament & Rouquette, 2003). Les « prioritaires » portent le sens de la représentation, sa définition minimale, ils ont donc une valeur symbolique très forte ce qui explique que tous les autres s'y associent (Moliner, 1993). « Les éléments du système périphérique sont plus flexibles et servent d'interface entre le système central et la réalité. Ils sont conditionnels et matérialisent les formes les plus fréquentes de la représentation » (De Carlos, 2015, p. 48). Ils sont en prise directe avec la réalité.

Le noyau central possède deux dimensions (De Carlos, 2015) :

-Une dimension normative ou évaluative : les éléments centraux sont constitués par une norme, une valeur sociale, un stéréotype ou une attitude dominante envers l'objet de la représentation.
-Une dimension fonctionnelle ou descriptive : les éléments centraux sont ceux qui concernent directement la réalisation d'une tâche.

Cette étude aura pour enjeu de définir un schéma des représentations sociales des acteurs étudiés afin d'en identifier le noyau central, ses deux dimensions ainsi que les éléments périphériques en prise avec la réalité sur l'objet homéopathie et qui sont à l'interface avec le noyau de la représentation.

La notion des représentations sociales s'intègre dans la théorie de la pensée sociale (Rouquette, 1973). Les représentations sociales trouveraient leur justification dans l'idéologie définie par les croyances, valeurs, normes, thêmata. L'idéologie serait le niveau le plus stable et transversal au groupe. Par ailleurs, la représentation sociale semble se structurer à travers deux processus que sont l'objectivation et l'ancrage. D'après Moscovici, l'objectivation est définie comme le phénomène permettant de s'approprier et d'intégrer les connaissances relatives à l'objet et l'ancrage consisterait à enraciner socialement la représentation et son objet dans le système de valeurs du sujet. « Le phénomène d'ancrage s'opère de façon différente selon les groupes sociaux. La culture et les valeurs propres à un groupe font qu'un objet social ne sera pas intégré de la même manière et qu'il prendra une forme spécifique pour un groupe » (De Carlos, 2015, p. 45). Cette étude tentera de caractériser au sein des représentations sur l'objet homéopathie l'idéologie qui la sous-tend (normes, valeurs, thêmata, croyances) et d'en identifier son ancrage sociologique.

Les modèles d'étude des représentations se font essentiellement au travers de trois orientations théoriques dotées de moyens méthodologiques : le modèle sociogénétique (approche anthropologique par étude monographique et analyse documentaire), le modèle socio-dynamique (approche d'analyse multidimensionnelle et analyse factorielle des correspondances) et le modèle structural (permettant d'accéder au contenu de la représentation). Notre étude mobilisera les trois approches pour conduire l'analyse de ses données. L'étude d'entretien narratif, une analyse qualitative structurale et une analyse de similitudes nous permettront d'approcher le noyau des représentations sur l'objet homéopathie et d'en définir ses deux dimensions.

Deux conditions sont requises d'après la littérature afin qu'une représentation soit dite sociale : la saillance socio-cognitive – d'une part l'objet assure une fonction de concept et occupe un espace récurrent dans les communications, les pratiques – d'autre part il doit exister des pratiques communes au sein de la population (Flament et Rouquette, 2003). On pourra ajouter d'autres conditions telles que l'enjeu lié à l'objet (enjeu identitaire ou de cohésion sociale), la dynamique sociale (objet ayant une valeur pour un groupe) et l'absence d'orthodoxie (connaissances élaborées collectivement) (Moliner, 1993 & 1996). Il apparaît que l'objet homéopathie répond à ces deux conditions fondamentales puisqu'il existe bien des pratiques communes au sein de la population et qu'il occupe un espace récurrent dans les communications et pratiques. Il répond également aux conditions supplémentaires, puisque l'objet homéopathie est lié à un enjeu de cohésion sociale ou identitaire, qu'il a une valeur pour un groupe populationnel et que les connaissances sur cet objet sont élaborées collectivement. Notre analyse portera donc sur une analyse de représentations dites sociales sur l'objet homéopathie.

B. Notion de controverse sociétale

La controverse semble être, pour de nombreux auteurs, un lieu de débat obligatoire structurant les savoirs. Les controverses sont des moments effervescents, nous indique Durkheim (1900). D'où l'intérêt d'analyser ces controverses, comme l'indique Bloor (1991) cité par Pestre (2017, p. 30), « en suivant symétriquement et impartialement les acteurs dans leurs fabrication et légitimation d'énoncée ; de le faire de façon non téléologique et en les prenant tous également au sérieux ». « La controverse change de forme à partir du moment où les énoncés circulent dans d'autres arènes. On sort alors de la controverse érudite pour entrer dans le cadre de la controverse publique, de la polémique et de la querelle », nous indique Lilti (2007, p. 18). Mais dans tous les cas elle vise, comme l'affirme Pestre (2007, p. 35), « à une neutralité axiologique vis-à-vis des acteurs et de leurs valeurs ».

C'est pourquoi notre étude aura pour enjeu de prendre en compte symétriquement et impartialement les acteurs étudiés en les prenant tous également au sérieux sur l'objet homéopathie. L'objet homéopathie est d'après cette définition une controverse publique que l'on caractérisera comme une controverse socio-scientifique (Di Scala, 2019). En effet cet objet a été et est toujours très controversé au sein de la sphère publique. Par son histoire, Faure nous indique que l'homéopathie a toujours oscillé entre contestation et intégration (2002). La controverse porte essentiellement sur la scientificité de cet objet : certains estimant que cet objet n'est pas un objet médical et scientifique, les autres estimant au contraire qu'il est un objet médical et de science dont il reste encore des connaissances à découvrir. Les premiers se basent sur des recherches montrant uniquement l'effet placebo de cet objet (NHMRC, 2015 ; EASAC, 2017), les opposants revendiquent des recherches (Bornhoft & Matthiessen, 2011 ; Grimaldi-Bensouda *et al.*, 2016) montrant son action propre notamment dans un cadre de référence différent. En 2018, ces affrontements ont conduit à une tribune publique en défaveur de l'homéopathie et à des procès en justice suite à des dépôts de plaintes des défenseurs de l'homéopathie.

C. L'homéopathie en France et en Europe

Une présentation plus globale du sujet a déjà été effectuée dans l'ouvrage collectif portant sur le projet HOMEOCSS et sa méthodologie (Di Scala (dir), 2020).

D'un point de vue plus général, l'OMS dès 2002 (OMS, 2002), différencie les médecines conventionnelles des médecines non conventionnelles. Parmi les médecines non conventionnelles, les plus fréquentes et les mieux reconnues au niveau européen, il y a l'homéopathie. L'Europe a choisi le terme de « médecine non conventionnelle (MNC) » dans ses textes officiels (Assemblée parlementaire, 1999).

L'étude de recherche CAMbrella financée par un projet européen (CAMbrella, 2012) et réalisée de janvier 2010 à décembre 2012 dans 39 pays européens a permis de dresser un bilan dans l'utilisation et la réglementation de chaque médecine non conventionnelle dont l'homéopathie. Au travers de cette enquête, on constate que la popularité de ces thérapies diffère fortement en fonction des pays. Parmi les MNC, l'homéopathie est considérée comme la plus utilisée en Europe. Néanmoins, aucune loi européenne n'a été votée pour la reconnaissance officielle de l'homéopathie, ce qui aboutit à une variabilité des pratiques. La nouvelle législation européenne réglemente la mise sur le marché des médicaments homéopathiques, mais n'uniformise pas les pratiques entre les pays.

La France, est le premier pays consommateur et exportateur (CAMbrella, 2012). Le dernier sondage IPSOS 2018 réalisé pour les laboratoires pharmaceutiques homéopathiques, indique que 77% des Français ont déjà pris de l'homéopathie au cours de leur vie et que 58% en ont pris plusieurs fois. 76% des Français ont une bonne image des médicaments homéopathiques. D'après le sondage IPSOS 2012, réalisé à la demande des laboratoires pharmaceutiques homéopathiques, 56% des Français utilisent l'homéopathie pour se soigner dont 36% de façon régulière. Ce sondage indiquait par ailleurs que 77% des Français souhaiteraient que l'homéopathie soit prescrite plus souvent en première intention. 90% des Français désirent que les professionnels de santé soient mieux formés et plus compétents avec une formation intégrée dans le cursus. 44% des Français se sentent très mal informés sur cette thérapeutique. En France tous les praticiens de santé reconnus peuvent prétendre à prescrire des traitements homéopathiques et sont les seuls à pouvoir obtenir un diplôme officiel, droit au titre qui vient néanmoins d'être remis en question en octobre 2019 par l'ordre des médecins.

Les politiques de remboursement des médicaments homéopathiques sont continuellement remises en cause par les différents gouvernements. La majeure partie des remboursements se faisant par la complémentaire santé. Suite à la tribune publique en défaveur de l'homéopathie (2018), suite au communiqué de presse de l'Académie de Médecine en défaveur du remboursement de l'homéopathie (2019) et suite à différentes études indiquant son effet placebo, une évaluation de l'HAS commanditée par le Ministère de la santé, a conduit à l'arrêt du remboursement de l'homéopathie prévu pour 2021. La controverse sociétale se poursuit néanmoins. Deux laboratoires pharmaceutiques impliqués dans la production d'homéopathie ont décidé de déposer deux recours auprès du conseil d'État en octobre 2019.

D. Notion d'effet placebo

L'étude des représentations au sujet de l'homéopathie conduit les acteurs interrogés à mentionner l'effet placebo soit en le distinguant en tout ou partie de l'objet homéopathie et de son efficacité, soit en associant complètement l'objet à cet effet. Il semble donc important de s'y intéresser dans cette analyse.

Sans objectif d'exhaustivité sur le sujet, mais afin d'en présenter quelques éléments synthétiques, la littérature nous indique que la notion de placebo date de 1785 retrouvée dans un dictionnaire médical avec une définition très vague « un traitement usuel ou une technique banale », nous indique Chantal Tilmans-Cabiaux (2010, p. 96). C'est en 1811 dans le dictionnaire médical Shorter Oxford Dictionary que le mot placebo reçoit une première définition désignant le médicament administré au patient plus pour lui faire plaisir que pour lui être bénéfique nous indique Alain Autret (2013, p. 20) : « Il n'a pas eu une fortune immédiate, sans doute parce que le concept n'était mûr ni dans l'esprit des médecins ni dans celui des patients et de la population. Il fallut attendre près d'un siècle et demi pour le voir apparaître dans les publications scientifiques de haut niveau ». « […] Il fallut attendre les travaux de Harry Gold dans les années 1930 et l'utilisation du placebo expérimental dans les essais cliniques pour que la communauté médicale admette définitivement la procédure double insu comme absolument nécessaire au contrôle des effets « suggestifs » ou « effets non spécifiques » liés à la thérapeutique » (Boussageon, 2010, p. 66). Cet auteur fait référence à Kaptchuk et Lowy et reprend leurs propos (*Ibid.*) : « Au départ, le développement des traitements en « aveugle » et des tests contre placebo était lié à des efforts, non pour démontrer l'efficacité des traitements jugés orthodoxes, mais pour séparer la bonne et la mauvaise science, pour dénoncer le charlatanisme […] ». Ce sont vraiment les travaux d'Henry K. Beecher, nous indique Remy Boussageon (*Ibid.*, p. 123), qui « finiront de populariser le concept d'effet placebo. Beecher écrira un article en 1955 dans le Journal of American Medical Association intitulé « The powerful placebo » où il prétend avoir estimé l'effet placebo à 35% en moyenne. Cette mesure loin d'être négligeable donnera ses lettres de noblesse à l'effet placebo qui dès lors ne pourra plus être nié ». En 1996, Patrick Lemoine écrit un ouvrage sur le mystère du placebo, ce médecin interrogera le placebo (1996, p. 14) : « cette illusion de médicament, porte un nom. C'est le placebo. Or, cette substance, totalement dénuée de principes actifs, se révèle parfois puissamment efficace. Elle se révèle capable de déplacer des montagnes pathologiques, de renverser des dogmes thérapeutiques, de décontenancer les plus cartésiens d'entre nous [...] ». Remy Boussageon (2010) dans sa thèse sur « L'efficacité thérapeutique – Objectivité curative et effet placebo », ne souligne pas quant à lui la puissance du placebo, mais estime que l'effet placebo possède une existence réelle et insiste sur la distinction nécessaire entre placebo, qui ne possède pas de pouvoir pharmacodynamique, et l'effet placebo qui possède une efficacité clinique.

Effet différencié de l'évolution spontanée de la maladie

Rémy Boussageon (2010, p. 16) indique également dans ses travaux que l'effet placebo est souvent non dissocié de l'évolution spontanée ou des effets thérapeutiques adjuvants. C'est ainsi qu'il indique tout comme Sylvain Jumeau (2018) que si l'équation globale retrouvée notamment dans les travaux de Beecher mentionne la somme de l'effet réel et de l'effet placebo :

Effet global = Effet réel (spécifique) + effets suggestifs (effet placebo) (Beecher)

Il faudrait y distinguer les effets distincts de l'effet placebo, ramenant l'équation comme suit :

Effet global = effet spécifique du médicament + effet placebo + évolution spontanée + régression à la moyenne + effets des thérapeutiques adjuvantes

« Beecher est néanmoins le premier à distinguer l'effet du placebo de l'effet placebo en général, en l'associant comme Wolf à la notion de suggestion verbale. Il le définit finalement comme un effet global au-delà de l'effet du placebo proprement dit », indique Sylvain Jumeau dans sa thèse sur l'intérêt thérapeutique de l'effet placebo (2018, p. 59).

Facteurs psycho – physiologiques de l'effet placebo

L'effet placebo semble bien présent dans tout acte thérapeutique d'après les auteurs. La notion de croyance, valable à l'ensemble des thérapeutiques, y est également présente comme l'indique Alain Autret (2013) dans son ouvrage sur les « Effets placebo – Des relations entre croyances et médecine ».

Rémy Boussageon (2010), Goslin (2017), tout comme Sylvain Jumeau (2018), précisent également que « l'effet placebo » du placebo ne semble pas être identique à « l'effet placebo » du médicament, mais également qu'il n'existe pas un effet placebo, mais des effets placebo. Il apparaît en effet que différentes voies neurobiologiques soient déclenchées physiologiquement dans différents contextes d'effets placebo. Alain Autret (2013, p. 49) indiquera « effet placebo avec attente, effet placebo lié au conditionnement, effet non spécifique psychologique et comportemental ne doivent pas être confondus et mélangés dans un ensemble informel que l'on globaliserait sous le terme d'effet placebo. Ils correspondent à des mécanismes physiologiques et neurophysiologiques différents ». David Goslin récapitulera dans sa thèse intitulée « L'effet placebo : les travaux de F. Benedetti, implications pour la relation patient-acteur de santé » (2017, p. 23), que « plusieurs facteurs à l'origine de la réponse placebo sont envisagés : la modulation de l'anxiété et du stress, la nature de l'information dévoilée au patient et d'un point de vue physiologique, la libération d'endorphine ou de dopamine en relation avec le système de récompense. [...]». Sylvain Jumeau (2018, p. 95) nous indique que « le développement des techniques d'imagerie avec une meilleure résolution a permis de mieux préciser les structures impliquées dans l'analgésie placebo [...] ». Cyndi Daures (2017, p. 52) mentionne dans sa thèse intitulée « les effets du psychisme sur le corps humain et les effets placebo », que « suite à différentes expériences, les chercheurs se sont rendus compte que certains patients étaient plus répondeurs vis-à-vis de l'effet placebo que d'autres. Une étude parue le 15 avril 2015 dans le journal Trends in Molecular Medecine indique qu'il existerait différents gènes favorisant la réceptivité d'une personne aux effets placebo. ». D'autres études ont cherché à comprendre ces différences en étudiant les comportements.

D'autre part, une critique du modèle additif des effets (de Beecher) a été apportée par Rémy Boussageon qui se réfère aux travaux de Rickels mentionnant l'existence d'une interaction entre l'effet pharmacologique et l'effet placebo ne permettant plus de voir l'effet global observé comme une simple somme d'effets, nécessitant la construction d'un modèle alternatif. Une autre critique a été mentionnée quant aux travaux de Beecher en 1955 ne comportant pas de groupes non traités afin de les comparer aux groupes en présence de placebo. L'ensemble de ces critiques auront été prises en compte ultérieurement historiquement dans les travaux scientifiques et notamment dès

1994, nous indique l'auteur, mais difficilement. Il sera également intéressant de noter que même le groupe non traité reste difficile à distinguer du groupe placebo, car la prise en compte d'un individu dans un contexte expérimental, même sans traitement, a une influence et induit un effet clinique, sans compter les problèmes éthiques que cela peut poser de ne pas traiter des patients qui le nécessiteraient. Sylvain Jumeau (2018, p. 68) mentionnera qu'« il est finalement indispensable, pour qu'un effet placebo puisse survenir, que la situation pathologique en cause soit amendable, susceptible de variations, de guérison ou de rémission spontanée [...] » : la douleur est la situation la plus sensible, la démonstration d'un effet placebo vrai ne semble avoir été rapportée que dans les troubles symptomatiques (douleur, dyspnée, toux, nausée, anxiété, etc..).

La relation médecin-patient, un facteur psychologique non spécifique :

L'ensemble des auteurs mentionnent par ailleurs la relation médecin-patient comme une composante psychologique intervenant dans l'effet placebo. Rémy Boussageon (2010) distingue néanmoins dans ses travaux la relation patient-médecin qui possède un effet clinique retrouvé sans placebo, de l'effet placebo attribué uniquement à l'objet placebo. Alain Autret (2013) distingue également cette relation patient-médecin de l'effet placebo en indiquant qu'elle correspond à un facteur non spécifique psychologique lié essentiellement à l'empathie.

Les différentes définitions de l'effet placebo qui ont pu être retrouvées *in fine* dans les discours, nous indique Chantal Tilmans-Cabiaux (2010), sont : 1) l'explication « négationniste » niant l'effet placebo, cherchant à montrer les biais et erreurs méthodologiques et/ou l'attribuant à une évolution naturelle de la maladie vers la guérison. 2) l'hypothèse du conditionnement expliquée par la psychologie expérimentale ne permettant cependant pas d'expliquer le caractère anticipatif. 3) l'hypothèse de l'attente du patient selon laquelle sans conditionnement, l'attente, l'espoir et l'envie de guérir de la part du patient peuvent déclencher la survenue de l'effet placebo. S'y ajouteraient la confiance dans le médecin, la conviction du soignant et la relation mutuelle. 4) Les explications physiologiques telles que le déclenchement de la voie des benzodiazépines, les médiateurs endogènes. La microarchitecture cérébrale serait également impliquée. Ces propositions sont retrouvées parmi les autres auteurs.

Chapitre II

MÉTHODOLOGIE

A. Anonymat et sécurisation des données

Dans le respect de la réglementation européenne de protection des données RGPD applicable depuis le 25 mai 2018, lors de la soumission des entretiens, une demande de consentement oral enregistré portant sur l'anonymat des données a été au préalable soumise afin d'avoir l'accord du public étudié. Les données ont été rendues anonymes après leur obtention. Les droits d'accès, de rectification des données et de suppression du consentement ont été informés. Les retranscriptions partielles des entretiens utilisées pour cette publication ont été soumises aux sujets interrogés afin qu'ils puissent modifier leurs données, si nécessaire, avant analyse et publication. Des éléments du discours, nécessaires à l'anonymisation tels que le lieu géographique, l'institut du rattachement ou encore des données personnelles permettant d'identifier le sujet, ont été retirés ou modifiés dans les retranscriptions produites. Les versions publiées ci-jointes des retranscriptions anonymisées (Annexe A) ont fait également l'objet d'une demande d'accord préalable écrite pour publication. Ces accords ont été conservés de façon sécurisée. La durée de conservation des données a été renseignée sur le site web du projet HOMEOCSS à l'adresse www.projet-homeocss.com. L'ensemble des données sensibles a été sécurisé par le logiciel de cryptage Axcrypt version 2.1.1573.0 couplé à un mot de passe fort. Les données cryptées ont été sauvegardées également sur des supports externes.

B. Entretiens narratifs

L'approche méthodologique du recueil de données, s'insérant dans le projet de recherche HOMEOCSS comme objet d'étude 5, a été publiée (Di Scala (dir.), 2020). Cette étude a pour enjeu d'appréhender les représentations du public ciblé au travers d'entretiens narratifs.

Le récit de vie ou entretien narratif, est un entretien au cours duquel « un chercheur demande à un sujet de lui raconter tout ou partie de son expérience vécue en mettant l'accent sur l'aspect vie sociale [...] un grand nombre d'informations fiables pourront être prélevées notamment en lien avec l'étude des systèmes de valeurs, de croyances, mais également sur le fonctionnement d'un fragment de la société. » (Bertaux, 2016, p. 11).

La limite du récit de vie est l'incertitude de sa véracité. Un nombre varié de récits de vie de sujets ayant vécu au sein de la même pièce de la mosaïque sociétale (Becker, 1988) permet de pallier la difficulté de la véracité « [...] ce que chacun dit d'une même partie du tout sociétal à travers l'expérience qu'il/elle en a eue directement peut être mis en rapport avec ce qu'en disent les autres. C'est ainsi que les récits de vie en tant que témoignages se recoupent, se consolident mutuellement, se confirment ; et si l'un des narrateurs avait fabulé, ce qui est très rare en pratique, cela se verrait immédiatement » (Bertaux, 2016, p. 18).

Les entretiens narratifs, qui ont eu lieu entre novembre 2018 et octobre 2019, ont été réalisés jusqu'à l'obtention de l'effet de saturation, c'est-à-dire jusqu'à ce que les entretiens recueillis n'apportent plus de valeur ajoutée à la connaissance sociologique de l'objet étudié (Abric, 2011). Les données bibliographiques indiquent que cet effet de saturation variable a souvent lieu entre 10/12 et 30 entretiens recueillis (Poupart *et al.*, 1997 ; Guest *et al.*, 2006).

Les entretiens narratifs ont débuté par une problématique énoncée ouverte, le chercheur restant dans une attitude d'empathie (comprendre le sujet), d'acceptation inconditionnelle (éprouver de l'intérêt pour le sujet) et d'attitude non directive (pas d'intervention pouvant faire modifier ce qui est dit) comme le préconise Moliner *et al.*, 2002 :

« Pouvez-vous me raconter votre parcours de vie et vos raisons/motivations qui vous ont conduit à devenir médecin/chercheur/scientifique d'une part puis à vous spécialiser sur votre thématique d'autre part ? Dans un dernier temps, vous me direz ce que vous pensez de l'homéopathie en général et des recherches qui sont menées. Prenez tout le temps nécessaire pour raconter ce parcours de vie et débuter votre narration à l'époque de votre vie qui vous semble la plus judicieuse (cela peut être dès le plus jeune âge ou plus tard…). »

C. Public ciblé

En tout, environ 200 sujets ont été contactés pour ces entretiens. Parmi eux, 36 ont accepté de participer à l'étude. Le choix du nombre de sujets interrogés, et donc l'arrêt de la recherche de nouveaux contacts, ont été définis par l'effet de saturation présenté précédemment. Les scientifiques ciblés ont été choisis soit en fonction de positions publiques ayant pu être identifiées en faveur ou en défaveur de l'homéopathie, soit par l'intermédiaire de contacts, soit ont été choisis au hasard sans connaître leur tendance en contactant différents chercheurs nationalement. L'objectif étant de caractériser les représentations des groupes opposés et d'identifier si des positionnements intermédiaires de chercheurs pris au hasard caractérisent un groupe de représentation distinct. Les thématiques de recherche des chercheurs contactés étaient en lien avec la santé soit dans le cadre de recherches fondamentales soit dans le cadre de recherches cliniques et médicales. L'étude sur ce public a pour enjeu de définir qualitativement l'ensemble des variantes représentationnelles existantes parmi les sujets face à l'homéopathie. L'effet de saturation a donc été atteint lorsque les différents arguments, positionnements, opinions et évaluations devenaient redondants de façon répétée parmi les sujets interrogés et quand les entretiens n'apportaient plus de nouvelles variantes représentationnelles. Les résultats ne seront donc pas donnés en pourcentage ou en proportion au regard de l'échantillon puisqu'ils n'ont pas pour enjeu d'évaluer quantitativement la représentativité du public étudié.

Les 36 sujets interrogés se répartissent de la façon suivante : 13 médecins/chercheurs, 15 chercheurs, 8 médecins ayant participé à des recherches publiées. Ce public est composé par ailleurs de 27 hommes et de 9 femmes. Les âges des sujets se répartissent entre 35 et plus de 60 ans.

D. Analyse par thématiques des discours issus des entretiens

Les discours issus des entretiens réalisés avec les sujets interrogés ont été découpés en sept thématiques : parcours, évaluation de l'objet homéopathie, opinions sur les recherches en homéopathie, opinions sur les médecins homéopathes et/ou sur les raisons des oppositions, évaluation de l'objet effet placebo, opinions sur les laboratoires pharmaceutiques, opinions sur le genre. Pour cette étude, les thématiques portant sur l'opinion sur les laboratoires pharmaceutiques et l'opinion sur le genre, n'ont pas été analysées. Elles feront l'objet de la suite de cette étude. La thématique parcours a permis d'identifier le profil du sujet interrogé et de comprendre le cas échéant les raisons l'ayant conduit à son positionnement face à l'objet homéopathie. Pour des raisons d'anonymat, les retranscriptions de la partie parcours n'ont pas été publiées néanmoins, le discours directement en lien avec l'homéopathie a été mentionné dans la thématique évaluation de l'objet homéopathie. La thématique portant sur l'évaluation de l'objet homéopathie a permis d'identifier le noyau de la représentation de chacun des groupes à l'aide d'une analyse qualitative et d'une analyse de similitudes. L'analyse de similitudes a permis d'identifier les dimensions normative/évaluative et fonctionnelle/explicative du noyau de la représentation de chacun des groupes étudiés. Les thématiques portant sur les opinions face à la recherche en homéopathie et portant sur les médecins homéopathes et/ou les raisons des oppositions, ont permis d'enrichir l'analyse de la représentation de chaque groupe sur une dimension plus périphérique. La thématique portant sur l'évaluation de l'effet placebo a permis d'identifier, au travers également d'une analyse qualitative et d'une analyse de similitudes, la représentation qui est associée spécifiquement à l'objet « effet placebo ».

L'objectif du projet HOMEOCSS dans lequel s'insère cette étude a pour première intention d'analyser puis de comparer les représentations des différents acteurs selon leur fonction sociétale (médecins, pharmaciens, chercheurs, patients etc..). En conséquence, cette variable sera prioritaire dans cette analyse. Dans notre cas d'étude, ce sont les scientifiques chercheurs. La variable « fonction sociétale » pourrait être également croisée avec d'autres variables sociologiques tel que l'âge ou le genre par exemple. Nous ferons le choix dans cette étude de privilégier dans un premier temps une analyse détaillée selon cette première variable, une analyse croisant d'autres variables notamment le genre pourra faire l'objet d'une étude ultérieure.

E. Analyses de similitudes à l'aide du logiciel IRaMuTeQ – logiciel R (version 0.7 alpha 2)

Le logiciel IRaMuTeQ est un logiciel libre de Pierre Ratinaud permettant les analyses multidimensionnelles de textes et de questionnaires grâce à son interface avec le logiciel de statistique R, il utilise des clés d'analyse équivalentes aux clés catégorielles d'ALCESTE. Il permet des analyses de similitudes (ADS) permettant d'identifier le noyau de la représentation sociale et sa périphérie s'appuyant sur une analyse statistique de type Khi 2. En effet, « L'ADS envisage les corpus d'une façon complètement différente. L'approche est davantage locale, reposant sur des propriétés de connexité du corpus. Elle aboutit à une représentation graphique en arbre (maximal valué et connexe), où les nœuds sont les formes, et où il est possible de faire apparaître des communautés lexicales. Cet algorithme a tendance à renforcer les relations de voisinage entre les formes. » (Salone, 2013, p. 2). Par un calcul d'écart à l'indépendance et de forces de cooccurrences entre les termes lexicaux employés dans un discours, ce logiciel permet donc une représentation graphique en arbre d'un ou plusieurs discours en faisant apparaître de façon centrale les formes lexicales, les plus représentées et leurs forces de cooccurrences avec les communautés lexicales voisines. Ce logiciel couplé à une analyse qualitative a donc été utilisé pour effectuer cette analyse.

Chapitre III

QUELLES REPRÉSENTATIONS DE L'HOMÉOPATHIE ONT LES SCIENTIFIQUES INTERROGÉS ?

A. L'origine des représentations opposées des scientifiques : norme *vs* valeur

A.1. Définition d'un critère commun de classification des sujets interrogés :

En première intention, une analyse qualitative du chercheur a conduit à un critère de classement en fonction des sujets favorables ou non à la pratique de l'homéopathie. Ce premier critère de classement a semblé peu pertinent ne permettant pas d'avoir *in fine* une cohérence complète entre la pratique favorable ou non et l'évaluation de l'objet homéopathie par les sujets. Il est apparu alors que le critère « sans action propre pharmacologique de l'homéopathie » ou « avec action propre de l'homéopathie » a ensuite émergé comme étant le critère commun pertinent. Une analyse de similitudes a confirmé l'absence de cohérence du premier critère de classement, mais a confirmé la cohérence du second. Les résultats des analyses de similitudes correspondant au second critère défini seront présentés dans la suite de l'étude.

Parmi les 36 sujets étudiés, deux groupes ont donc été distingués selon le critère de classification commun qui a émergé : groupe A, nommé « Pas d'action propre pharmacologique de l'homéopathie (PAP) » et groupe B, nommé « Action propre de l'homéopathie (AP), certaine, possible ou non exclue » (degré de certitude évalué en fonction des propos des sujets).

Dans le groupe A (n = 19) : 1 médecin en lien avec l'Université, 9 sont médecins-chercheurs sur un sujet extérieur à l'homéopathie (l'un d'entre eux ayant mentionné avoir travaillé plusieurs années sur un sujet associé à l'homéopathie) et 9 sont chercheurs en santé sur un sujet également extérieur (l'un d'entre eux ayant mentionné avoir travaillé ponctuellement sur un sujet associé à l'homéopathie). Le groupe est représenté par 14 hommes et 5 femmes, dont les âges renseignés se situent entre 33 et 72 ans (moyenne = 52,5 ans, écart-type = 11,5 ans, médiane = 52 ans, l'intervalle interquartile est [41 ; 60]). L'âge de quatre sujets n'est pas renseigné.

Dans le groupe B (n = 17) : 7 sont médecins spécialisés en homéopathie et ont participé à des expérimentations de recherche publiées sur le sujet, 4 sont médecins-chercheurs dont 2 ont travaillé sur le sujet de l'homéopathie et 2 sont extérieurs au sujet, et 6 sont chercheurs en recherche fondamentale dont 2 ont travaillé sur le sujet de l'homéopathie et 4 sont extérieurs au sujet. Le groupe est représenté par 13 hommes et 4 femmes, dont les âges renseignés se situent entre 40 et 72 ans (moyenne = 59,5 ans, écart-type = 11,5 ans, médiane = 64 ans, l'intervalle interquartile est [45 ; 67]). L'âge de 3 sujets n'est pas renseigné.

La moyenne et la médiane des âges de ces deux groupes ainsi que les proportions genrées ne sont pas forcément représentatives de la répartition réelle du public ciblé, puisque ce n'était pas l'objet de cette étude. Il sera cependant intéressant de noter que l'on retrouve aussi bien des hommes que des femmes dans ces deux groupes en proportion équivalente, comprenant des sujets de classes d'âges différentes et équivalentes dans les deux groupes.

Les profils et spécialités des chercheurs en santé et médecins-chercheurs restent diversifiés dans les deux groupes : il est retrouvé des spécialités de médecine générale, d'immunologie, de physiologie, de génétique par exemple, avec néanmoins des spécialités en lien avec la chimie présentes uniquement pour le groupe B. Quant aux parcours rencontrés, on retrouve dans les deux groupes des sujets ayant intégré une grande école ou ayant un cursus universitaire plus classique.

Conclusion : le critère « pas d'action propre pharmacologie » *versus* « action propre certaine, possible ou non exclue » a émergé et permis de différencier les sujets en deux groupes.

A.2. Présentation des données et analyses de similitudes :

Deux annexes, A1 (groupe A) et A2 (groupe B), centralisent les extraits des retranscriptions des sujets étudiés présentant leur évaluation de l'objet homéopathie et leurs opinions sur la recherche à ce sujet, sur les médecins homéopathes et les raisons des oppositions. Une synthèse de ces données mentionnant également le parcours synthétique et la pratique de chacun des sujets, est présentée dans les tableaux 1 et 2 ci-après.

Pour chacun des groupes A et B, le noyau de la représentation portant sur le discours énoncé en lien avec la thématique de « l'homéopathie » mentionnée dans la colonne « Evaluation de l'objet homéopathie » des Annexes A1 et A2, a été défini à l'aide d'une analyse de similitudes. Le logiciel IRaMuTeQ - logiciel R, figure 1 – groupe A et figure 2 – groupe B, a été utilisé à cet effet. Dans chaque cas, le noyau central est déterminé en identifiant le ou les éléments lexicaux prioritaires ainsi que les éléments lexicaux adjoints prenant leur valeur par adjonction au(x) premier(s) et qui sont tous inconditionnels. Le terme « homéopathie » a été retiré de l'analyse puisque l'enjeu est de le définir et de l'évaluer. Les éléments lexicaux secondaires prépositionnels ou de coordinations n'ont pas été représentés sur l'analyse de similitudes afin de faciliter sa lecture. La taille du texte proportionnelle à la fréquence en lien avec le Khi 2 permet d'identifier les éléments lexicaux prioritaires et adjoints mais également la force des cooccurrences en rapport avec l'épaisseur des arêtes. Les éléments périphériques du noyau de la représentation sont définis et identifiés comme les éléments conditionnels descriptifs/prescriptifs positionnés en taille de texte et épaisseur d'arêtes moindres. Grâce à ces éléments, sont définies les deux dimensions du noyau : sa dimension normative/évaluative et sa dimension fonctionnelle/descriptive.

Étude du groupe A – (pas d'action propre : PAP) :

- *Synthèse des données recueillies :*

Tableau 1 : Groupe A – médecins/chercheurs et chercheurs évaluant l'homéopathie sans action propre pharmacologique, n = 19 (voir Annexe A1 pour les extraits de retranscriptions)

Groupe A Pas d'action propre de l'homéopat hie	**Parcours**	**Évaluation de l'objet homéopat hie**	**Pratiques personnelles et/ou professionne lles**	**Opinions sur la recherche à faire en homéopathie**	**Opinions sur les médecins homéopathes et/ou sur les raisons des oppositions**
Sujet 1 (Homme, âge non renseigné)	Thèse – post-doc – enseignant-chercheur	Ne répond pas à des lois scientifique s, effet placebo	Non	Faire recherches fondamentale s et cliniques	***Médecins homéopathes*** : savent ce qu'ils font. ***Oppositions*** : L'Académie de médecine et l'institution n'aiment pas être remises en cause.
Sujet 2 (Homme, âge non renseigné)	Thèse – post-doc – chercheur	J'ai cherché le fonctionne ment, je n'ai pas trouvé, effet placebo	Non	Faire recherches fondamentale s et cliniques	***Médecins homéopathes*** : prennent plus de temps mais, croient à l'efficacité. ***Oppositions*** : l es homéopathes mentent aux patients

Sujet 3 (Femme, 52 ans)	Thèse – post-doc – chercheur	Je pense qu'il n'y a rien dans les granules, effet lié à l'interaction patient/médecin (anamnèse, conseils…)	Non pour moi, oui quand mes enfants étaient petits pour les petites douleurs en placebo	Faire recherches fondamentales et cliniques	***Médecins homéopathes :*** Pas de jugement. ***Oppositions*** : passe-droits, pas éthique de rembourser des granules qui ne contiennent pas de molécules pharmacologiquement actives.
Sujet 4 (Femme, 52 ans)	Thèse – post-doc – enseignant-chercheur	Il faut des concentrations pharmacologiques pour un effet physiologique, donc il n'y a pas de preuves, effet placebo	Oui, pour mes enfants et moi	Faire recherches fondamentales et cliniques	***Médecins homéopathes :*** Je n'exclurais pas d'aller en voir. ***Oppositions :*** pas raisonnable d'utiliser un médicament sans molécules.
Sujet 5 (Homme, 68 ans)	Études de Médecine – formation scientifique – médecin/chercheur	Croyance irrationnelle, j'ai des doutes sur l'efficacité, effet placebo	Non	Faire recherches cliniques	***Médecins homéopathes :*** sont plus à l'écoute. ***Oppositions*** : Prises de risques possibles indirectement.
Sujet 6 (Homme, 72 ans)	Études de Médecine – médecin en lien avec l'université	Il n'agit que par placebo	Non	Faire recherches cliniques	***Oppositions :*** Certaines personnes cherchent à trouver chez les scientifiques une explication obligatoire de leur mal.
Sujet 7 (Homme,		Ne contenant pas de principe actif, donc	Non	Faire recherches SHS uniquement	***Médecins homéopathes :*** croient à l'efficacité : c'est

âge non renseigné)	Thèse – post-doc – chercheur	cela ne peut être qu'un placebo			problématique. Prise en compte globale = bonne approche médicale.
Sujet 8 (Homme, 60 ans)	Études de Médecine – formation scientifique – médecin/chercheur	Il n'y a que du sucre, effet placebo, psychothérapie	Non	Faire recherches cliniques	***Médecins homéopathes :*** Ils voient un effet sur leurs patients mais la science n'a pas avancé sur le sujet
Sujet 9 (Homme, 40 ans)	Études de Médecine – formation scientifique – médecin/chercheur	Sans preuve scientifique et sans socle scientifique, effet placebo	Oui pour moi et j'en prescris	Faire recherches cliniques	***Médecins homéopathes :*** Ils se disent que c'est la dimension humaine qui importe.
Sujet 10 (Homme, 58 ans)	Études de Médecine – formation scientifique – médecin/chercheur	Ce sont des croyances. Effet placebo	Non	Faire recherches SHS éventuellement	***Médecins homéopathes :*** doivent comprendre la différence entre la vérité du patient et le savoir scientifique.
Sujet 11 (Homme, 53 ans)	Études de Médecine – formation scientifique – médecin/chercheur	Efficacité symbolique, effet placebo	Non, j'en prescris si on m'en demande	Faire recherches SHS éventuellement	***Médecins homéopathes :*** c'est facile, cool, on raconte n'importe quoi aux patients, on s'affranchit des procès.
Sujet 12 (Homme, 63 ans)	Études de Médecine – formation scientifique – médecin/chercheur	C'est un placebo. On n'a jamais rien prouvé sur la partie pharmacologique	Non	Faire recherches fondamentales et cliniques	***Oppositions*** : les pharmacologues veulent une justice entre homéopathie et allopathie :

					avec les mêmes critères.
Sujet 13 (Homme, 62 ans)	Études de Médecine – formation scientifique – médecin/chercheur	Effet placebo, voyance, magie	Non	Faire recherches SHS uniquement	***Médecins homéopathes :*** n'ont pas réfléchi de façon rationnelle et ils en vivent. ***Oppositions :*** pas de toxicité mais ils vivent de la crédulité du public.
Sujet 14 (Homme, 38 ans)	Études de Médecine – formation scientifique – médecin/chercheur	Pas plus d'activités qu'un placebo. Il n'y a pas de principe actif	Non	Faire recherches cliniques	***Médecins homéopathes*** : Ils y croient, certains sont illuminés. ***Oppositions :*** Les virulences sont assez partagées et il y a des deux côtés des difficultés. Débat non pacifié, peut-être problème générationnel.
Sujet 15 (Femme, 44 ans)	Thèse – post-doc – enseignant-chercheur	Effet placebo, ça ne marche pas	Non, pas efficace quand j'en ai pris enfant	Faire recherches fondamentales et cliniques	***Médecins homéopathes*** : les médecins en général ne sont pas scientifiques, ils doivent donc prescrire car ils voient un effet.
Sujet 16 (Homme, âge non renseigné)	Études de Médecine – formation scientifique – médecin/chercheur	Effet placebo, rationnel faux	Non, j'en ai prescrit une fois	Faire recherches cliniques	***Médecins homéopathes*** : la science ne permet pas d'expliquer toutes les pathologies, place pour une

					pensée magique. Problème idéologique.
Sujet 17 (Femme, 41 ans)	Thèse – post-doc – enseignant-chercheur	Pseudoscience qui a le plus de vide scientifique, charlatanisme, effet placebo	Non, j'ai été tentée mais j'aurais eu l'impression d'être malhonnête	Pas de recherches, éventuellement cliniques (sur l'effet placebo)	***Médecins homéopathes*** : ils restent dupes. ***Oppositions*** : naturel de penser que ce sont des charlatans.
Sujet 18 (Homme, 33 ans)	Thèse – post-doc – enseignant-chercheur	Sceptique, pas de consensus scientifique, effet placebo	Non	Faire recherches fondamentales et cliniques	***Médecins homéopathes*** : Si c'est fait dans les règles scientifiques pas de souci. ***Oppositions :*** avis contre l'homéopathie souvent pas plus fondés (*fakemed*)
Sujet 19 (Femme, 51 ans)	Thèse – post-doc – enseignant-chercheur	Pas de molécules présentes, effet placebo	Non	Faire recherches fondamentales et cliniques	***Médecins homéopathes*** : probablement ils ont vu une amélioration sur leurs patients et c'est pour cela qu'ils le font.

- Analyse de similitudes :

Détermination du noyau central de la représentation (figure 1) :

-L'élément prioritaire (élément inconditionnel) : « placebo (= absence de molécules) (1) »
-Les éléments adjoints prenant leur valeur par adjonction au premier (éléments inconditionnels) : « effet placebo (2) – pas médicament, pas scientifique » puis par ordre décroissant des forces de cooccurrences « médecin-patient-efficacité (3) », « penser-croyance (4) », « prendre risque (5) ».

-Les éléments périphériques qui sont conditionnels et plus descriptifs/prescriptifs : sceptique, prescrire, information, connaître…

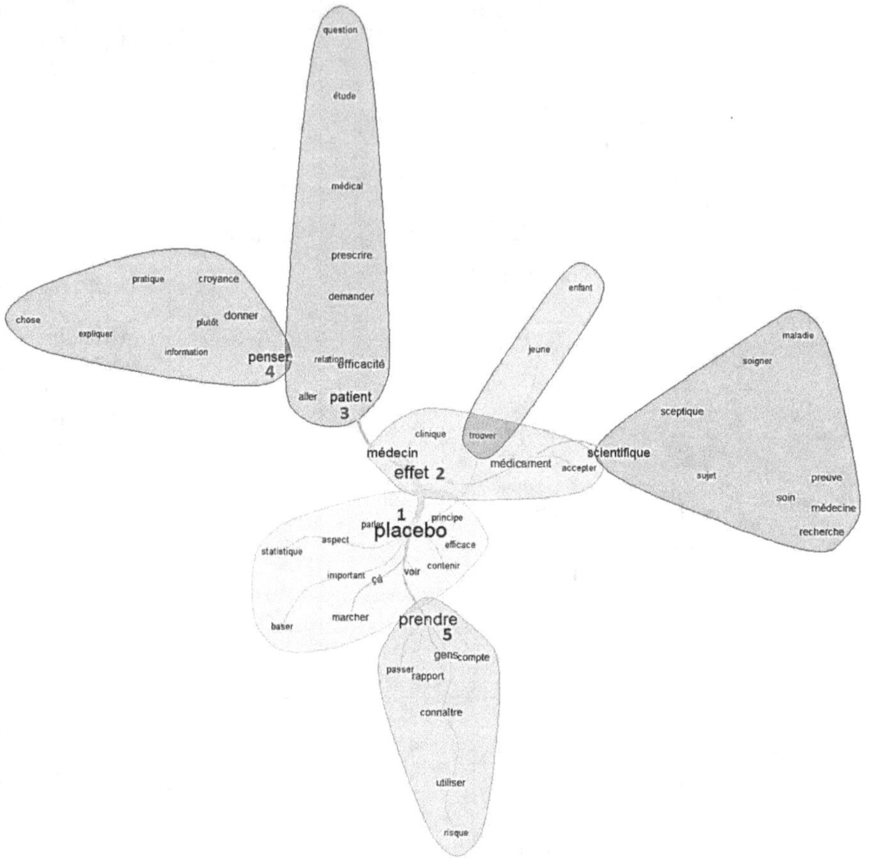

Figure 1 : Évaluation de l'objet homéopathie - Analyse de similitudes basée sur les cooccurrences à l'aide du logiciel IRaMuTeQ -logiciel R du Groupe A – PAP, n = 19. La taille du texte est proportionnelle au Khi 2, plus les liens/arêtes sont épais, plus les mots sont cooccurrents. La numérotation de 1 à 5 permet d'identifier l'ordre décroissant des forces de cooccurrences. Les communautés lexicales en lien avec les forces de cooccurrences sont identifiées en halos. Les prépositions et conjonctions ont été retirées afin de faciliter la lecture de la figure.

Deux dimensions du noyau (figure 1) :

-Dimension normative/évaluative : non-conformité à la norme scientifique, car absence de molécules actives (= placebo).
-Dimension fonctionnelle/descriptive : effet placebo (puis effet médecin-patient)

Étude du groupe B – (action propre certaine/possible/non exclue : AP)

- Synthèse des données recueillies :

Tableau 2 : Groupe B – médecins/chercheurs et chercheurs évaluant l'homéopathie avec une action propre certaine/possible/non exclue, n = 17 (voir Annexe A2 pour les extraits de retranscriptions)

Groupe B Action propre certaine/possible/non exclue de l'homéopathie	**Parcours**	**Évaluation de l'objet homéopathie**	**Pratiques personnelles et/ou professionnelles**	**Opinions sur la recherche à faire en homéopathie**	**Opinions sur les médecins homéopathes et/ou sur les raisons des oppositions**
Sujet 1 (Homme, 61 ans)	Thèse – post-doc – enseignant-chercheur + recherche sur l'homéopathie	Médecine sans effets secondaires : **action propre certaine**	Oui, efficace	Faire recherches fondamentales et cliniques	***Oppositions*** : Les Académies de médecine et des sciences n'aiment pas être remises en question.
Sujet 2 (Homme, 45 ans)	Thèse – post-doc –chercheur + recherche sur l'homéopathie	Médecine efficace : **action propre certaine**	Oui, efficace	Faire recherches fondamentales et cliniques	***Oppositions*** : peur et tabou depuis l'affaire de la mémoire de l'eau
Sujet 3 (Homme, 45 ans)	Thèse – post-doc – enseignant-chercheur	Médecine efficace sans effets secondaires : **action propre certaine**	Oui, efficace	Faire recherches fondamentales et cliniques	***Oppositions*** : ne sais pas pourquoi car pas assez de preuves pour rejeter l'homéopathie
Sujet 4 (Homme, 64 ans)	Études de Médecine – formation scientifique – médecin/chercheur + recherche sur l'homéopathie	Médecine efficace sans effets secondaires, approche globale, philosophie de vie : **action propre certaine**	Oui, efficace	Faire recherches fondamentales et cliniques	***Médecins homéopathes :*** don d'observation stupéfiant ***Oppositions :*** les contres ne connaissent pas l'homéopathie, n'ont pas lu les publications et veulent tout comprendre

Sujet 5 (Femme, 40 ans)	Thèse – post-doc – enseignant-chercheur	Bien-être, soin, efficace, médecine sans effets secondaires : **action propre très possible**	Oui, efficace	Faire recherches fondamentales et cliniques	***Médecins homéopathes :*** travaillent dans le bien-être et le soin ***Oppositions*** : Esprits obtus des contres, il y a autre chose à ajouter à la médecine classique
Sujet 6 (Femme, 58 ans)	Études de Médecine – médecin homéopathe ayant fait des expérimentations de recherche	Méthode thérapeutique prenant en compte l'individu, philosophie de vie : **action propre certaine**	Oui, efficace	Faire recherches fondamentales et cliniques	***Oppositions :*** peurs de l'effritement du pouvoir médical par les détracteurs, conservatisme paradigmatique
Sujet 7 (Homme, 41 ans)	Thèse – post-doc – enseignant-chercheur	Médecine douce sans effets secondaires , efficace mais reste sceptique: **action propre non exclue**	Oui, pas vu d'effets sur mes enfants et moi, mais sur les autres oui	Faire recherches fondamentales et cliniques	***Médecins homéopathes :*** bien qu'ils soignent, en occident on a tendance à se fermer l'esprit ***Oppositions :*** Anti-homéopathie ont un manque de modération retrouvé dans le monde scientifique, ne voient pas qu'il existe d'autres choses.
Sujet 8 (Homme, 65 ans)	Études de Médecine – formation scientifique – médecin/chercheur + recherche sur l'homéopathie	Reconnaissance du patient, son histoire, relation médecin-patient, philosophie de la santé :	Oui, efficace	Faire recherches fondamentales et cliniques	***Oppositions :*** elles créent un blocage dans la recherche, tribune causant un recul sur l'homéopathie

		action propre certaine			
Sujet 9 (Homme, 66 ans)	Études de Médecine – médecin homéopathe ayant fait des expérimentations de recherche	Traitement sans effets secondaires, approche globale et humaniste : **action propre certaine**	Oui, efficace	Faire recherches fondamentales et cliniques	***Oppositions :*** virulences car l'homéopathie est différente des connaissances actuelles, ils ne la connaissent pas
Sujet 10 (Femme, âge non renseigné)	Études de Médecine – médecin homéopathe ayant fait des expérimentations de recherche	Soin, traitement global sans effets secondaires, philosophie de vie : **action propre certaine**	Oui, efficace	Faire recherches fondamentales et cliniques	***Oppositions :*** Mépris observé, anti-scientifique d'être aussi virulent avec ses confrères homéopathes
Sujet 11 (Homme, 68 ans)	Études de Médecine – médecin homéopathe ayant fait des expérimentations de recherche	Médecine de la personne, philosophie de vie, restauration d'un équilibre global : **action propre certaine**	Oui, efficace	Faire recherches fondamentales et cliniques	***Oppositions :*** Manque d'ouverture d'esprit des détracteurs, peur de s'aventurer dans quelque chose qu'on ne connaît pas.
Sujet 12 (Homme, 60 ans)	Thèse – post-doc – enseignant-chercheur	Médecine douce avec une certaine efficacité : **action propre possible**	Oui, certaine efficacité	Faire recherches fondamentales et cliniques	***Oppositions*** : je ne comprends pas pourquoi les médecins détracteurs sont si virulents
Sujet 13 (Femme, âge non renseigné)	Études de Médecine – médecin homéopathe-médecin du sport ayant fait des expérimentations de recherche	Médecine, traitement efficace, écoute du thérapeute, philosophie de vie :	Oui, efficace	Faire recherches fondamentales et cliniques	***Oppositions :*** les détracteurs ne nous connaissent pas, c'est non scientifique, obscurantiste

		action propre certaine			
Sujet 14 (Homme, âge non renseigné)	Études de Médecine – formation scientifique – médecin/chercheur	Médecine innovante, efficace apportant une plus-value : **action propre très possible**	Oui, pas efficace sur moi mais sur les autres	Faire recherches fondamentales et cliniques	***Oppositions :*** je comprends les deux positions mais il faut être modeste, l'agressivité n'est pas notre quotidien
Sujet 15 (Homme, 72 ans)	Études de Médecine – médecin homéopathe ayant fait des expérimentations de recherche	Médecine comprenant la capacité d'équilibre individuelle, déclenchant des mécanismes d'autoguérison : **action propre certaine**	Oui, efficace	Faire recherches fondamentales et cliniques	***Oppositions :*** Action européenne concertée contre l'homéopathie
Sujet 16 (Homme, 71 ans)	Études de Médecine – médecin homéopathe ayant fait des expérimentations de recherche	Thérapie individuelle, meilleur équilibre de santé, favorise l'autoguérison, sans effets secondaires : **action propre certaine**	Oui, efficace	Faire recherches fondamentales et cliniques	***Médecins homéopathes*** : ils sont audacieux ***Oppositions :*** Attaque mondiale de l'homéopathie en propageant des « *fakenews* »
Sujet 17 (Homme, 67 ans)	Études de Médecine – formation scientifique – médecin/chercheur	Autre vision de l'approche de soin, autoguérison favorisée : **action propre certaine**	Oui, efficace	Faire recherches fondamentales et cliniques	***Oppositions*** : virulences non-humanistes, non prise en compte de l'approche de soin

-Analyse de similitudes :

Détermination du noyau central de la représentation (figure 2) :

-Éléments prioritaires (éléments inconditionnels) **:** « médecine avec approche globale de l'individu (1) », « absence d'effets secondaires (2) ».
-Éléments adjoints prenant leur valeur par adjonction au(x) premier(s) (dans l'ordre décroissant des forces des cooccurrences) : « voir efficacité sur le patient (3) », puis « philosophie de vie (4) », « favorisant l'autoguérison (5) ».
-Éléments périphériques qui sont conditionnels et plus descriptifs/prescriptifs : stimuler, traitement, poser des questions, etc…

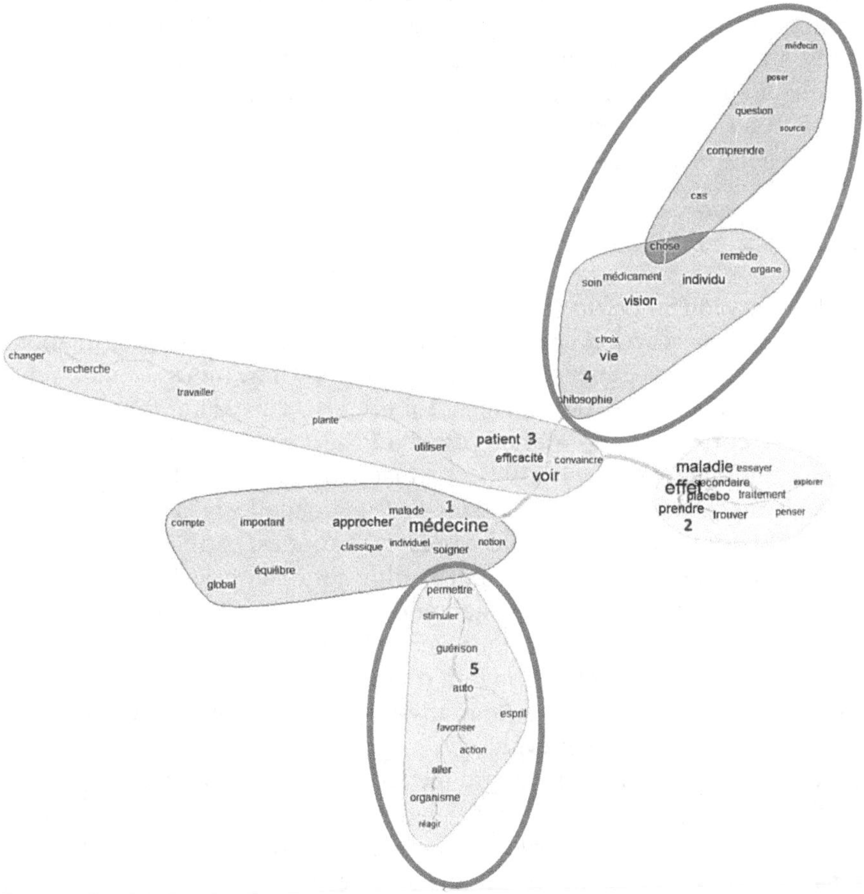

Figure 2 : Évaluation objet homéopathie - Analyse de similitudes basée sur les cooccurrences à l'aide du logiciel IRaMuTeQ-logiciel R du Groupe B – AP, n = 17. La taille du texte est proportionnelle au Khi 2, plus les liens/arêtes sont épais, plus les mots sont cooccurrents. La numérotation de 1 à 5 permet d'identifier l'ordre décroissant des forces de cooccurrences. Les communautés lexicales en lien avec les forces de cooccurrences sont identifiées en halos colorés. Les prépositions et conjonctions ont été retirées afin de faciliter la lecture de la figure.

Deux dimensions du noyau (figure 2) :

-Dimension normative/évaluative : valeur sociale accordant de l'importance à une médecine prenant en compte une approche globale de l'individu sans effets secondaires.
-Dimension fonctionnelle/descriptive : efficace sur le patient (puis étant une philosophie de vie et stimulant une autoguérison).

Les branches encerclées, « philosophie de vie », « stimulant une autoguérison », correspondent à des représentations propres à une partie des médecins ou médecins/chercheurs estimant que l'homéopathie a une action certaine (comprenant les sujets travaillant sur l'homéopathie). La représentation commune des médecins – médecins/chercheurs et chercheurs travaillant ou non sur le sujet de l'homéopathie comprend le reste de la figure, c'est-à-dire : une médecine ayant une approche globale de l'individu, ayant une efficacité, sans effets secondaires.

Éléments d'analyses sur les deux groupes :

La classification en groupe A et B dont les noms ont été définis « avec action propre » ou « sans action propre » correspond en réalité à la dénomination des groupes selon leur dimension fonctionnelle, comme nous le montrent les analyses de similitudes précédentes. En effet, la dimension fonctionnelle du groupe A correspond à « effet placebo » qui est explicitée par les sujets comme étant une absence d'effets pharmacologiques (voir figure 1, tableau 1 et Annexe A1). A l'inverse, la dimension fonctionnelle de la représentation du groupe B correspond à « voir une efficacité », qui est explicitée par les sujets comme une action propre de l'homéopathie certaine, possible ou non exclue selon les sujets (vue comme une action pharmacologique très diluée, un soin, une information électromagnétique véhiculée et/ou un effet placebo) (figure 2, tableau 2, Annexe A2). Il apparaît d'après ces analyses de similitudes que nos groupes A et B pourraient tout aussi bien être renommés en fonction de leur dimension normative/évaluative : groupe A – « non-conformité à la norme scientifique/placebo » et groupe B – « Valeur d'une médecine prenant en compte une approche globale de l'individu sans effets secondaires ». Nous avons fait le choix de conserver la dénomination des groupes en fonction de leur dimension fonctionnelle initialement définie « avec action propre » et « sans action propre » pour la suite de l'étude. Enfin, d'après les définitions sociologiques sur les représentations (De Carlos, 2015), si les noyaux de deux représentations sont distincts alors les représentations sont différentes. Nous pouvons donc dire que les représentations sociales des groupes A et B sont disjointes puisque les noyaux diffèrent complètement. Nous pouvons ajouter qu'une analyse factorielle de correspondances a été conduite sur les deux groupes, ne permettant pas de produire un hyperplan. L'absence de ce plan factoriel confirme que l'opposition des deux groupes se situe selon un seul facteur de restitution de l'information, celui identifié au travers des analyses de similitudes par l'existence de noyaux distincts.

Le travail qualitatif de synthèse effectué dans les tableaux 1 et 2, notamment dans la colonne « évaluation de l'objet homéopathie », montre que l'analyse des données effectuée correspond au noyau de la représentation individuelle des sujets, retrouvé et corroboré par l'analyse de similitudes pour chacun des groupes (figures 1 et 2) selon les dimensions normative/évaluative et fonctionnelle. L'analyse qualitative apporte une donnée supplémentaire que l'on retrouvera dans les extraits de retranscriptions (Annexes A1 et A2). Il apparaît que les dimensions normatives/évaluatives des noyaux de chaque groupe A et B précèdent l'objet homéopathie étudié face à leur représentation en lien avec la médecine et ses soins. Cette donnée semble en cohérence avec la littérature sociologique, puisque Nathalie Heinich (2017, p. 344) nous indique que « la valeur n'est pas dans l'objet, mais dans un système de représentations partagées, contextuellement appliqué à un objet » :

- En effet dans le groupe A les sujets chercheurs en recherche fondamentale indiquent par exemple : « cela ne répond pas à des lois scientifiques » (sujet 1 – Annexe A1), « à ma connaissance, il faut des concentrations pharmacologiques d'un principe actif pour avoir un effet physiologique » (sujet 4 – Annexe A1), « étant scientifique, l'homéopathie ne contenant pas de principe actif, donc cela ne peut être qu'un placebo » (sujet 7 – Annexe A1). Quant aux médecins/chercheurs un discours analogue est mentionné : « L'homéopathie est un soin, non une médecine puisque sans preuve scientifique et sans socle scientifique » (sujet 9 – Annexe A1), « L'homéopathie passe par l'effet placebo, il n'y a rien dans le granule (à moins d'une révolution scientifique) » (sujet 16 – Annexe A1). On voit ici que le noyau de la représentation des sujets dont la dimension évaluative/normative est « norme scientifique/non-conformité à la norme » précède l'objet homéopathie en matière de médecine et de soin et que ce dernier est reconnu comme non-conforme.

- De la même façon dans le groupe B, les sujets chercheurs en recherche fondamentale indiquent par exemple : « L'homéopathie est dans le bien-être et facilite le soin. Pour moi, ce n'est pas ma vision philosophique de la vie qui m'a amenée à l'homéopathie mais de bouche à oreille, car ce n'est pas la première chose qui me serait et me vient à l'esprit. » (sujet 5 – Annexe A2), « La médecine a perdu une certaine saveur et son âme. La médecine occidentale a des lacunes notamment pour les maladies chroniques. » (sujet 17 – Annexe A2), « C'est une approche que j'ai découverte par la famille de ma femme qui la pratiquait beaucoup pour des soucis au quotidien ayant l'idée qu'il fallait traiter un fond, un terrain et pas forcément une maladie ponctuelle » (sujet 12 – Annexe A2). Quant aux médecins travaillant sur le sujet de l'homéopathie, ces derniers indiquent par exemple : « Je trouvais que la médecine était trop matérialiste et qu'elle faisait fausse route. J'ai décidé de pratiquer la médecine générale, mais cela ne me satisfaisait pas et des personnes de mon entourage m'ont incitée à étudier l'homéopathie qui pourrait plus correspondre à ma vision, une vision prenant mieux en compte l'individu » (sujet 6 – Annexe A2), « Je me suis rendu compte qu'à la faculté, on nous enseignait uniquement de quoi les gens souffraient. J'ai alors fait des formations complémentaires et un encadrant m'a orienté vers des méthodes non enseignées en faculté qui étaient plus judicieuses que ce qu'on nous enseigne, j'ai fait un stage d'acupuncture et j'ai fait une formation d'homéopathie. Mon ressenti de la maladie n'était pas satisfait par la médecine classique. L'approche homéopathique essaye de comprendre la capacité d'équilibre individuelle. » (sujet 15 – Annexe A2). On voit ici que le noyau de la représentation des sujets dont la dimension évaluative/normative est « une médecine prenant en compte l'individu dans le soin et le bien-être selon une approche globale sans effets secondaires » précède l'objet homéopathie en matière de médecine, ce dernier étant reconnu, d'après cette valeur, comme une médecine prenant en compte l'individu sans effets secondaires.

Conclusion : deux dimensions normatives/évaluatives distinctes structurent les noyaux des représentations des deux groupes : une norme pour le groupe A et une valeur pour le groupe B. Ces norme et valeur précèdent l'objet homéopathie.

A.3. Présentation d'un schéma explicatif des représentations sociales (RS) :

Ce schéma explicatif (figure 3) a pour enjeu de regrouper l'ensemble des données, arguments, opinions/certitudes redondants après effet de saturation lors des entretiens, ainsi que de présenter les noyaux des représentations identifiées comme disjointes pour chacun des deux groupes d'après l'analyse structurale. L'acte de pensée des sujets issu d'un groupe est donc présenté ainsi que la logique de raisonnement, tout en identifiant la source alimentant la représentation sur l'objet homéopathie. On pourra observer que différentes variantes de la sous-dimension fonctionnelle/descriptive sont existantes selon les sujets.

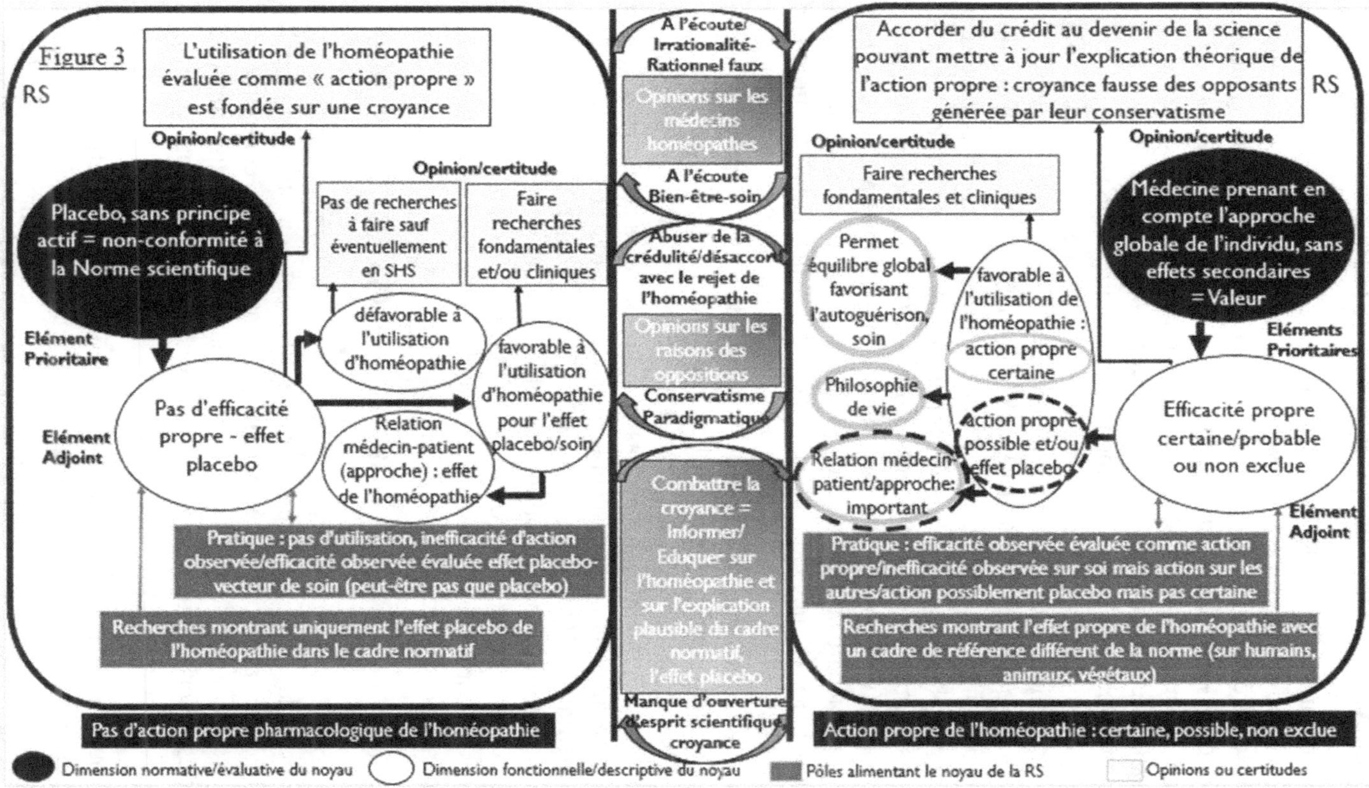

Figure 3 : Schéma explicatif des représentations sociales (RS) du groupe A – PAP (à gauche) et du groupe B – AP (à droite) sur l'objet homéopathie, présentant le noyau de la RS selon ses dimensions évaluative/normative (ovale noir) et fonctionnelle/descriptive (ovale blanc), les pôles alimentant le noyau en interactions bidirectionnelles ou non avec lui (rectangles gris) et les opinions/certitudes conséquentes (rectangles blancs). Au centre sont présentées en dégradé de gris (flèches mentionnant la provenance de l'opinion du groupe A ou B) les opinions sur les médecins homéopathes, sur les raisons des oppositions ainsi que les informations apparaissant nécessaires à apporter au groupe B d'après le groupe A.

La dimension évaluative/normative du noyau de la RS (ovale noir) :

Le noyau structurant de ces RS, identifié comme élément(s) prioritaire(s), correspond ici à la dimension évaluative/normative dans chacun des groupes. Le noyau est centré sur une non-conformité à la norme scientifique (placebo) pour le groupe A-PAP alors qu'il est centré sur une valeur accordant de l'importance à une médecine prenant en compte une approche globale de l'individu sans effets secondaires pour le groupe B-AP. Comme nous l'avons précédemment explicité, ces éléments prioritaires précèdent l'objet homéopathie dans une représentation en lien avec la médecine et ses soins, l'objet homéopathie étant reconnu ainsi pour chacun des groupes face à des normes et valeurs qui le précèdent au sein de ces groupes. C'est d'ailleurs ainsi qu'on pourrait faire l'hypothèse que l'étude d'un autre objet associé à la médecine et ses soins telle que « l'acupuncture » par exemple, pourrait conduire possiblement à une représentation possédant une même dimension normative/évaluative de son noyau que celle de l'objet homéopathie (en raison des éléments prioritaires du noyau qui précèdent l'objet). En effet, le sujet 9-AP (Annexe A2) s'est par exemple orienté sur l'acupuncture en première intention pour des raisons équivalentes à l'objet homéopathie : « J'ai été très déçu par le morcellement de l'approche médicale : pas d'approche de la personne. J'ai alors voulu apprendre l'acupuncture pendant mes études de médecine. Mes patients me parlaient d'homéopathie avec beaucoup de témoignages alors que je n'y croyais pas en fonction de mes études. Puis j'ai suivi une formation en homéopathie et je me suis lancé dans l'homéopathie en voyant ses bienfaits. ». De même le sujet 16-PAP (Annexe A1) par exemple évalue l'acupuncture de façon analogue à l'objet homéopathie : « Leurs soins ont un intérêt, mais ce qu'ils racontent est faux. Leur rationnel est faux. Ils n'ont pas réussi à caractériser la raison des soins et ils ne peuvent plus avancer. Pour l'acupuncture, c'est d'ailleurs pareil. »

La dimension fonctionnelle/descriptive du noyau de la RS (ovales blancs) :

Le noyau de la RS se décompose également en une dimension fonctionnelle/descriptive, identifiée comme éléments adjoints, commune pour chaque groupe et qui se subdivise en sous-dimensions fonctionnelles/descriptives en fonction des variantes des sujets interrogés ayant atteint l'effet de saturation :

-Pour le groupe A – PAP la dimension fonctionnelle est définie par une absence d'action propre pharmacologique de l'homéopathie dont le seul effet possible serait l'effet placebo, comme nous l'a montré l'analyse précédente. Cette dimension est subdivisée en deux : certains évaluent qu'en conséquence, il ne faut pas utiliser d'homéopathie et ne sont donc pas favorables à son utilisation (sujet 10, Annexe A1 : « Les gens ne savent pas ce qu'est l'homéopathie, donc ils en prennent. Mais quand on leur explique, ils n'ont plus d'avis positifs ») ; d'autres sont favorables à son utilisation en tant qu'effet placebo (sujet 4, Annexe A1 : « J'en pratique, j'y ai recours avec deux idées : d'une part certains disent, c'est très efficace et si ça ne fait rien ça ne fera pas de mal. Moi, je crois à l'effet placebo c'est-à-dire à un effet bénéfique sans qu'il y ait de molécules actives identifiées, mais dont la seule prise agit favorablement sur le patient par des mécanismes cognitifs, car il pense qu'il se soigne et c'est alors cette pensée qui est favorable sur sa santé. ») ou encore pour son action de soin qui pourrait être différente de l'effet placebo, mais différente aussi d'une action pharmacologique puisqu'il n'y a pas de substances actives. Parmi ces sujets, certains évaluent l'effet de l'homéopathie comme une action passant par la relation médecin-patient, par une anamnèse incluant une approche plus globale (sujet 3, Annexe A1 : « Personnellement, je pense que l'homéopathie fait du bien aux patients. Je pense qu'il n'y a rien dans les granules. Je ne crois pas à la mémoire de l'eau. L'effet sur les patients ne relève pas que de l'effet placebo, mais passe aussi par d'autres voies. Je pense à des mécanismes *via* l'anamnèse où le patient parle du contexte, *via* les conseils du médecin, l'échange médecin/patient qui peuvent aider le patient à prendre confiance. »).

-Pour le groupe B – AP la dimension fonctionnelle est définie selon les sujets par une action propre de l'homéopathie certaine (sujet 16, Annexe A2 : « Le médicament homéopathique *ad hoc* induit la production de molécules endogènes qui vont agir sur les récepteurs. Le médicament homéopathique n'agit pas, mais fait réagir l'organisme, il contient une information électromagnétique matériellement stabilisée dans la solution. »), une action propre possible (sujet 12, Annexe A2 : « Peut-être que l'effet placebo joue un rôle dans l'homéopathie, mais je ne sais pas si l'homéopathie n'est que de l'effet placebo. Je ne pense pas, mais je ne sais pas. ») ou non exclue (sujet 7, Annexe A2 : « L'origine de l'efficacité, je ne la connais pas, je n'en sais rien, il peut y avoir l'effet placebo, mais peut-être pas uniquement. Je n'exclus pas l'existence possible de molécules actives, mais dont on ne connaît pas l'existence aujourd'hui. »). Cette dimension est subdivisée en deux sous-dimensions selon les certitudes de l'action propre de l'homéopathie (mais dans tous les cas, les sujets sont favorables à son utilisation) : la première subdivision (encerclée de gris) correspond aux sujets favorables à l'utilisation de l'homéopathie évaluant une action propre certaine de l'objet (action pharmacologique très diluée et/ou action de soin et/ou information électromagnétique véhiculée). Ces sujets sont des médecins ou chercheurs essentiellement travaillant sur le sujet de l'homéopathie mais pas uniquement. L'objet est alors évalué pour certains comme une philosophie de vie (sujet 13, Annexe A2 : « Quand j'ai fait le choix de l'homéopathie c'était purement médical, mais en pratiquant l'homéopathie, on a une vision de l'hygiène de vie. L'avantage, c'est de connaître sa typologie. On travaille sur les points faibles et les points forts. C'est une philosophie de vie, un mode de vie. ») et comme un objet transitionnel permettant de retrouver un équilibre global favorisant l'autoguérison par des soins (encerclée en gris et correspondant aux deux branches identifiées lors de l'analyse de similitudes en figure 2) (sujet 16, Annexe A2 : « L'action de l'homéopathie s'explique par une action épigénétique modulant l'expression des gènes cibles. L'homéopathie favorise l'autoguérison qui va plus loin que l'esprit, mais sa limite, c'est qu'il faut que l'organisme cible soit encore capable de réagir. »). La relation médecin-patient est également évaluée comme importante dans l'action de l'objet homéopathie, mais distinguée de l'approche globale homéopathique (sujet 8, Annexe A2 : « Dans l'acte médical homéopathique il y a le médicament comme objet transitionnel chargé d'une intention, mais il y a deux autres notions : d'abord la façon de procéder en reconnaissant non seulement la maladie, mais le patient, son histoire. Ensuite, un troisième aspect est la nature du médecin lui-même qu'on trouve aussi ailleurs que dans l'homéopathie. C'est la relation médecin-malade qui est très importante en homéopathie. Mais le médicament homéopathique a aussi une action thérapeutique objective et la recherche sur l'activité des hautes dilutions est un sujet passionnant. »). La seconde subdivision correspond aux sujets favorables à l'utilisation de l'homéopathie évaluant une action propre possible ou non exclue (encerclée en pointillés). Ces sujets ne travaillent pas sur le sujet de l'homéopathie. Ici aussi la relation médecin-patient est évaluée comme importante dans l'action de l'objet homéopathie incluant l'approche globale (sujet 5, Annexe A2 : « J'ai consulté un homéopathe et cela m'a aidé. L'homéopathie est dans le bien-être et facilite le soin. Un médecin doit travailler sur le bien-être. »).

On comprendra, d'après ce schéma explicatif sur la dimension fonctionnelle, pourquoi lors de la classification initiale selon le critère commun « favorable à l'utilisation de l'homéopathie ou non », certains sujets de la RS – sans action propre, possédant une sous-dimension fonctionnelle « favorable à l'utilisation pour son effet placebo ou son action de soin », ont pu par exemple se retrouver dans le groupe des sujets ayant une RS – avec action propre. Cette compréhension justifie donc le choix ultérieur de classement « avec ou sans action propre ».

Les pôles alimentant le noyau de la RS (rectangles gris) :

Deux pôles, l'un portant sur les pratiques personnelles et/ou professionnelles des sujets, l'autre portant sur les recherches menées au sujet de l'homéopathie, semblent alimenter le noyau et le conforter. Tout à la fois, il apparaît que le pôle des « pratiques » semble être alimenté par le noyau de la représentation, c'est pourquoi le schéma présente des flèches bidirectionnelles afin de présenter cette co-alimentation.

- La pratique personnelle et /ou professionnelle de l'homéopathie :

Pour le groupe A-PAP :

Certains sujets interrogés médecins ou chercheurs indiquent ne pas utiliser d'homéopathie personnellement et/ou professionnellement et ne l'avoir jamais fait. Ces sujets estiment qu'il n'y a pas d'intérêt à en utiliser puisqu'il n'y a aucune substance active, voire même qu'il serait « malhonnête » d'utiliser de l'homéopathie dans ce cas (le noyau alimentant ainsi l'absence de pratique), par exemple le sujet 17 (Annexe A1) : « Je n'ai jamais pris d'homéopathie de souvenir. J'ai été tentée, car des fois, on n'a pas envie de prendre des médicaments ou d'en donner à ses enfants pour certains maux, mais j'aurais eu l'impression d'être malhonnête ». Parmi ces sujets, certains ne seront donc pas favorables à l'utilisation de l'homéopathie pour le public tels que par exemple le sujet 10 (Annexe A1) : « L'homéopathie trompe et apporte une mauvaise réponse. C'est grave que ceux qui sont supposés détenir du savoir soient l'équivalent de magiciens dont le savoir est inexistant. Les gens ne savent pas ce qu'est l'homéopathie, donc ils en prennent ». D'autres seront néanmoins favorables à l'utilisation pour le public s'il est demandeur, dans une logique d'effet placebo et/ou de vecteur de soin, tel que par exemple le sujet 9 : « On ne doit pas mentir aux patients : l'homéopathie n'a pas de preuves d'efficacité, mais si cela convient au patient alors c'est bon ».

D'autres sujets indiquent avoir utilisé de l'homéopathie dans l'enfance ou plus tard et n'y avoir observé aucune efficacité, alimentant ainsi et confortant le noyau de la représentation, tels que par exemple le sujet 13 (Annexe A1) : « J'ai essayé l'homéopathie et ça ne marche pas. On n'est pas loin du charlatanisme ». Parmi ces sujets, on retrouvera de façon analogue des sujets favorables si le public est demandeur (sujet 15, Annexe A1 : « L'homéopathie : depuis très jeune, j'ai pris de l'homéopathie dès que j'avais un rhume. Ma mère était fan. Je n'en suis pas convaincue de mon côté et ne veux pas en prendre. Je connais des personnes qui en prennent et si cela leur fait du bien tant mieux, mais je pense que c'est l'effet placebo. Homéopathie : ça ne marche pas, mais très bien si cela plaît aux gens ») ou non favorable à l'utilisation de l'homéopathie par le public, tel que le sujet 13 précité (Annexe A1).

Enfin certains sujets déclarent utiliser de l'homéopathie pour eux-mêmes, dans leur pratique professionnelle et/ou pour leurs enfants dans une logique fonctionnelle d'effet placebo ou de soin, par exemple sujet 4 (Annexe A1) : « J'en pratique, j'y ai recours avec deux idées : d'une part certains disent, c'est très efficace et si ça ne fait rien ça ne fera pas de mal. Moi, je crois à l'effet placebo [...]. », sujet 3 (Annexe A1) : « Je ne prends pas d'homéopathie et j'en ai donné à mes enfants à titre placebo, car je pense que la granule ne contient rien », ou encore sujet 9 (Annexe A1) : « J'ai déjà pris de l'homéopathie, mais pas des granules. Je prescris de l'homéopathie, à la demande des patients, en les prévenant que "ça n'a pas d'efficacité prouvée, mais en même temps, on ne peut pas attendre que tout soit prouvé / faire uniquement ce qui est prouvé" ». Pour ces sujets, à la fois, le noyau alimente la pratique estimant que l'efficacité ne peut provenir que d'un effet placebo puisqu'il n'y a pas de substances actives dans l'homéopathie, à la fois la pratique alimente et conforte le noyau, car son action observée est évaluée comme un effet placebo.

Pour le groupe B-AP :

Des médecins homéopathes et chercheurs notamment travaillant sur le sujet de l'homéopathie, utilisent l'homéopathie dans un contexte personnel, pour leurs enfants et/ou dans un contexte professionnel. Ils y voient une efficacité certaine et l'évaluent comme une action propre de l'objet, différente de l'effet placebo. Ils sont alors favorables à son utilisation en tant qu'action propre : par exemple le sujet 2 (Annexe A2) « Je me suis intéressé à l'homéopathie par hasard, car j'ai été malade et l'homéopathie m'a beaucoup aidé pendant ma maladie. Cela m'a interpellé et je me suis demandé comment cela pouvait fonctionner alors qu'*a priori*, il n'y avait rien. Je me suis inscrit à un collège d'homéopathie pour comprendre et j'ai commencé à chercher un peu », le sujet 16 (Annexe A2) « On m'a parlé de l'homéopathie et je m'y suis intéressé, notamment pour les maladies chroniques dites incurables. Un premier cas qui m'a interpellé (et les aspects psychologiques ne pouvaient pas jouer c'est sûr) est un patient qui m'a été présenté comme cas clinique dans ma formation en homéopathie. Il a guéri alors que ses traitements conventionnels pris depuis 20 années n'y étaient pas arrivés : ce n'était pas un placebo qui lui ne peut pas agir dans ces maladies incurables et chroniques. », ou encore le sujet 10 (Annexe A2) « L'un de mes enfants a souffert d'otites difficiles et à répétitions à partir de l'âge de deux mois. Je me suis orientée vers l'homéopathie, car les médicaments classiques n'aidaient pas. J'ai vu l'efficacité, j'ai alors décidé de me former à l'homéopathie ». L'efficacité observée est évaluée comme une action propre par les sujets alimentant le noyau en le confortant et en faisant reconnaître l'objet homéopathie comme une médecine efficace sans effets secondaires. A la fois, nous pouvons observer que le noyau de la représentation alimente la pratique puisque l'objet homéopathie est reconnu comme une médecine sans effets secondaires prenant en compte l'individu, les sujets sont donc amenés à tester l'homéopathie dans ce cadre.

D'autres sujets de ce groupe utilisent l'homéopathie, y voient une efficacité, mais l'évaluent comme une action propre possible ou non exclue. Ces derniers sont favorables à son utilisation en tant qu'action propre et/ou effet placebo si tel est le cas. De façon analogue aux cas précédents, on observera ici une co-alimentation du noyau de la représentation et de la pratique des sujets. On retrouvera uniquement des médecins ou chercheurs ne travaillant pas sur l'homéopathie, par exemple : le sujet 12 (Annexe A2) « J'en ai utilisé et j'ai eu l'impression qu'il y avait une certaine efficacité à cette approche [...] L'homéopathie c'est une médecine douce. Peut-être que l'effet placebo joue un rôle dans l'homéopathie, mais je ne sais pas si l'homéopathie n'est que de l'effet placebo. Je ne pense pas, mais je ne sais pas. », ou encore le sujet 5 (Annexe A2) « On peut toujours se dire que c'est l'effet placebo étant donné les doses infinitésimales mais bon, ça marche, je l'ai essayé ! [...] L'effet placebo en homéopathie peut jouer sur certains paramètres, mais pas sur tout : exemples les crampes qui contiennent un mécanisme chimique derrière, pour moi cela marche et scientifiquement cela ne peut pas être un effet placebo ».

D'autres sujets ne travaillant pas sur l'homéopathie ont utilisé l'objet et évaluent une absence d'efficacité sur eux-mêmes. Ils estiment néanmoins que l'homéopathie est efficace sur les autres en possédant une action propre possible ou non exclue. Ils sont favorables à son utilisation, par exemple : le sujet 14 (Annexe A2) « J'ai pu voir auprès des patients l'efficacité. [...] moi, j'ai pris de l'homéopathie étant petit pour une maladie et j'en ai pris pour le mal des transports. Je n'ai pas vu d'efficacité sur moi, mais un cas individuel n'est pas une généralité. Peut-être dans l'homéopathie, il y a l'effet placebo, il y a peut-être autre chose aussi. », ou encore le sujet 7 (Annexe A2) « J'en ai utilisé pour moi et mes enfants, je n'ai pas vu de différences notables sur la maladie, mais pas d'effets négatifs non plus, je me suis dit, on peut tenter sachant que les risques sont très faibles et sans effets secondaires...je ne sais pas si j'en reprendrai mais en fait pourquoi pas...L'homéopathie est efficace, c'est sûr, car beaucoup de gens en prennent et se sentent mieux. L'origine de l'efficacité, je ne la connais pas, je n'en sais rien il peut y avoir l'effet placebo mais peut-être pas uniquement ». Dans ces cas, le noyau de la représentation alimente la pratique. L'inefficacité évaluée sur soi-même n'alimente pas le noyau en retour, mais l'évaluation d'efficacité observée sur les autres, alimente le noyau en retour en le confortant.

- *Les recherches existantes sur l'homéopathie :*

Pour le groupe A-PAP :

Les sujets n'estiment pas tous (essentiellement des non médecins) être clairement au courant de la recherche existante en homéopathie, par exemple :

-Sujet 1 (Annexe A1) : « Je pense qu'il est important de faire de la recherche sur le sujet : je ne sais pas s'il y en a. Je connais l'article de Benveniste et la mémoire de l'eau ainsi que la controverse. »

-Sujet 4 (Annexe A1) : « Je ne connais pas la recherche sur l'homéopathie. Je pense qu'il est utile de faire des recherches dessus que ce soit l'effet placebo ou non. »

-Sujet 18 (Annexe A1) : « Je suis mal renseigné là-dessus. Dans la mesure où il y a des principes actifs dilués, oui, je pense qu'il faut des recherches. »

Parmi ces sujets ne connaissant pas complètement les recherches existantes sur le sujet, ces derniers restent ouverts à une recherche sur cet objet afin de montrer son efficacité par effet placebo et/ou par une action propre si cela s'avérait le cas. Pour autant, ils restent prudents et sceptiques, tels que le sujet 1 (Annexe A1) : « Cependant, je suis sceptique sur cette hypothèse quantique. Je pense plutôt à un effet psychosomatique, car on n'a pas pu le démontrer. », ou le sujet 18 (Annexe A1) : « En tant que scientifique, je n'y crois pas forcément, mais il faut une recherche qui est à encourager. »

D'autres sujets (médecins et chercheurs) se réfèrent aux études actuelles ne permettant pas de montrer d'autres effets de l'homéopathie que par l'effet placebo, par exemple :

- Sujet 2 (Annexe A1) : « L'homéopathie en tant que sujet de recherche : je pense que c'est très intéressant et je n'ai rien contre et c'est même intéressant permettant de découvrir des choses non connues, mais pour l'instant aucune n'a permis de montrer un effet autre que placebo. »

-Sujet 10 (Annexe A1) : « En recherche fondamentale, il n'y a rien de valide. La démarche scientifique consiste à produire du savoir, construire des hypothèses à partir de modèles qu'on peut construire. Il est donc inutile de faire de la recherche dessus, car c'est absurde et loufoque et au plan clinique c'est déjà démontré. »

-Sujet 13 (Annexe A1) : « Sans intérêt de faire des recherches sur l'homéopathie à part sur l'aspect psychologique car il n'y a rien dans les granules (pas la moindre trace de la moindre substance active) : c'est de la magie, donc cela ne se prête pas à une étude scientifique : les tests d'étude le montrent. »

-Sujet 17 (Annexe A1) : « Au-delà de cela, donc même si l'hypothèse quantique était vérifiée, il faudrait prouver qu'il y a bien un effet propre, car toutes les études de recherche montrent que l'homéopathie n'a pas plus d'effet qu'un placebo. »

Parmi les sujets se référant aux études démontrant uniquement une action par effet placebo de l'homéopathie, certains restent également ouverts à une recherche sur cet objet afin de montrer son efficacité par effet placebo et/ou par une action propre si cela s'avérait le cas. Pour autant, ils restent prudents et sceptiques, tels que le sujet 2 (Annexe A1) : « La recherche sur le sujet c'est une curiosité, c'est très bien. Par contre toutes les autres connaissances se sont précisées et pas sur l'homéopathie donc ce n'est pas bon signe. Ma curiosité pourrait m'amener à tester des traitements homéopathiques pour voir si çà modifie l'expression génétique : je serais prêt à travailler dessus et changer mon fusil d'épaule. », ou le sujet 15 (Annexe A1) : « J'avais entendu parler de l'hypothèse quantique : ce n'est pas possible pour moi, car l'hypothèse est non valable, mais il faut financer néanmoins pour savoir ce qu'il en est. ». D'autres sujets au contraire s'appuient sur les résultats démontrant uniquement un effet placebo, justifiant ainsi l'absence d'intérêt, ou le peu d'intérêt, à faire de la recherche sur cet objet qui n'a rien de scientifique d'après eux, tels que le sujet 7 (Annexe A1) : « La théorie électromagnétique, c'est des foutaises, c'est de l'intox pour des gens qui n'ont pas de fondements scientifiques. Je réfute tout cela tant qu'il n'y a pas de données qui démontrent l'inverse. Je pense que de la recherche fondamentale n'est pas justifiée, en SHS oui. La recherche clinique n'est pas justifiée non plus, car l'effet placebo est déjà présent partout. On ne va pas comparer un placebo à un placebo. Surtout vu le coût des études cliniques. », le sujet 10 (Annexe A1) : « Donc on ne va pas dépenser de l'argent là-dedans. Au plan du savoir scientifique, ce n'est pas une controverse : on veut faire croire qu'il y a une controverse scientifique notamment en France avec les laboratoires pharmaceutiques qui est l'un des plus gros facteurs qui alimente la controverse. », ou encore le sujet 17 (Annexe A1) : « Cela n'a aucun sens d'en faire que ce soit clinique ou fondamentale puisque l'homéopathie c'est du sucre sans aucune activité. »

Il apparaît ici que les résultats de recherche sur l'homéopathie, montrant uniquement un effet placebo, alimentent et confortent le noyau de la représentation de certains sujets ayant connaissance de ces recherches.

Pour le groupe B-AP :

Certains sujets ne travaillant pas sur l'objet homéopathie estiment qu'il faudrait clarifier les résultats de recherche sur l'homéopathie et les rendre plus accessibles ou encore mentionnent ne pas savoir clairement si des recherches sont menées sur cet objet, comme certains sujets du groupe A, par exemple :

-Sujet 3 (Annexe A2) : « Je pense qu'il y a de la recherche sur l'homéopathie et s'il n'y en a pas alors j'en suis étonné et je pense qu'il en faudrait. L'hypothèse quantique me semble nébuleuse. Je suis sensible à la pseudo-médecine et méfiant. Mon réflexe est de penser que c'est n'importe quoi. Même si je ne sais pas comment fonctionne l'homéopathie et qu'il n'y a pas d'explications ce n'est pas grave, on voit les effets. Il y a sûrement un effet placebo mais il y a aussi un principe actif. Je pense qu'il faudrait une recherche publique dessus. »

-Sujet 5 (Annexe A2) : « Je ne sais pas comment l'homéopathie fonctionne et quand j'ai cherché cela m'a paru étrange [...] étant donné qu'il y a une controverse, je pense qu'il faut une recherche dessus afin d'avoir accès plus facilement aux données. »

-Sujet 7 (Annexe A2) : « Je ne sais pas vraiment, mais je pense qu'il doit forcément y avoir de la recherche sur l'homéopathie. Je ne savais pas qu'il n'y en avait pas officiellement. Je pense qu'il est bien de mener une recherche sur le sujet. »

Ces sujets, estimant que l'action propre de l'homéopathie est possible ou non exclue, sont ouverts à une recherche sur cet objet. Même s'ils estiment qu'il peut exister une action propre de l'homéopathie, ils conservent une prudence face aux explications théoriques quantiques actuelles tout en conservant une certaine ouverture.

D'autres sujets travaillant ou non sur l'objet homéopathie estiment que les recherches actuelles menées montrent l'efficacité propre de l'homéopathie (et/ou son utilité), notamment sur des animaux, des plantes ne pouvant donc provenir d'après eux d'un effet placebo. Ils pointent également la difficulté du cadre normatif scientifique et médical ne permettant pas une réelle prise en compte des résultats, par exemple :

-Sujet 4 (Annexe A2) : « J'ai acquis la conviction de l'homéopathie puis la biologie numérique avec transfert d'ADN. D'ailleurs des études chinoises viennent de le prouver. Le support homéopathique sera certainement la biologie numérique. Hahnemann était donc un novateur. Il y a une cohérence totale entre maintenant et avant. L'homéopathie pour moi c'est une réalité que j'ai vue sur des effets randomisés, sur des cœurs isolés. On a des expressions génétiques sur des cellules en passant de l'eau dynamisée. Il est bien que les deux secteurs, privé et public, prennent cela en charge, car il y a beaucoup de choses à chercher : c'est très large et très vaste. »

-Sujet 9 (Annexe A2) : « On a fait une étude sur 100 personnes avec homéopathie et 100 sans homéopathie publiée et qui montre l'effet. Puis c'est le terrain de l'individu qui conditionne les choses [...] On ne parle pas assez de l'agro-homéopathie, le soin des plantes avec granules car là il ne peut pas y avoir d'effets placebo. ».

-Sujet 11 (Annexe A2) : « La difficulté de l'homéopathie, c'est la reproductibilité, car c'est propre à chaque individu : la médecine est basée sur des maladies et non sur des malades. L'homéopathie ne peut pas être et se faire que par effet placebo : il y a un autre effet. Les expérimentations en homéopathie prennent un nouveau virage : avant, on explorait uniquement le physique pas le mental, maintenant si on demande aux patients d'explorer leurs rêves et en explorant le mental, on spécifie les remèdes. »

-Sujet 13 (Annexe A2) : « Il y a une volonté institutionnelle que l'homéopathie reste dans l'ombre. C'est dommage car les autres pays travaillent dessus et auront les prix Nobel. Par exemple : au Canada, c'est reconnu et utilisé, au Mexique avec un ministère de médecines naturelles.

L'homéopathie soigne très bien les animaux et les plantes : donc comment répondent les détracteurs face à cela... J'ai été amenée à faire une expérimentation avec l'arnica utilisée par un grand nombre de sportifs actuellement. Le double aveugle n'est pas possible en homéopathie car on soigne un individu, pas une maladie. »

-Sujet 17 (Annexe A2) : « La recherche scientifique ne prend pas la bonne méthode. En Allemagne, ils ont une vision intégrative, nous en France, on prend une partie sans tenir compte de l'aspect qualitatif. On confond efficacité et utilité. Il faut de la recherche fondamentale et clinique. Elle existe, mais elle a été niée. Ces recherches ne sont pas aidées par l'Etat. »

Ces sujets sont ouverts à des recherches sur l'objet homéopathie afin de poursuivre les travaux déjà menés. On voit ici que le noyau de la représentation est alimenté et conforté par les résultats de recherche montrant une utilité et une efficacité propre.

Les opinions/certitudes émanant du noyau de la RS (rectangles blancs) :

- Les recherches à faire sur l'homéopathie :

Pour le groupe A-PAP :

Certains sujets estiment qu'il est pertinent ou intéressant de faire de la recherche fondamentale sur l'objet homéopathie, par exemple :

-Sujet 1 (Annexe A1) : « Tant qu'on n'a pas réfuté une hypothèse sur l'homéopathie, on ne peut pas dire que c'est faux donc dans une logique de recherche et scientifique, il faut poursuivre la recherche fondamentale sur le sujet, car peut-être cela serait possible l'hypothèse quantique. Cependant, je suis sceptique sur cette hypothèse quantique. »

-Sujet 4 (Annexe A1) : « Que ce soit justifié par une action moléculaire démontrée ou pas, peu importe, il faut faire une recherche : il faut démontrer l'effet même si on ne peut pas démontrer le mécanisme. »

-Sujet 18 (Annexe A1) : « L'hypothèse quantique : je n'ai pas la réponse à cela. Je ne sais pas si cela peut avoir un impact. Une recherche active dessus ne me choque pas. »

-Sujet 19 (Annexe A1) : « L'hypothèse quantique : c'est possible que cela puisse marcher ainsi, je ne sais pas, il faut aller plus loin. »

D'autres sujets (ou les mêmes que précédemment) estiment que seule (ou également) une recherche clinique serait intéressante (notamment dans le cadre de son action placebo), par exemple :

-Sujet 3 (Annexe A1) : « Je pense que le fait que la thématique soit pointée du doigt légitime la recherche publique sur le sujet puisque 70% des Français l'utilisent. »

-Sujet 5 (Annexe A1) : « La théorie informationnelle, mémoire de l'eau ou autre, je n'en comprends pas bien le sens. En revanche, il manque certainement des recherches sur le contexte de la prescription homéopathique, particulièrement concernant les patients et leurs profils. »

-Sujet 14 (Annexe A1) : « Pour la recherche fondamentale, je ne comprends pas qu'on cherche dessus, peut-être les chercheurs sont convaincus, ils cherchent un peu à la Saint-Thomas. Parfois, des choses contre-intuitives sont existantes, mais au bout d'un moment c'est de l'acharnement. A partir de quel moment on arrête : je pense donc que faire de la recherche clinique oui, mais fondamentale pas vraiment sauf si on a de nouvelles données. »

-Sujet 16 (Annexe A1) : « Recherches cliniques assurément à effectuer afin de comprendre par exemple pourquoi les gens en redemandent. Recherches fondamentales pourquoi pas, mais on perdra certainement de l'argent. »

-Sujet 19 (Annexe A1) : « C'est nécessaire d'en faire afin de savoir si cela est efficace et comment c'est efficace même si c'est par effet placebo. Des recherches cliniques et fondamentales. Je regarde les avantages pour les patients. Je pense qu'il y a des travaux à faire plus poussés afin de voir si cela a un effet même psychologique. »

Enfin certains sujets (chercheurs et médecins) estiment qu'aucune recherche n'a d'intérêt sur cet objet, à l'exception peut-être de recherches en SHS, par exemple :

-Sujet 7 (Annexe A1) : « Je pense que de la recherche fondamentale n'est pas justifiée, en SHS oui. La recherche clinique n'est pas justifiée non plus, car l'effet placebo est déjà présent partout. »

-Sujet 10 (Annexe A1) : « [...] Il est donc inutile de faire de la recherche dessus, car c'est absurde et loufoque »

-Sujet 11 (Annexe A1) : « Je pense qu'il faut arrêter de chercher sur la mémoire de l'eau ou autre, c'est une imposture scientifique. Les seuls travaux qu'on pourrait faire, ce sont des travaux autour des représentations symboliques, mais on ne va pas aller loin. »

Les opinions/certitudes des sujets, sur la recherche à faire en matière d'homéopathie, émanent du noyau de la représentation qui aura été alimenté ou non par les résultats de recherche connus sur cet objet. Que les sujets aient des connaissances sur les recherches existantes ou non, une opinion sur les recherches à faire émane des sujets portant sur la nécessité potentielle de recherche fondamentale et/ou clinique. La nécessité d'une recherche fondamentale sur cet objet est pointée par l'ensemble des sujets indiquant ne pas réellement connaître les recherches sur l'homéopathie, mais également par d'autres sujets en connaissant les résultats. Ces opinions semblent donc indépendantes des connaissances des résultats de recherche existants, même si ces derniers peuvent participer à conforter le noyau de la représentation. De même on retrouvera tout à la fois des sujets qui pratiquent ou non l'homéopathie et qui pourront avoir une opinion favorable en matière de recherche fondamentale sur cet objet. Ces opinions semblent donc également indépendantes des pratiques personnelles et/ou professionnelles des sujets, même si ces dernières peuvent également conforter le noyau de la représentation. Ces opinions semblent en revanche plus corrélées à la dimension fonctionnelle du noyau (qui lui-même est conséquent de la dimension normative) : on pourra noter que c'est parmi les sujets non favorables à l'utilisation de l'homéopathie, qu'on trouvera des opinions défavorables à la recherche sur cet objet d'un point de vue clinique et fondamental.

Pour le groupe B-AP :

L'ensemble des sujets (médecins ou chercheurs travaillant ou non sur l'objet homéopathie) estiment qu'une recherche sur l'objet homéopathie doit se poursuivre et a un intérêt qu'elle soit d'ordre fondamental ou clinique, notamment dans un cadre de référence différent du cadre normatif, par exemple :

-Sujet 8 (Annexe A2) : « Sur le plan purement scientifique, on n'a pas la preuve définitive que l'homéopathie est nettement supérieure à un placebo, mais on a de nombreux arguments laissant vraiment supposer que l'homéopathie a un effet différent d'un placebo. Des études complémentaires doivent être faites, la recherche clinique en homéopathie ayant été ralentie depuis le début des années 2000. »

-Sujet 12 (Annexe A2) : « Je ne suis pas sûr que des dilutions vraiment infinitésimales puissent avoir un effet. L'affaire Benveniste n'a pas rassuré, car cela a été un gros échec cette étude. Donc cela pose la question de savoir comment évaluer des traitements reposant sur une expérience individuelle du médecin et sur l'intuition. Je me pose la question [...] Je pense qu'il faut de la recherche mais je ne sais pas si on a les outils nécessaires pour une approche scientifique traditionnelle. Je trouve courageux de faire des recherches sur les très hautes dilutions, car en raison du scandale Benveniste, il est difficile ici de savoir quelle question poser. Dans d'autres thèmes on a un corpus paradigmatique mais ici on ne sait pas de quel objet on parle, c'est donc flou. »

-Sujet 14 (Annexe A2) : « L'université doit être un espace de liberté avec des recherches de pointe. Peut-être d'ailleurs qu'en cherchant sur l'homéopathie, on va trouver un médicament contre le cancer. La médecine change en permanence : on nous demande de faire une chose un jour puis le contraire un autre jour. »

-Sujet 15 (Annexe A2) : « La recherche doit se poursuivre, car elle dépasse le cadre de l'homéopathie. La communauté scientifique se croit supérieure à tout, ils ont peur d'être dépossédés de l'illusion de contrôler le monde. Nous faisons partie de notre univers, il faudrait que nous fassions partie d'un autre pour l'analyser : l'objectivité absolue n'existe pas donc cela nous réduit. Vu le côté individuel de l'homéopathie, il est impossible de randomiser les données. Il faut étudier des cohortes avec leur individualité respectée en comparant une cohorte différente. »

Les opinions/certitudes des sujets, sur la recherche à faire en matière d'homéopathie, émanent tout comme pour le groupe A, du noyau de la représentation qui aura été alimenté ou non par les résultats de recherche connus sur cet objet. Comme cela a été vu précédemment, que les sujets aient ou non des connaissances précises sur les recherches existantes, une opinion sur les recherches à faire émane des sujets pointant la nécessité de recherches fondamentales et cliniques. Ces opinions semblent donc ici aussi indépendantes des connaissances des résultats de recherche existants, même si ces derniers peuvent participer à conforter le noyau de la représentation. De même, on retrouvera des sujets qui pratiquent ou non l'homéopathie (ayant évalué ou non une efficacité sur eux-mêmes) et qui pourront avoir une opinion favorable en matière de recherche fondamentale et clinique sur cet objet. Ces opinions semblent donc également indépendantes des pratiques personnelles et/ou professionnelles des sujets, même si ces dernières peuvent également conforter le noyau de la représentation. Ces opinions semblent en revanche plus corrélées à la dimension fonctionnelle du noyau (qui lui-même est conséquent de la dimension normative). On pourra noter que l'ensemble des sujets est favorable à l'utilisation de l'homéopathie et que l'ensemble des sujets est favorable à des recherches sur cet objet. En comparaison au groupe A, on observe donc que les sujets défavorables à des recherches cliniques et fondamentales sur l'homéopathie sont donc uniquement retrouvés parmi les sujets défavorables à l'utilisation de l'homéopathie.

- Croyance ou explication théorique possible sur l'action propre de l'homéopathie :

Pour le groupe A-PAP :

Les sujets interrogés estiment majoritairement que l'utilisation de l'homéopathie dont l'efficacité est évaluée comme étant une action propre relève d'une croyance, par exemple :

-Sujet 2 : « Ce qui m'embête, c'est qu'ils croient à l'efficacité de leurs médicaments : ils devraient dire que cela accompagne, mais ne soigne pas. »

-Sujet 5 (Annexe A1) : « Pour moi, l'approche homéopathique me met dans le doute, car elle relève pour moi d'une croyance irrationnelle. »

-Sujet 6 (Annexe A1) : « L'individu est insensible à la statistique, surtout quand on nous donne des produits chimiques donc on se réfugie dans des croyances, par le biais de collectifs, associations etc…l'homéopathie en est un des aspects mais le refus des vaccins c'est pareil. »

-Sujet 7 (Annexe A1) : « Je ne pense pas que si on donne l'information cela changera quelque chose. C'est plutôt le domaine de la croyance. »

-Sujet 10 (Annexe A1) : « l'homéopathie est à déviance sectaire […] l'homéopathie est un savoir ésotérique et invalide, ce sont des croyances. »

Les sujets estimant que l'objet homéopathie est une croyance, l'associent uniquement à l'effet placebo dans le cadre d'une efficacité potentielle. Certains sujets n'ont cependant pas mentionné cette opinion/certitude de croyance associée à l'objet homéopathie, probablement parce qu'ils estiment qu'une action différente de l'effet placebo n'est pas à exclure même si elle n'est pas médiée par la présence de molécules actives, tels que :

-Sujet 1 (Annexe A1) : « Je serais sceptique, car cela ne répond pas à des lois scientifiques, mais si par des mécanismes non définis cela fonctionne, pourquoi pas. »

-Sujet 3 (Annexe A1) : « L'effet sur les patients ne relève pas que de l'effet placebo, mais passe aussi par d'autres voies. Je pense à des mécanismes *via* l'anamnèse, où le patient parle du contexte, *via* les conseils du médecin, l'échange médecin/patient, qui peuvent aider le patient à prendre confiance. »

-Sujet 9 (Annexe A1) : « L'homéopathie est un soin, non une médecine puisque sans preuve scientifique et sans socle scientifique. L'homéopathie est un vecteur de placebo, mais c'est un soin qui ne s'explique pas par la présence de molécules. Cela pourrait être autre chose. […]»

Pour le groupe B-AP :

Les sujets de ce groupe estiment tous qu'il faut rester ouvert et « humble » face aux résultats de recherches sur l'objet homéopathie, comme pour tout autre recherche. Selon leur degré de certitude face à l'action propre, ils accordent du crédit à la science qui permet, permettra ou pourrait permettre de mettre en évidence les explications théoriques sur l'action propre de l'homéopathie, notamment pour certains au travers d'un changement de paradigme, par exemple :

-Sujet 1 (Annexe A2) : « D'être dans un faux paradigme, dans des approximations théoriques, et si on se rend compte qu'on peut l'améliorer, quelque part, il faut le faire sinon on a un sentiment de mal-être. »

-Sujet 2 (Annexe A2) : « C'est une recherche exploratrice, on veut toujours des résultats rapides, mais il y a plein de belles découvertes qui sont arrivées parce qu'on a suivi un truc bizarre. »

-Sujet 4 (Annexe A2) : « Pour moi la recherche en homéopathie c'est du Monnet, c'est de l'impressionnisme avec une image qui émerge [...] On est des humains et on ne comprend pas tout et j'ai accepté de ne pas tout comprendre. »

-Sujet 6 (Annexe A2) : « On m'a proposé de faire des expérimentations. J'ai accepté et j'ai été intéressée par les résultats qui me conduisaient à penser qu'il y a une connaissance dans la matière à découvrir. »

-Sujet 7 (Annexe A2) : « Je ne connais pas l'hypothèse quantique donc je ne pourrai pas me prononcer, mais il y a beaucoup de choses qu'on ne connaît pas et qui existent pourtant. »

-Sujet 14 (Annexe A2) : « Peut-être d'ailleurs qu'en cherchant sur l'homéopathie, on va trouver un médicament contre le cancer. La médecine change en permanence : on nous demande de faire une chose un jour puis le contraire un autre jour. »

-Sujet 16 (Annexe A2) : « [...] il y a bien quelque chose dans ces remèdes, nous l'avons démontré. Il faut cependant accepter un changement de paradigme pour expliquer son effet clinique. »

Les opinions sur les médecins homéopathes (en dégradé de gris au centre) :

Pour le groupe A-PAP :

Une partie des sujets interrogés, notamment parmi ceux qui sont favorables à l'utilisation de l'homéopathie pour son effet placebo et/ou son action de soin, estiment que les médecins homéopathes sont à l'écoute des patients, ils disent leur faire confiance et évaluent l'importance de l'homéopathie voire même son action au travers de cette relation patient-médecin. Certains estimeront néanmoins que le fait de croire à l'efficacité de l'homéopathie reste gênant pour des médecins, par exemple :

-Sujet 1 (Annexe A1) : « Pour les médecins homéopathes, je pense qu'ils savent mesurer de la dangerosité de leurs actions, ils savent ce qu'ils font donc s'ils prescrivent de l'homéopathie, c'est qu'ils savent ce qu'ils font. Je ne fais confiance à l'homéopathie que sous la surveillance d'un médecin. Je fais confiance à ces médecins. »

-Sujet 2 (Annexe A1) : « Pour ce qui concerne les médecins homéopathes, je trouve qu'ils prennent plus de temps, il y a un rapport de confiance, on va chez le psy, on discute, ce qui est plus difficile avec un allopathe. On ne se sent pas écouté. Je ne suis donc pas dogmatique contre les médecins homéopathes. Par ailleurs pour certaines maladies, il n'est pas utile de prescrire des antibiotiques, donc une substance sans molécules comme l'homéopathie peut être bien. Ce qui m'embête, c'est qu'ils croient à l'efficacité de leurs médicaments : ils devraient dire que cela accompagne, mais ne soigne pas. »

-Sujet 4 (Annexe A1) : « En tant qu'utilisatrice, je n'exclurais pas un médecin homéopathe si j'ai une pathologie. Je pense que ça ne peut pas faire de mal. »

-Sujet 5 (Annexe A1) :« J'ai une certaine sympathie pour les médecins homéopathes. Ils sont certainement plus à l'écoute de leurs patients, car c'est une médecine qui n'est pas dans une approche purement technique. »

-Sujet 7 (Annexe A1) : « Si le médecin croit profondément à l'efficacité de l'homéopathie, ce n'est pas tenable. En revanche, s'il considère que la prise en compte globale est importante, cette approche médicale est bonne et je l'approuve en demandant aux médecins d'avoir cette approche et pas uniquement centrée sur la pathologie. Il est en revanche dangereux et répréhensif si l'homéopathie propose de soigner le cancer. »

-Sujet 9 (Annexe A1) : « Les médecins homéopathes sont des personnes qui se disent que c'est la dimension humaine qui importe. »

-Sujet 18 (Annexe A1) : « Dans la mesure où il y a une demande, je ne vois pas de souci. J'ai été suivi par un homéopathe étant petit. Si c'est fait dans les règles scientifiques, il n'y a pas de souci. »

-Sujet 19 (Annexe A1) : « J'imagine que ces personnes ont vu une amélioration sur leurs patients et que c'est pour cela qu'ils le font. Je peux concevoir que cela peut aider. Eux pensent que ce n'est pas un effet placebo et peut-être que c'est vrai, je n'en sais rien. Je connais des personnes qui vont mieux. »

Une autre partie des sujets interrogés, favorables ou non à l'utilisation de l'homéopathie pour son effet placebo, estime au contraire que les médecins homéopathes abusent de la crédulité des patients, sont dupes en croyant à une efficacité propre de l'homéopathie et sont dans un rationnel faux et non scientifique, par exemple :

-Sujet 10 (Annexe A1) : « Certains se sont engouffrés dans l'homéopathie, car il y avait des recettes sans réfléchir avec une apparence de prise en compte du patient. Moins de jeunes s'orientent vers l'homéopathie actuellement. Je pense personnellement que ceux qui s'orientaient vers l'homéopathie, mais je ne peux pas le prouver, étaient les plus perdus, peut-être les moins bons. De plus, il y a une contrainte économique : en 1990, les médecins généralistes n'avaient pas de créneaux, l'homéopathie permettait à certains d'avoir des patients sinon ils n'en avaient pas. Beaucoup de médecins bons ont arrêté l'homéopathie quand ils l'ont lu. Un médecin qui possède un savoir scientifique doit comprendre la différence entre la vérité du patient et le savoir scientifique. »

-Sujet 11 (Annexe A1) : « Les médecins vont vers l'homéopathie, car c'est facile, cool, on raconte n'importe quoi aux patients, on s'affranchit des procès, de la clinique : c'est de l'arnaque surtout quand c'est fait au travers de la médecine. La complicité qui relève de la sorcellerie, c'est problématique, c'est une trahison des diplômes académiques : c'est une non prise en compte de notre métier. Je ne comprends rien au verbiage des homéopathes. Je ne pense pas que les médecins doivent s'occuper du bien-être, il est déjà bien compliqué de s'occuper des maladies… »

-Sujet 13 (Annexe A1) : « Ils se trompent et ils y croient. Quand j'étais étudiant, j'étais interpellé, mais maintenant non. On nous a fait croire que c'était comme un vaccin, or il n'y a rien. Ils n'ont pas réfléchi de façon rationnelle et ils en vivent. Les médecins doivent soigner maladies et maux, mais je préfère soigner de façon rationnelle même si le reste relève plutôt d'un thérapeute. Je ne pense pas qu'il y ait de la toxicité, mais ils vivent de la crédulité du public. »

-Sujet 14 (Annexe A1) : « On dit que c'est une pratique qui s'est répandue. C'est une façon pour les médecins généralistes de reprendre le contrôle. Je pense qu'il y a de ça, mais il y a aussi l'idée d'une médecine moins clinique, plus naturelle. Pour parler d'une balance bénéfices/risques, il faut qu'il y ait des bénéfices (or, ce n'est que l'effet placebo). Ils prescrivent de l'homéopathie pour des affections peu graves. Je pensais qu'ils n'y croyaient pas, mais en fait si, ils y croient, certains sont illuminés. Les leaders syndicaux sont assez toxiques, certains prennent des prix de consultation à plus de 100€. Certains extrémistes ont accumulé des mensonges, on a des crapules qui écrivent des livres aberrants. […] Il y a de moins en moins de médecins qui se forment aux médecines complémentaires, car on n'est plus dans la même situation, on a plus de mouvement en faveur de la dé-prescription. »

-Sujet 16 (Annexe A1) : « Les médecins ont une formation scientifique, mais ne sont pas des scientifiques. Quand ils se retrouvent face aux patients, ils voient que la science ne permet pas d'expliquer toutes les pathologies qu'ils observent donc ils sont clivés et ils laissent de la place pour une pensée magique, car la science n'explique pas tout. Et s'ils trouvent que cela marche alors cela renforce cette idée. Ils savent que la dilution fait qu'il n'y a plus rien après. Ils savent que les scientifiques disent cela, mais ils pensent aussi que la science n'a pas trouvé l'ultime vérité. Pour eux l'homéopathie marche donc cela remet en question le nombre d'Avogadro. Avec la mécanique quantique, ils donnent une explication alors que personne ne comprend rien même pour les spécialistes c'est très compliqué. Donc comme leur proposition n'est pas impossible, c'est très difficile à réfuter, c'est comme les théories du complot. »

On voit par ailleurs que l'avis sur les chercheurs travaillant sur l'objet homéopathie est également partagé, si certains sujets estiment qu'une recherche fondamentale n'a pas toujours de sens, mais peuvent y rester ouverts, on voit que le caractère un peu « fou » du chercheur est aussi mentionné dans cette quête, par exemple :

-Sujet 11 (Annexe A1) : « Les chercheurs en homéopathie, je ne sais pas ce qui peut les motiver mais il ne faut pas gaspiller de l'argent et aller chercher ce qui est incherchable. »

-Sujet 12 (Annexe A1) : « ce qui motive les chercheurs sur les hautes dilutions, c'est qu'ils sont un peu fous car ils sont chercheurs et un chercheur est un peu fou, ils ont peut-être des hypothèses différentes de moi. »

-Sujet 14 (Annexe A1) : « Pour la recherche fondamentale, je ne comprends pas qu'on cherche dessus, peut-être les chercheurs sont convaincus, ils cherchent un peu à la Saint-Thomas. Parfois, des choses contre-intuitives sont existantes, mais au bout d'un moment, c'est de l'acharnement. »

-Sujet 15 (Annexe A1) : « Je pensais que les recherches étaient finies. Ceci dit les collègues chercheurs peuvent travailler sur ce qu'ils veulent au niveau pensée, on est libre. Les financements bloquent par contre. »

-Sujet 16 (Annexe A1) : « Un chercheur en recherche fondamentale est à l'affût de trucs barjot, donc ils sont prêts à prendre un sujet pour lequel ils se disent qu'il y a un truc bizarre à creuser. »

Pour le groupe B-AP :

Les sujets interrogés travaillant ou non sur l'homéopathie, estiment tous que les médecins homéopathes sont dans le bien-être et le soin, qu'ils sont à l'écoute de leur patient en prenant en compte l'individu, par exemple :

-Sujet 4 (Annexe A2) : « Ce qui m'a fasciné en tant qu'étudiant en médecine, c'est la vision du médecin homéopathe : l'homme avec ses travers, un don d'observation stupéfiant. »

-Sujet 5 (Annexe A2) : « Pour les médecins, je pense qu'ils ont raison de se spécialiser en homéopathie. J'ai consulté un homéopathe et cela m'a aidé. L'homéopathie est dans le bien-être et facilite le soin. Un médecin doit travailler sur le bien-être. Je prends un traitement allopathique et je ne sais pas comment ça fonctionne, mais ça marche, donc pour l'homéopathie, c'est pareil, je ne sais pas, mais ce qui compte, c'est que cela marche. »

-Sujet 7 (Annexe A2) : « Je trouve cela bien d'avoir des médecins homéopathes et que ce soit eux qui soignent ainsi. En occident, on a tendance à se fermer l'esprit, mais scientifiquement, on devrait laisser plus ouvert les choses. »

-Sujet 16 (Annexe A2) : « Pour un médecin, il faut avoir de l'audace pour pratiquer l'homéopathie. Les généralistes sont ouverts en général. Ce sont plus les spécialistes qui comprennent le moins cette approche. »

Les sujets médecins homéopathes interrogés ont pu également exprimer leur opinion quant à leur perception en tant qu'homéopathe. Certains expriment une stigmatisation de confrères du monde médical au regard de leur choix de l'objet homéopathie, par exemple :

-Sujet 6 (Annexe A2) : « Face au choix de l'homéopathie, on est confronté à des incompréhensions de confrères, du dédain, des insultes, des accusations. Parfois oui il y a du découragement et on se sent mal, comme le juif poursuivi. Un gros obstacle dans la profession est le montant de la consultation non reconnu car on prend plus de temps avec le patient. »

-Sujet 9 (Annexe A2) : « J'ai eu des difficultés face à mes confrères : ricanements, sarcasmes dès le début de ma carrière. La pratique homéopathique met en danger en permanence face à l'institution. Les conversations sur l'homéopathie deviennent vite virulentes. Cela m'a gêné dans ma carrière. »

-Sujet 11 (Annexe A2) : « L'intolérance face à l'homéopathie est récente. On est incompris par nos collègues allopathes, mais on était toléré avant. Sauf depuis la tribune. Depuis mes débuts d'homéopathes j'ai néanmoins perdu des amis/collègues à cause de mon choix en homéopathie car même si on est toléré, c'est tout. »

-Sujet 13 (Annexe A2) : « J'ai de bonnes relations avec mes confrères allopathes, mais j'ai fait l'effort d'aller vers les autres. Ma réputation a été entachée : c'est malhonnête et malveillant. »

-Sujet 16 (Annexe A2) : « Durant ma carrière, parce que je pratiquais l'homéopathie, on m'a demandé de ne plus être maître de stage d'étudiants en médecine. »

Il est à noter que la stigmatisation perçue par un grand nombre de médecins homéopathes est également décrite par des sujets chercheurs ayant fait le choix de travailler sur l'objet homéopathie ou rapportant des faits sur des chercheurs s'étant impliqués sur cet objet, par exemple :

-Sujet 1 (Annexe A2) : « J'ai vu que le sujet était extrêmement dangereux donc j'ai mené un sujet tout à fait correct pour l'institution en parallèle et j'ai mené ma recherche sur l'homéopathie en catimini. »

-Sujet 2 (Annexe A2) : « Quand le patron a su que je m'intéressais à l'homéopathie il a voulu me faire virer sur-le-champ, le climat est très anti-homéopathie. Il a fallu que des collègues me défendent en mettant en avant mon travail par ailleurs et en disant que chacun avait un hobby farfelu. Les collègues n'osent pas dire qu'ils travaillent avec nous, même si cela les intéresse, car ce serait un suicide de carrière et ils deviendraient des parias du système. »

-Sujet 3 (Annexe A2) : « Mon opinion a changé sur l'homéopathie car j'étais dans un groupe recherche où une collègue travaillait dessus. Mon chef de l'époque balayait d'un revers de manche cela, j'ai fait pareil pour aller dans son sens [...] comme il y avait un *a priori* sur le sujet recherche la collègue n'a pas pu mener à bien son projet. »

-Sujet 8 (Annexe A2) : « Le choix de l'homéopathie a eu un impact sur ma carrière et ma réputation : j'ai été touché personnellement dans ma vie privée et j'ai été cassé et bloqué sur la recherche. »

-Sujet 15 (Annexe A2) : « Dans le cadre des activités de recherches cliniques auxquelles j'ai participé nous avons publié. Il y a eu un impact négatif sur une chercheuse qui a dû se justifier d'avoir participé à cette étude. »

Un certain nombre de sujets travaillant sur l'objet homéopathie d'un point de vue médical et/ou d'un point de vue de la recherche, mentionnent donc dans ce groupe une stigmatisation indiquée comme subie par des membres opposés à cet objet dans le cadre des sphères, médicale et académique. Il est à noter qu'aucun sujet du groupe A n'a mentionné de stigmatisation dans son objet de travail médical ou de recherche.

Les opinions sur les raisons des oppositions (en dégradé de gris au centre) :

Pour le groupe A-PAP :

Certains sujets interrogés estiment que les oppositions sont fondées sur le fait que les scientifiques et/ou médecins défenseurs de l'homéopathie en tant qu'action propre, sont dupes et jouent sur la crédulité du grand public. Ils estiment que ces défenseurs sont malhonnêtes dans leur démarche puisque l'homéopathie n'est pas fondée sur une science et n'a rien d'une médecine. Ils estiment par ailleurs que leur attitude n'est pas éthique scientifiquement parlant et médicalement parlant, par exemple :

-Sujet 10 (Annexe A1) : « Le problème de l'homéopathie : elle fait semblant de prendre en compte. L'homéopathie est typique et emblématique d'une fausse réponse à de vraies questions qui ne se résument pas à une biologie. L'homéopathie trompe et apporte une mauvaise réponse. C'est grave que ceux qui sont supposés détenir du savoir soient l'équivalent de magiciens dont le savoir est inexistant [...] la médecine générale n'était pas enseignée. La structuration ne s'est faite que dans les années 2000. Donc on a des légions du corps professionnel qui ont été mises sur le marché du choix avec une absence de formation. Les professeurs qui exercent aujourd'hui sont arrivés sans identité professionnelle et ils faisaient ce que les autres ne voulaient pas faire, avec un métier qu'ils n'avaient pas appris. Certains se sont engouffrés dans l'homéopathie car il y avait des recettes sans réfléchir avec une apparence de prise en compte du patient [...] un professionnel qui a construit une légitimité a du mal à revenir sur son erreur (un mensonge qu'on nie). »

-Sujet 11 (Annexe A1) : « C'est de l'arnaque surtout quand c'est fait au travers de la médecine. La complicité qui relève de la sorcellerie, c'est problématique, c'est une trahison des diplômes académiques : c'est une non prise en compte de notre métier [...] il faut arrêter d'enseigner l'homéopathie, l'université doit se retirer de cela. Les patients sont contents de l'homéopathie, c'est bien, mais ce n'est pas aux médecins de s'en occuper. On parle ici d'efficacité symbolique, d'effet placebo. On est sur une pratique charlatanesque. »

-Sujet 14 (Annexe A1) : « J'ai découvert des gens extrémistes qui veulent se faire de l'argent, qui sont des gourous [...] il y a différents niveaux de dialogues. Les réseaux sociaux sont mauvais pour cela, mais si on se limite aux prises de paroles dans les médias : il n'y a pas d'insultes, de menaces. Les débats partent vite en n'importe quoi. Les virulences sont assez partagées et on a des deux côtés des difficultés. C'est un débat non pacifié. Les 60 plaintes à l'issue d'une tribune, c'est exagéré et virulent. Plaintes sur non-confraternité infondées. Il y a peut-être aussi un problème générationnel : certains sont venus sur Twitter sans avoir les codes, car sur Twitter les moqueries sont monnaie-courante. »

-Sujet 17 (Annexe A1) : « On a peut-être pensé à un moment qu'il y avait un rôle scientifique, mais la question est pliée, il n'y a aucun doute là-dessus, c'est faux. Je suis curieuse de voir comment c'est enseigné. Les médecins ont eu une formation scientifique et pourtant, ils restent dupes. Je ne sais pas s'il y a des virulences. Je n'en ai pas constaté autour de moi dans mon entourage. Les sages-femmes, infirmières etc... sont plutôt favorables à l'utilisation de l'homéopathie. Je n'ai jamais entendu d'opposants farouches, mais cela me paraîtrait naturel qu'il y en ait notamment des médecins en pensant que ce sont des charlatans. »

Certains sujets de ce groupe estiment quant à eux qu'il ne faudrait pas rejeter l'homéopathie même si certains pensent néanmoins que les défenseurs peuvent jouer sur la crédulité du public, par exemple :

-Sujet 2 (Annexe A1) : « Les détracteurs sont virulents, car il ne faut pas faire miroiter quelque chose au patient et le mener en bateau d'où la virulence. La recherche est aussi un gouffre financier. J'imagine que certains pensent qu'il faut garder l'argent pour autre chose : je ne sais pas qui a raison. Je ne sais pas s'il faut dérembourser, car on pourrait penser que les patients aillent vers l'allopathie avec des effets secondaires. Les homéopathes ne veulent pas accepter qu'il n'y a pas que l'effet placebo. Ils pensent que leurs conclusions sont justes et n'utilisent pas la démarche scientifique classique : ils doivent accepter le résultat. Ils sont dans le déni. Mais vice-versa cela ne veut pas dire qu'il faut le rejeter. »

-Sujet 3 (Annexe A1) : « Parmi les homéopathes, il y a des extrémistes bien sûr. Il faut cadrer l'homéopathie. Je n'ai pas de jugement sur les médecins homéopathes. C'est très médiatisé l'homéopathie donc ce n'est pas neutre. Je pense qu'on peut publier internationalement. Il y a une virulence sur toutes les thérapies complémentaires et notamment sur l'homéopathie, car Boiron se fait beaucoup d'argent. L'homéopathie a des passe-droits en terme de remboursement. On est en droit de se demander si cela est éthique de rembourser les granules, sans molécules actives, parce que l'effet placebo fait du bien aux patients. Du point de vue du législateur, c'est mentir aux patients. »

-Sujet 5 (Annexe A1) : « Je ne sais pas pourquoi cette question du remboursement de l'homéopathie est une priorité pour la ministre actuelle, car même sur un plan strictement financier, les médicaments homéopathiques ne coûtent pas très chers, il y a donc d'autres sujets plus importants à régler concernant les questions de santé dans notre pays. »

-Sujet 6 (Annexe A1) : « Certaines personnes cherchent à trouver chez les scientifiques une explication obligatoire de leur mal. Le conflit autour de l'homéopathie est une façon de cristalliser le conflit latent. Cette querelle de l'homéopathie s'inscrit là-dedans. Il n'y a pas d'intérêts à critiquer l'homéopathie qui a des effets cliniques. L'homéopathie est née en Allemagne. En Chine ça ne marche pas, mais Boiron arrive à en vendre. Cette querelle est assez spécifique à la France. »

-Sujet 19 (Annexe A1) : « Je n'ai jamais perçu de virulences de la part des médecins que j'ai pu voir ou entendre. D'ailleurs, on ne m'a jamais parlé d'homéopathie. Je ne pense pas que l'homéopathie puisse faire du mal, tant qu'un médecin ne propose pas que de l'homéopathie notamment dans le cas de maladies plus lourdes. »

Enfin, certains sujets estiment que les oppositions proviennent de la communauté scientifique opposée à l'homéopathie qui a peur de voir la médecine classique remise en question ou dont les opinions ne sont pas plus fondées, par exemple :

-Sujet 1 (Annexe A1) : « L'Académie de médecine et l'institution n'aiment pas être remises en cause dans leurs jugements. L'homéopathie remet en cause la médecine classique et c'est pour cela qu'ils sont virulents. La virulence vient des académies et de l'institution pas vraiment des collègues entre eux. »

-Sujet 18 (Annexe A1) : « Je n'ai pas perçu de virulences. Je note en revanche une levée de boucliers contre l'homéopathie de la part de la communauté scientifique et des scientifiques qui donnent leurs avis qui souvent ne sont pas toujours plus fondés, car ce n'est que leur avis (tels que les *Fakemed*). C'est légitime à partir du moment où l'homéopathie n'a pas plus d'effets observés. C'est très français de débattre même si la controverse existe ailleurs, les Français aiment bien controverser, c'est une impression. »

Il est donc à noter qu'une partie des sujets estiment ces oppositions fondées. Une autre partie des sujets au contraire jugent que l'homéopathie ne devrait pas être rejetée pour autant et certains pointent une implication non justifiée de la communauté scientifique à l'encontre de l'homéopathie. Par ailleurs, plusieurs sujets (qu'ils jugent ces oppositions fondées ou non) indiquent ne pas percevoir de réelles virulences entre les opposants sur l'homéopathie ou encore indiquent que ces difficultés sont partagées notamment face aux plaintes déposées contre la tribune des médecins en défaveur de l'homéopathie.

Les informations nécessaires à véhiculer aux opposants (en dégradé de gris au centre) :

Certains sujets estiment qu'il serait nécessaire de mieux informer le public sur l'absence de contenu de l'homéopathie et sur son effet placebo en les éduquant. Ils estiment que le grand public tout comme les médecins qui pratiquent l'homéopathie (pensant que cet objet possède une action propre) manquent de fondements scientifiques dont l'origine correspondrait à des manques d'éducation et d'informations, tels que :

-Sujet 6 (Annexe A1) : « C'est une question difficile. Est-ce que le médecin homéopathe est convaincu que l'homéopathie a une action propre ? Je ne suis pas certain. Je pense que les homéopathes éduqués pensent que c'est la relation au patient. »

-Sujet 10 (Annexe A1) : « Les gens ne savent pas ce qu'est l'homéopathie, donc ils en prennent. Mais quand on leur explique, ils n'ont plus d'avis positifs : c'est un manque d'informations. »

-Sujet 15 (Annexe A1) : « Je pense que ce qui explique qu'un chercheur puisse chercher sur ce sujet provient d'un problème d'éducation : on prend de l'homéopathie et on y croit dur comme fer, on ne se pose pas de questions. »

-Sujet 17 (Annexe A1) : « Je ne le comprends pas, c'est la pseudoscience qui a le plus de vide scientifique et qui possède un aussi grand décalage. J'imagine que les gens ne sont pas au courant et qu'ils ne savent pas sur quoi, cela repose sinon ils sauraient que ce sont des pseudosciences fondées sur rien de scientifique. L'homéopathie, c'est du charlatanisme, c'est du sucre avec aucune activité. J'ai du mal à me retenir de donner mon avis, mais même avec des arguments scientifiques, on n'arrive pas à faire changer d'avis les gens. »

Tous les sujets ne seront pas d'accord sur ce point, estimant qu'un apport d'informations ne changera rien :

-Sujet 7 (Annexe A1) : « Je pense que les gens ne savent pas ce qu'ils prennent. Je ne pense pas que si on donne l'information cela changera quelque chose. C'est plutôt le domaine de la croyance. L'information est là et présente et on n'en tient pas compte ».

Pour le groupe B-AP :

La quasi-totalité des sujets interrogés estiment à des degrés variés que les opposants à l'homéopathie sont des scientifiques et/ou médecins ayant peur de perdre le pouvoir scientifique et médical institué. Ils estiment qu'ils sont ancrés dans un conservatisme paradigmatique dont l'assise est une science et une médecine matérialistes. D'après eux, ces opposants virulents, « croient tout comprendre » mais ne connaissent pas réellement l'homéopathie. Ils pensent également que ces opposants ne laissent pas la place au devenir de la science qui pourrait remettre en question le paradigme actuel, par exemple :

-Sujet 1 (Annexe A2) : « C'est très surprenant que les Académies de médecine et des sciences agissent ainsi, car ils ne sont pas du tout soumis à une pression financière. Ce n'est donc pas un problème externe mais vraiment scientifique. Je pense que les gens qui arrivent à l'Académie et qui ont une certaine position ont beaucoup travaillé avant et lorsqu'on a un thème de recherche qui dit que finalement, on s'est trompé toute sa vie, ça veut dire qu'il y a quelque chose qu'on a loupé et si on n'a pas compris cela on pourrait passer pour un idiot. Donc, pour ne pas perdre sa réputation, on fait des groupes et on attaque les autres. Ils ont une vision philosophique guidée par la science matérialiste. Quand on sait que la mort n'est pas une finalité, les choses sont différentes. Certains ne pensent pas comme cela et veulent avoir le prix Nobel avant de mourir parce qu'après ce sera trop tard. Cela demande donc une certaine ouverture d'esprit qu'on rencontre de moins en moins. »

-Sujet 4 (Annexe A2) : « Ceux qui sont contre ne connaissent pas l'homéopathie, ils ne veulent pas savoir, ils n'ont pas lu les publications ou alors au travers de ce que Mr machin a dit, car on a tendance à la paresse donc on se base sur les « on-dit ». Cela fait 200 ans que l'homéopathie existe, le déremboursement aura juste un impact sur l'image. On est des humains et on ne comprend pas tout et j'ai accepté de ne pas tout comprendre, les contres veulent tout comprendre. »

-Sujet 5 (Annexe A2) : « Ceux qui sont en défaveur ont peur que les gens se tournent vers l'homéopathie pour des maladies graves. D'autres ont des esprits obtus : la médecine classique cela marche, donc pas de médecines alternatives. La médecine classique fonctionne, mais pas complètement pour tout et il y a des effets secondaires, avec l'homéopathie non. Je donne de l'homéopathie à mon enfant. Je pense qu'il y a autre chose à ajouter au-delà de la médecine classique. »

-Sujet 6 (Annexe A2) : « Les raisons pour lesquelles nos détracteurs sont si virulents sont la peur de l'effritement du pouvoir médical, il y a un conservatisme paradigmatique pour lequel on ne veut pas voir que les vérités d'hier ne seront plus forcément les vérités de demain. Dans les autres pays européens, l'homéopathie est malmenée et souvent les attaques arrivent en même temps et sembleraient presque coordonnées. Chaque fois, c'est la même attaque : effet placebo, charlatanisme, attaque du corps médical. »

-Sujet 7 (Annexe A2) : « La virulence des anti-homéopathie pour moi provient du manque de modération qu'on retrouve dans le monde scientifique en général. Ils n'ont qu'un seul point de vue : c'est bien de penser qu'il existe d'autres choses, c'est le propre de la connaissance scientifique et agir ainsi est contraire à l'esprit de la recherche. »

-Sujet 9 (Annexe A2) : « Les détracteurs sont virulents, car cela dérange scientifiquement de savoir que cela puisse être différent des connaissances actuelles. D'autre part, les médecins s'aperçoivent des limites de leur action thérapeutique : ils sont malheureux (beaucoup de déception). Des gens semblent ne pas avoir intérêt au développement de l'homéopathie (on voit que les *Fakemed* sont plus médiatisées que les pro-homéopathie). Ce sont des gens qui ne connaissent pas l'homéopathie et qui n'ont pas regardé cela de près. En allopathie, on prescrit selon un protocole et un schéma pour tout le monde. »

-Sujet 10 (Annexe A2) : « J'ai déjà connu 2 ou 3 fois des campagnes de déremboursement depuis que je suis installée, mais c'est la première fois que se manifeste une attaque si agressive et méprisante contre les confrères homéopathes. Il est important que l'homéopathie reste aux médecins car ils ont la formation pour faire le diagnostic clinique. Néanmoins, je constate qu'il est plus courant aujourd'hui que des collègues allopathes m'envoient des patients contrairement à mes débuts. On entend donc des gens très virulents, mais on rencontre aussi des collègues plus ouverts. Mon choix n'a pas eu d'impact négatif sur ma carrière ou réputation. J'ai eu une valorisation personnelle positive dans le monde de l'homéopathie. Récemment, une collègue avec qui j'avais fait mes études m'a demandé si je croyais à l'homéopathie, j'ai été très surprise qu'elle puisse se poser cette question, me voyant la pratiquer depuis tant d'années. Je pense que c'est anti-scientifique pour des médecins de tenir des propos si agressifs sans essayer d'approfondir et de ne pas accepter qu'il puisse exister des représentations différentes, face à la maladie et à la façon de soigner. »

-Sujet 11 (Annexe A2) : « Je crois que les collègues sont contre par manque d'ouverture d'esprit, par peur de s'aventurer dans quelque chose qu'on ne connaît pas. »

-Sujet 13 (Annexe A2) : « Ce qui gêne les confrères, c'est que l'homéopathie soit reconnue et remboursée mais c'est en train de changer puisque la ministre a annoncé le déremboursement. C'est non scientifique et dommage. Ceux qui parlent d'inefficacité ne connaissent pas et il est aberrant quand on est scientifique d'avoir un tel avis obscurantiste. Comment dire que quelque chose est inefficace quand on n'en a pas la pratique. »

-Sujet 17 (Annexe A2) : « On décrédibilise l'homéopathie, c'est dommage. Je pense que les médecins de la tribune ont été manipulés. La méthode de pression pose problème, car l'usage de *fakenews* devient courante. Il n'y a jamais eu de virulences initiales de la part des homéopathes vers les autres : c'est le contraire. Le débat s'est déplacé dans un domaine non humaniste, on ne prend pas en compte l'évolution de notre société. La médecine traditionnelle doit faire partie de l'approche de soins. En France, on est focalisé sur un soin technologique, certes utile mais insuffisant. Quelques difficultés proviennent de la connaissance en France. Quand on ne connaît pas on est opposant, cela provient surtout des médecins qui n'ont pas été formés. Il y a aussi un enthousiasme auprès d'autres personnes du milieu soignant et des usagers. »

Certains sujets ne comprennent cependant pas les raisons des oppositions ou bien comprennent les positions des deux bords opposés ou encore estiment qu'il ne faut pas répondre à la virulence par la virulence :

-Sujet 8 (Annexe A2) : « Les médecins de leur côté avaient avancé avec certaines autorités de santé sur l'homéopathie et voilà qu'est arrivée la tribune de l'an dernier qui a été très agressive. Il aurait été préférable de ne pas y répondre. »

-Sujet 12 (Annexe A2) : « On se questionne sur le remboursement, mais pour d'autres médicaments, on n'exige pas de savoir comment cela fonctionne pour rembourser : à commencer par l'aspirine dont on ne connaît pas bien le fonctionnement. Les médecins homéopathes n'ont pas forcément de difficultés comme les chercheurs, mais je ne comprends pas pourquoi les autres médecins sont aussi virulents contre les homéopathes. »

-Sujet 14 (Annexe A2) : « Aujourd'hui cela s'est cristallisé avec des pro- et contre, ce qui est dommage car on doit progresser. Il faut de la recherche sur le sujet. Je comprends les deux positions, car on ne peut pas avoir des preuves en restant sur le même schéma. Je travaille avec des collègues sur l'acupuncture, mais qui ont du mal à prouver leur impact. Je vois aussi que nos études allopathiques montrent parfois que nos hypothèses ne sont pas forcément les bonnes, donc il faut être modeste. Je pense que la virulence est due à un montage en épingle d'un petit groupe, mais ce n'est pas la réalité du quotidien : l'agressivité n'est pas notre quotidien. »

L'ensemble des sujets interrogés estiment qu'il existe une virulence au sein des oppositions à l'égard de l'homéopathie et des médecins homéopathes.

Il apparaît un écart de perception entre les groupes A et B face à leurs opinions sur les médecins homéopathes et sur les raisons des oppositions :

-En effet si d'une part la perception d'une virulence au sein des oppositions est clairement mentionnée comme subie par l'ensemble des sujets du groupe B travaillant sur l'homéopathie (et corroborée par les chercheurs favorables ne travaillant pas sur cet objet), la majorité des sujets du groupe A ne la mentionne pas. Certains sujets du groupe A estiment par ailleurs qu'il n'existe pas de virulence, qu'ils n'en ont pas constaté ou qu'elle est partagée.

-Un autre écart est apparu entre la perception de stigmatisation décrite par un grand nombre de médecins et chercheurs travaillant sur l'objet homéopathie au sein de leur profession alors qu'aucune remarque sur l'existence de stigmatisation n'a été mentionnée de la part des sujets du groupe A. Ont pu néanmoins être mentionnés par des sujets du groupe A des éléments portant sur la difficulté de trouver des financements pour des chercheurs travaillant sur l'objet homéopathie, ou le caractère « fou » du chercheur qui se lance dans ce type de recherche.

-Enfin, un écart important apparaît entre les sujets du groupe A estimant qu'il faut éduquer et/ou informer les défenseurs de l'objet homéopathie pour son action propre, alors que les sujets du groupe B mentionnent majoritairement un manque d'ouverture d'esprit scientifique des opposants étant dans la croyance de tout comprendre.

Il apparaît cependant une convergence partielle entre une partie des sujets du groupe A (parmi ceux qui restent favorables à son utilisation pour son effet placebo si le public est demandeur) et les sujets du groupe B, face à leurs opinions sur les médecins homéopathes et les raisons des oppositions :

-Un certain nombre de sujets du groupe A estime, comme les sujets du groupe B, que l'objet homéopathie n'est pas à rejeter.

-Quelques sujets du groupe A estiment, comme les sujets du groupe B, que les oppositions de la communauté scientifique ne sont pas forcément justifiées.

-Un certain nombre de sujets du groupe A estiment, comme les sujets du groupe B, que les médecins homéopathes sont à l'écoute. Ces sujets restent ouverts ou favorables à leur pratique et pensent que l'homéopathie passe par la relation médecin-patient.

Conclusion : la dimension fonctionnelle des noyaux des représentations est la conséquence de la dimension normative/évaluative. Norme et valeur structurant le noyau des groupes A et B respectifs conduiront à une dimension fonctionnelle effet placebo *vs* action propre certaine, possible ou non exclue. Les différentes variantes représentationnelles concernant l'utilisation de l'homéopathie en seront alors la conséquence.

A.4. Notions de norme et de valeur

Ces données et le schéma explicatif conséquent (figure 3) nous montrent que le noyau des représentations des sujets interrogés sur l'objet homéopathie, est centré sur une norme ou non-conformité à la norme (placebo sans présence de molécules actives, non-conformité à la norme scientifique pharmacologique) pour le groupe A et une valeur (médecine prenant en compte une approche globale de l'individu sans effets secondaires) pour le groupe B. Il est apparu que cette norme et cette valeur précèdent l'objet homéopathie dans chacun des cas et que ce dernier a été reconnu au travers de la norme ou de la valeur structurant le noyau.

Face à ces résultats, il a semblé intéressant de chercher à comprendre l'origine de la représentation de chacun des groupes sur l'objet homéopathie, c'est-à-dire de mieux comprendre la dimension normative/évaluative du noyau et son ancrage sociologique au travers de laquelle chacun va reconnaître l'objet et en construire sa logique représentationnelle. Il a donc semblé important de distinguer les notions de norme et de valeur et d'en comprendre leurs interactions.

Nous nous appuierons dans un premier temps sur les travaux et définitions du sociologue Rudolf Rezsohazy (2006) issus de son ouvrage « la sociologie des valeurs ». Ce dernier définit la notion de valeur de la façon suivante : « Tout ce que les hommes apprécient, estiment, désirent obtenir, recommandent, voire proposent comme idéal, peut être considéré comme une valeur » (*Ibid.*, p. 5). Chaque valeur a un objet, nous indique l'auteur. Dans notre cas d'étude, l'objet de la valeur est la médecine. Cet objet, indique l'auteur, est qualifié par un jugement et le concept de valeurs est inséparable de la notion de préférence. Dans notre cas, le jugement et la notion de préférence sont pour le groupe B, « prenant en compte une approche globale de l'individu sans effets secondaires ». C'est ainsi que la valeur du groupe B structurant le noyau est « une médecine prenant en compte une approche globale de l'individu sans effets secondaires ». « Les porteurs de valeurs » sont des acteurs individuels ou collectifs ou des groupes sociaux d'après l'auteur. « Plus une valeur est profondément enracinée, plus elle occupe une place centrale dans le système » (*Ibid.*, p. 7). On comprendra ici que cette valeur est pour le groupe B profondément enracinée puisqu'elle est retrouvée comme élément prioritaire du noyau et occupe donc ici une place centrale et structurante dans le système représentationnel.

Il apparaît par ailleurs d'après l'auteur que les valeurs structurantes d'un système représentationnel tendent à persister et sont peu soumises au changement, car ce sont elles qui « ordonnent l'ensemble et la hiérarchie et qui donnent une orientation à la vie », en fournissant « l'explication ultime des choix cruciaux » (*Ibid.*, p. 8). Par ailleurs, comme nous l'indique la sociologue Nathalie Heinich (2017, p. 202) dans son ouvrage « Des valeurs – une approche sociologique », « une valeur ne repose sur rien d'autre qu'elle-même, est à elle-même sa propre fin. Elle est une butée de l'argumentation : c'est ce qu'on nomme l'autotélisme des valeurs ». On comprendra en quoi les opinions des opposants et les informations transmises n'auront que peu d'impact sur la représentation et les choix des sujets du groupe B.

Quant à la notion de norme, elle est associée à la notion de valeur. En effet Rezsohazy (2006, p. 6) nous explique que « les valeurs deviennent des normes dès qu'elles commandent ou réglementent les conduites, prescrivent une ligne d'action. Les normes tendent à conformer les comportements et les engagements aux valeurs déclarées ». Les valeurs sont donc, d'après l'auteur, de l'ordre du désirable, elles sont le soubassement des normes. Eric Prairat, dans son article sur « Les considérations sur l'idée de norme » (2012, p. 39), conforte cette définition en expliquant que si « les normes visent à supprimer, à modifier ou à conforter certaines pratiques, les valeurs, relatives au domaine des pratiques et des comportements humains tendent, elles, à les apprécier, à les évaluer, à les hiérarchiser ». L'auteur ajoutera que la norme est définie par trois attributs : sa régularité, sa contrainte et sa pratique partagée et qu'elle est donc une instance opératoire et organisatrice. Pour qu'une norme émerge, d'après l'auteur, il faut qu'il existe « en quelque sorte une présence de la norme antérieurement à sa formulation ou tout du moins, une norme en puissance, une virtualité normative [...] la norme est l'objet d'une institution, c'est-à-dire assignation d'un sens nouveau à une réalité déjà là ».

On comprendra dans notre étude que l'élément prioritaire du noyau de la représentation des sujets du groupe A est constitué par la norme scientifique pharmacologique établie sur laquelle s'appuie la norme médicale. Cette norme scientifique est donc basée sur des valeurs antérieurement déclarées sur l'objet médecine indiquant que l'action pharmacologique d'une substance est nécessaire pour avoir une action efficace et donc pour soigner/guérir un individu d'une maladie. Cette norme, par sa validité, est devenue une instance opératoire et organisatrice au regard de l'objet médecine. La présence de cette norme comme élément prioritaire du noyau du groupe A, montre qu'elle et ses valeurs qui la composent, sont profondément enracinées en occupant la place centrale dans le système représentationnel.

L'enracinement de ces normes et valeurs comme éléments prioritaires du noyau, peut-il nous laisser penser que la valeur du groupe B, et la norme scientifique et médicale (basée sur des valeurs) du groupe A, sont inexistantes respectivement chez les groupes A et B opposés ? Il semble que non, en effet Rezsohazy (2006, p. 6) nous explique que « la différence entre les acteurs provient souvent non pas du contenu de leur système, mais bien de la manière dont ils ordonnent leurs valeurs ». Les analyses des discours des sujets nous permettent de justifier les propositions de cet auteur dans notre cas d'étude. On voit que la notion de norme scientifique établie chez les sujets du groupe B (notamment médecins homéopathes) est bien existante dans leur schéma représentationnel puisqu'ils se sont orientés, préalablement à l'objet homéopathie, vers une médecine plus normative. Cependant, l'acte de soin réalisé au travers de la médecine conventionnelle normative n'a pas complètement répondu à la valeur centrale qui structure leur représentation, montrant à leur sens des limites, par exemple :

-Sujet 6 (Annexe A2) : « J'ai décidé de pratiquer la médecine générale, mais cela ne me satisfaisait pas et des personnes de mon entourage m'ont incitée à étudier l'homéopathie qui pourrait plus correspondre à ma vision, une vision prenant mieux en compte l'individu. »

-Sujet 10 (Annexe A2) : « L'un de mes enfants a souffert d'otites difficiles et à répétition à partir de l'âge de deux mois. Je me suis orientée vers l'homéopathie, car les médicaments classiques n'aidaient pas. J'ai vu l'efficacité, j'ai alors décidé de me former à l'homéopathie. »

Sujet 11 (Annexe A2) : « J'ai été déçu en médecine car ce qui me portait c'était de trouver un équilibre de santé chez le patient et on s'occupait uniquement de la périphérie [...] il m'était apparu qu'il y avait forcément un problème chronique chez cette personne qui devait être soignée mais mes thérapeutiques ne me permettaient pas de le faire. Ma collègue du cabinet utilisait des oligoéléments notamment pour soigner les infections (y compris pour les enfants), donc j'ai prescrit des oligo-éléments et j'ai eu de bons résultats qui m'ont fait penser que la chronicité des troubles pouvait être soignée ainsi. J'ai alors fait aussi de l'acupuncture, mais je trouvais qu'on ne pouvait pas tout soigner alors je me suis orienté vers l'homéopathie pour essayer. L'homéopathie est une médecine de la personne. »

Sujet 16 (Annexe A2) : « J'ai toujours voulu soigner les gens, peu importe la méthode. La phytothérapie, j'ai essayé, mais c'est pareil que l'allopathie car il y a des effets toxiques alors que l'homéopathie n'a pas d'effets secondaires. On ne guérit pas tout, il faut trouver l'origine de la maladie. »

De façon analogue, la valeur d'une médecine sans effets secondaires prenant en compte l'individu est bien présente chez les sujets du groupe A (notamment, les médecins y compris les médecins défavorables à l'utilisation d'homéopathie), cependant son usage est différent de celui des sujets du groupe B (notamment médecins homéopathes). En effet, cette valeur se retrouve ordonnée différemment dans le système représentationnel avec un usage qui diffère : elle est considérée secondairement dans un acte de soin conventionnel, ou considérée dans une logique médicale de dé-prescription ou encore considérée dans une logique de soins apportés par un thérapeute et non par un médecin, par exemple :

-Sujet 9 (Annexe A1) : « Je prescris de l'homéopathie, à la demande des patients, en les prévenant que "ça n'a pas d'efficacité prouvée, mais en même temps, on ne peut pas attendre que tout soit prouvé / faire uniquement ce qui est prouvé". Il m'arrive aussi d'en prescrire spontanément dans les troubles du sommeil, après avoir présenté au patient les différentes options thérapeutiques et voir avec lui où "mettre le curseur" en fonction de l'intensité de ses symptômes et des avantages/ inconvénients de chaque option (règles hygiénodiététiques, homéopathie, phytothérapie, benzodiazépines). »

-Sujet 12 (Annexe A1) : « La médecine est faite pour soigner des maladies, or les gens viennent pour des maux et non des maladies : cela ne devrait pas relever de la médecine et donc seuls les thérapeutes sont bien placés pour cela. Les médecins ne sont pas là pour assurer le bien-être de la population, c'est pourquoi des médecins homéopathes l'utilisent mais ils font connaître les limites. »

-Sujet 13 (Annexe A1) : « Les médecins doivent soigner maladies et maux, mais je préfère soigner de façon rationnelle même si le reste relève plutôt d'un thérapeute. »

-Sujet 14 (Annexe A1) : « Il y a de moins en moins de médecins qui se forment aux médecines complémentaires, car on n'est plus dans la même situation, on a plus de mouvement en faveur de la dé-prescription. »

Conclusion : les norme et valeur structurant les représentations des deux groupes sont existantes chez chacun des deux, mais l'usage qui en est fait est différent. La valeur ou norme du groupe opposé est ordonnée différemment et mise au service du noyau : la valeur est mise au service de la norme pour le groupe A, la norme est mise au service de la valeur pour le groupe B.

A.5. Confrontations entre transgression à la norme et valeur

Une fois ces notions de normes et de valeurs définies, il a semblé intéressant de comprendre dans un second temps les conséquences d'une confrontation entre les éléments prioritaires des noyaux des représentations de chacun des groupes. Notamment de mieux comprendre la confrontation concernant l'objet homéopathie entre la non-conformité à la norme structurant le noyau du groupe A et la valeur (reconnaissant l'objet homéopathie comme une médecine sans effets secondaires prenant en compte l'individu) structurant le noyau du groupe B.

Eric Prairat (2012, p. 40) nous indique sur ce sujet que la norme est une régularité partagée. « [...] La transgression publique d'une norme déclenche toujours une vive réaction, pour ne pas dire une sanction. [...] La transgression d'une norme soulève l'inquiétude du retour à un monde fondamentalement imprévisible. Au-delà de la norme transgressée, l'acte déviant porte toujours en lui le germe du désordre et le phantasme mortifère de la vie à nouveau impossible ». Rezsohazy (2006, p. 12) indique quant à lui sur la notion de valeur, que ces dernières « mobilisent les acteurs, particulièrement lorsque les leur sont négligées, contredites, attaquées, bafouées ».

Ces analyses sociologiques permettent de comprendre dans notre cas d'étude les raisons possibles des confrontations déclenchant, comme l'indique l'auteur, « de vives réactions ». Une partie des sujets du groupe A, notamment ceux qui estiment que les oppositions restent fondées et qu'un rejet de l'homéopathie est légitime (comme vu précédemment dans l'analyse), percevront cette non-conformité à la norme scientifique comme une transgression qui devrait être accompagnée par exemple du retrait de l'enseignement de l'homéopathie dans les universités, comme certains sujets le mentionnent. D'après Prairat, on pourrait proposer que cette transgression de la norme scientifique et médicale par l'objet homéopathie est perçue comme une menace pour les sujets du groupe A concernés, parce qu'une grande partie du public y adhère alors qu'on abuse de leur crédulité ce qui engendre alors un risque indirect de retard de soins, comme certains sujets l'indiquent. Par ailleurs cette menace, à déviance possiblement « sectaire », comme cité par certains, peut conduire au désordre et à un monde fondamentalement imprévisible, c'est-à-dire à un monde empreint de « magie » et de « sorcellerie », comme également cité. On pourrait y voir ici un danger de retour à l'époque du pré-modernisme, c'est-à-dire à l'époque de l'obscurantisme et de l'absence de toute rationalité. Les discours des sujets du groupe A (notamment ceux qui estiment que les oppositions restent fondées et qu'un rejet de l'homéopathie est légitime) vont dans ce sens :

-Sujet 10 (Annexe A1) : « Une idée loufoque d'un illuminé qui invente des principes qui reposent sur son imagination et qui ne tombent pas dans l'oubli. L'homéopathie est à déviance sectaire. Ce n'est pas parce que les patients réagissent différemment qu'on va leur donner une thérapie type placebo : l'homéopathie est un savoir ésotérique et invalide, ce sont des croyances [...] C'est grave que ceux qui sont supposés détenir du savoir soient l'équivalent de magiciens dont le savoir est inexistant. »

-Sujet 11 (Annexe A1) : « La complicité qui relève de la sorcellerie, c'est problématique, c'est une trahison des diplômes académiques : c'est une non prise en compte de notre métier [...] Il faut arrêter d'enseigner l'homéopathie, l'université doit se retirer de cela. »

-Sujet 13 (Annexe A1) : « On n'est pas loin du charlatanisme. L'Homéopathie, égale voyance c'est pareil. C'est de la magie. »

Les confrontations, notamment sous forme de mobilisations collectives issues des sujets du groupe B travaillant sur l'objet homéopathie, semblent répondre, comme l'indique Rezsohazy (2006), à une perception de valeur qui a été d'après eux négligée, contredite (en ne prenant pas la peine de savoir ce qu'est réellement l'homéopathie), attaquée (par la violence des propos), bafouée (en tenant des propos agressifs anti-scientifiques). Par exemple, les discours des sujets médecins travaillant sur l'homéopathie allant dans ce sens :

-Sujet 4 (Annexe A2) : « Ceux qui sont contre ne connaissent pas l'homéopathie, ils ne veulent pas savoir, ils n'ont pas lu les publications ou alors au travers de ce que Mr machin a dit, car on a tendance à la paresse donc on se base sur les « on-dit »

-Sujet 9 (Annexe A2) : « Ce sont des gens qui ne connaissent pas l'homéopathie et qui n'ont pas regardé cela de près. »

-Sujet 10 (Annexe A2) : « Je pense que c'est anti-scientifique pour des médecins de tenir des propos si agressifs sans essayer d'approfondir et de ne pas accepter qu'il puisse exister des représentations différentes, face à la maladie et à la façon de soigner. »

-Sujet 13 (Annexe A2) : « Ceux qui parlent d'inefficacité ne connaissent pas et il est aberrant quand on est scientifique d'avoir un tel avis obscurantiste. »

La présence de la valeur du groupe B existante mais ordonnée différemment chez les sujets du groupe A, peut nous faire penser, comme nous l'avons évoqué, que c'est la mise en œuvre de la valeur et son usage au travers de l'objet homéopathie qui sont remis en question par les opposants et pas forcément la valeur elle-même. En effet, comme l'indique la sociologue Nathalie Heinich (2017, p. 204), « c'est la mise en œuvre d'une valeur qui est discutable – pas la valeur elle-même ». Par exemple le sujet 10 (Annexe A1) estime qu'il y a une vraie question derrière l'homéopathie, mais que sa mise en œuvre par cet objet est erronée : « Le problème de l'homéopathie : elle fait semblant de prendre en compte. L'homéopathie est typique et emblématique d'une fausse réponse à de vraies questions qui ne se résument pas à une biologie. L'homéopathie trompe et apporte une mauvaise réponse ». Pour autant la valeur du groupe B véhiculée au travers de l'objet homéopathie semble devenir également une anti-valeur pour certains opposants rejetant l'homéopathie. En effet Nathalie Heinich (*Ibid.*, p. 224) nous indique qu'il « peut exister une réversibilité des valeurs en anti-valeurs, non seulement selon les sujets évaluateurs et les objets évalués, mais également selon les contextes d'évaluation ». L'anti-valeur est définie comme une dépréciation de la valeur elle-même. Par exemple le sujet 11 (Annexe A1) nous dit : « Je ne pense pas que les médecins doivent s'occuper du bien-être, il est déjà bien compliqué de s'occuper des maladies… ». La valeur d'une médecine prenant en compte l'individu au travers du bien-être n'est pas considérée comme une valeur relevant de la médecine pour ce sujet. Donc, ici, au-delà d'un usage différent de la valeur, cette dernière est dépréciée si le jugement et la préférence « bien-être » sont associés à l'objet médecine, en devenant alors une anti-valeur.

Conclusion : l'existence de perceptions de transgression à la norme d'une part et de valeurs bafouées d'autre part, confirme une confrontation entre norme et valeur. Cela permet également d'expliquer les perceptions de menace et de danger que l'homéopathie peut représenter d'une part et les notions de mobilisations collectives en réponse à une perception de valeurs négligées, attaquées, d'autre part.

B. Comprenons pourquoi ces représentations opposées créent des conflits et parfois des affaires en justice

B.1. Les conflits des registres de valeurs dans le cas de l'objet homéopathie : un objet-frontière

Il apparaît sociologiquement qu'il n'est cependant pas suffisant de considérer l'interprétation des situations et des systèmes représentationnels en restant au niveau des normes et des valeurs. « Il faut monter d'un cran dans le degré de généralité et d'abstraction des outils axiologiques, l'on peut mettre en évidence les ressemblances entre certaines valeurs qui permettent de les regrouper en un plus petit nombre de catégories à l'intérieur desquelles ces valeurs partagent un certain « air » de famille [...] Appelons ces catégories évaluatives, ou ces familles de valeurs, des « registres » de valeur [...] » (Heinich, 2017, p. 245).

Dans son analyse, l'auteure distingue 16 registres de valeurs associant des familles de valeurs : aesthésique (plaisir...), affectif (émotion...), civique (responsabilité...), domestique (entraide...), économique (coût...), épistémique (connaissance...), esthétique (beauté...), éthique (moralité...), fonctionnel (utilité...), herméneutique (sens...), juridique (légalité...), ludique (jeu...), mystique (foi...), pur (sincérité...), réputationnel (honneur...) et technique (efficacité...).

Dans le cas de l'objet homéopathie, pour beaucoup de sujets du groupe A et notamment les sujets rejetant l'homéopathie, le registre de valeurs mobilisé et identifié face à l'objet homéopathie est celui du mysticisme. Ils l'associent à une croyance irrationnelle, de la magie, de la sorcellerie, comme l'analyse nous l'a montré. Tous ne mobiliseront pas forcément ce registre notamment parmi les sujets du groupe A ne rejetant pas l'homéopathie. Un autre registre mobilisé est le registre fonctionnel. Les sujets mobilisant ce registre sont ceux estimant que l'objet homéopathie peut être néanmoins utile au travers de son efficacité par effet placebo ou son action de soin. Deux registres sont donc combinés pour certains sujets. *A contrario*, pour les sujets du groupe B, et notamment de façon plus enracinée pour ceux travaillant sur l'objet homéopathie, les registres de valeurs mobilisés sont la combinaison des registres épistémique et fonctionnel. En effet, ils estiment que l'homéopathie est utile pour la population face à son efficacité propre (certaine, possible ou non exclue) et possède ou peut posséder des explications scientifiques (avec des degrés d'enracinement des registres épistémique et fonctionnel en fonction de la certitude de l'action propre et de son utilité). On voit ici une incompatibilité entre les registres de valeurs mobilisés chez certains sujets des deux groupes opposant le registre mystique enraciné au registre épistémique enraciné. En revanche, le registre fonctionnel permet une compatibilité entre une partie des sujets du groupe A et les sujets du groupe B. Il apparaît donc que l'incompatibilité et les oppositions profondes au sein de la controverse proviennent essentiellement des sujets du groupe A dont le registre mystique est enraciné avec les sujets du groupe B dont le registre épistémique est enraciné.

Un autre registre de valeurs semble par ailleurs mobilisé, le registre de l'éthique, c'est-à-dire de la prise en compte du patient dans la pratique médicale :

-La valeur du groupe B accorde de l'importance à une médecine sans effets secondaires prenant en compte l'individu, elle accorde donc de l'importance au bien-être dans le soin apporté à l'individu. Cette préférence se classe dans une dimension médicale voulant prendre en compte de façon éthique la sensibilité et l'équilibre de l'individu : sujet 4 (Annexe A2) « On n'est pas que des cellules, on est en interaction avec notre esprit. [...] C'est plus facile de regarder sur un organe, mais en fait, c'est l'individu entier qu'il faut regarder. », sujet 5 (Annexe A2) « L'homéopathie est dans le bien-être et facilite le soin. [...] », sujet 9 (Annexe A2) « Cela me rend joyeux, admiratif de la nature, de la création. Respect des équilibres écologiques, des personnes, une cohérence avec une vision plus globale de l'univers. », sujet 11 (Annexe A2) « J'ai été déçu en médecine, car ce qui me portait, c'était de trouver un équilibre de santé chez le patient et on s'occupait uniquement de la périphérie. », sujet 15 (Annexe A2) « Je me suis rendu compte qu'à la faculté on nous enseignait uniquement de quoi les gens souffraient. [...] Mon ressenti de la maladie n'était pas satisfait par la médecine classique. L'approche homéopathique essaye de comprendre la capacité d'équilibre individuelle ».

Le registre de valeur mobilisé ici est le registre de l'éthique du *care* que nous définirons plus loin (avec des degrés d'enracinement, en passant d'un centrage sur le bien-être/soin à un centrage sur un équilibre entier de l'individu pour les registres les plus enracinés).

-La norme du groupe A accorde de l'importance aux règles pharmacologiques établies afin de soigner les patients dans un cadre scientifique normatif. La prise en compte éthique du patient devra se faire de façon équitable pour chacun prenant en compte des règles et notamment la balance bénéfice/risque : sujet 11 (Annexe A1) « Je ne pense pas que les médecins doivent s'occuper du bien-être, il est déjà bien compliqué de s'occuper des maladies », sujet 12 (Annexe A1) « La médecine est faite pour soigner des maladies, or les gens viennent pour des maux et non des maladies : cela ne devrait pas relever de la médecine et donc seuls les thérapeutes sont bien placés pour cela. Les médecins ne sont pas là pour assurer le bien-être de la population », sujet 13 (Annexe A1) « Les médecins doivent soigner maladies et maux, mais je préfère soigner de façon rationnelle même si le reste relève plutôt d'un thérapeute. », sujet 14 (Annexe A1) « Pour parler d'une balance bénéfices/risques il faut qu'il y ait des bénéfices [...] », sujet 18 (Annexe A1) « J'ai été suivi par un homéopathe étant petit. Si c'est fait dans les règles scientifiques, il n'y a pas de souci ».

Le registre de valeurs mobilisé ici est le registre de l'éthique de la justice (avec des degrés d'enracinement, en passant d'un centrage sur le respect des règles scientifiques à un centrage sur la nécessité de soigner selon une balance bénéfice/risque dans le cadre normatif pour les registres les plus enracinés).

Il apparaît que le registre de valeurs mobilisé est le même pour les deux groupes étudiés : c'est le registre de l'éthique correspondant à la prise en compte du patient dans l'acte de soin. Si chacun des médecins des deux groupes aura le souci d'une prise en compte des patients dans l'acte de soin, la façon de le prendre en compte différera néanmoins.

En effet, Nathalie Heinich mentionne dans sa liste de registres de valeurs l'existence d'une valeur composite issue du registre affectif et du registre de l'éthique : le *care*, valeur composite se référant au soin, à la sollicitude. Combiné aux registres de valeurs précédemment identifiés, il apparaît que le groupe A mobilisera les registres, éthique de la justice (avec des degrés d'enracinement), mystique (selon les sujets et avec des degrés d'enracinement) et fonctionnel (selon les sujets et avec des degrés d'enracinement), alors que le groupe B mobilisera les registres, éthique du *care,* épistémique et fonctionnel, tous avec des degrés d'enracinement.

Le *care* est défini par les sociologues Molinier et ses collaborateurs dans leur ouvrage « Qu'est-ce que le *care* ? » (2009, p. 36), comme une « combinaison de sentiments d'affection et de responsabilité, accompagnés d'actions qui subviennent aux besoins ou au bien-être d'un individu dans une interaction en face-à-face ». Le *care* provient initialement des Etats-Unis et a surgi dans les années 1980 d'un mouvement féministe notamment avec un *care* émotionnel provenant des femmes de classes supérieures et moyennes et un *care* de service provenant des classes de femmes populaires. Ces dernières combattaient un capitalisme financier appelé à se réguler lui-même, comme nous l'indique Fabienne Brugère dans son ouvrage « L'éthique du care » (2017). Cet éthique initialement anti-intellectuelle s'est située dans un courant d'idées qui défend que tous les liens humains ne peuvent être ramenés à des échanges marchands et dans l'idée qu'il faut promouvoir la psychologie du travail du soin. Cette nouvelle éthique a eu un impact fort sur l'évolution des sciences humaines depuis plusieurs années, y compris en France. Les travaux sociologiques montrent que le *care* n'est pas une composante propre aux femmes, même si par leur sensibilité, elles ont été à l'origine de ce concept. Fabienne Brugère (2017, p. 81) précise que « l'éthique du *care* suppose alors une anthropologie de la vulnérabilité, une ontologie ou un monde, une prise en compte de la dignité de la dépendance et une philosophie du « prendre soin ». [...] Il s'agit bien d'une nouvelle philosophie qui se matérialise par un déplacement des frontières entre les concepts de dépendance, d'interdépendance, de vulnérabilité et d'autonomie ». Cette nouvelle philosophie et éthique du *care* s'étend à différentes professions notamment aux professions médicales et aux médecins nous dit la littérature. On comprendra pourquoi les sujets médecins homéopathes du groupe B ont évalué (comme l'analyse de similitudes, figure 2, le montre) que l'homéopathie était pour eux une philosophie de vie ou une philosophie de santé. Ce concept semble clairement associé à la philosophie du *care,* philosophie « du prendre soin ». Il semblerait d'ailleurs que la valeur du groupe B, « médecine sans effets secondaires prenant en compte l'individu selon une approche globale » soit en réalité une valeur du *care*.

Le *care* se définit, comme l'indiquent Molinier *et al.* (2009, p. 159), par « un souci fondamental du bien-être d'autrui, et centre le développement moral sur l'attention aux responsabilités et à la nature des rapports humains. De façon opposée, la morale conçue comme justice assoit le développement moral sur la compréhension et la mise en œuvre des droits et des règles. On voit ce qui différencie d'emblée l'éthique du *care* de celle de la justice. L'éthique du *care* se centre sur des concepts moraux différents de ceux de l'éthique de la justice ».

Comme l'analyse nous l'a montré précédemment les valeurs associées au *care* (bien-être/équilibre global) et à la justice (règles scientifiques/balance bénéfice/risque) sont bien présentes chez les deux groupes, mais elles sont ordonnées différemment et leur mise en œuvre et usage diffèrent. Molinier *et al.*, (*Ibid.*, p. 167) nous indiquent en effet que c'est le centre de gravité qui change dans les registres éthiques de la justice et du *care*, placé sur le « juste » pour le registre de l'éthique de la justice et sur « l'important » pour l'éthique du *care*. « L'important » semble donc conduire à aborder le soin selon des règles scientifiques déplacées dans un cadre de référence différent du cadre normatif, alors que le « juste » conduit à aborder le soin selon des règles et une balance bénéfice/risque évaluées dans le cadre normatif. Si les registres de valeurs sont donc identiques entre les deux groupes dans ce cas, le déplacement du centre de gravité de l'éthique du « juste » à « l'important » crée une opposition entre ces deux formes d'éthique.

C'est ainsi qu'on comprendra également que certains sujets médecins homéopathes du groupe B, dont le centre de gravité de l'éthique est centré sur « l'important », estimeront que le temps passé avec le patient n'est pas pris en compte dans la rémunération des médecins, ce qui les conduit à dépasser les honoraires remboursés (sujet 6- Annexe A2 « Un gros obstacle dans la profession est le montant de la consultation non reconnu, car on prend plus de temps avec le patient »), alors que des sujets du groupe A, dont le centre de gravité de l'éthique est centré sur le « juste », jugeront quant à eux que les dépassements d'honoraires (parfois importants) ne conduisent pas à une équité de traitement vis-à-vis des patients (sujet 14-Annexe A1 « Les leaders syndicaux sont assez toxiques, certains prennent des prix de consultation à plus de 100€ »).

Il est par ailleurs intéressant de noter que l'objet homéopathie semble attirer de façon préférentielle les femmes de catégorie socio-professionnelle supérieure, comme le montrent certaines études européennes (Leroy, 2014). On pourrait supposer, mais seules des investigations approfondies permettraient de le mettre en évidence, que le concept de *care* n'est peut-être pas étranger à cette préférence genrée sur l'objet homéopathie.

La combinaison des registres de valeurs identifiée précédemment permet de classer l'objet homéopathie comme un objet-frontière, c'est-à-dire comme un objet source de conflits combinant un ensemble de registres de valeurs hétérogènes. En effet, comme le définit Nathalie Heinich (2017, p. 302), « un objet-frontière est un objet qui par sa nature même, se situe à l'intersection de domaines d'activité et de systèmes axiologiques hétérogènes – ce pourquoi de tels objets sont des observatoires privilégiés pour les conflits de registres de valeurs ».

Il est intéressant de remarquer qu'en « outre ces degrés variables d'affinités entre registres ne sont pas identiques selon les contextes spatio-temporels, autrement dit selon les cultures et selon les époques » (*Ibid.,* p. 283). Il peut donc être supposé pour l'objet homéopathie, que selon la culture du pays en question, le degré d'incompatibilité entre les registres mystique et épistémique puisse différer. Il peut également être supposé que d'autres registres de valeurs possédant des affinités différentes voire plus compatibles puissent être mobilisés dans des cultures différentes, ce qui a donc une conséquence sur le degré des oppositions, voire conduit à une absence de conflits. Ceci pourrait peut-être expliquer les différences d'oppositions dans les pays d'Europe ou expliquer l'intégration et la reconnaissance de l'homéopathie dans la politique de santé en Inde (Leroy, 2014). De même, il peut être supposé que l'objet homéopathie ayant traversé différentes époques depuis 200 ans, ait pu être soumis à des affinités différentes entre ces deux registres de valeurs mobilisés mystique-épistémique (ou qu'il ait mobilisé des registres différents) pouvant expliquer les divers degrés d'oppositions et de conflits sur le temps. Une fois de plus, seules des investigations complémentaires permettraient de le mettre en évidence.

Notons également que « [...] le concept de registre de valeurs est indispensable à l'explicitation et à la compréhension des controverses, à la fois quant à leur contenu et quant à leur forme, et notamment quant à leur capacité à dégénérer en affaires, allant de la dénonciation publique par voie de presse à l'affrontement physique, en passant par le procès en justice » (Heinich, 2017, p. 300). On comprendra face à l'incompatibilité des registres de valeurs mystique-épistémique et à l'opposition entre les évaluations de l'objet, pourquoi cette controverse a pu « dégénérer » dernièrement en procès en justice de médecins signataires de la tribune *Fakemed* face à la tribune publique en défaveur de l'objet homéopathie.

Conclusion : une combinaison de trois registres de valeurs s'oppose entre les deux groupes. Pour le groupe A, sont présents, les registres mystique, fonctionnel-effet placebo et éthique de la justice. Pour le groupe B sont présents les registres épistémique, fonctionnel-action propre (certaine, possible ou non exclue) et éthique du *care*. Les registres mystique et épistémique sont diamétralement opposés et seraient la plus grande source de divergence ainsi que la source des affaires en justice.

B.2. Confrontations sur les opinions/certitudes de croyance

Comme nous l'avons pointé précédemment, les confrontations au sein de la controverse émanent de la dimension normative/évaluative du noyau. Son expansion conduit à des oppositions au sujet d'opinions/certitudes conséquentes à l'acte de pensée du sujet. L'opinion principale qui semble alimenter le besoin d'interactions entre les deux groupes est celle portant sur la notion de croyance.

Pour une majorité des sujets du groupe A, l'opinion voire la certitude de croyance des sujets du groupe B, est liée à la valeur d'irrationalité associée à l'objet homéopathie mobilisant le registre mystique.

Pour une majorité des sujets du groupe B, l'opinion voire la certitude d'une croyance de croyance des sujets du groupe A, est liée à la valeur scientifique (et de découverte de connaissances à venir) associée à l'objet homéopathie mobilisant le registre épistémique.

Cette confrontation d'opinions ou de certitudes est la conséquence d'une confrontation des registres épistémique et mystique, totalement incompatibles, expliquant les vives réactions.

Il a semblé intéressant de mieux comprendre la notion de croyance et d'identifier les formes de croyance mentionnées par les deux groupes.

Nous nous appuierons sur les travaux du sociologue Gérald Bronner et sur son ouvrage « l'Empire des croyances » (2018). L'auteur nous explique que le terme de croyance est généralement associé à « un énoncé faux ou douteux » (*Ibid.*, p. 11) auquel adhèrent des esprits naïfs. En effet, la croyance est par ailleurs souvent associée à l'irrationalité, nous indique l'auteur. Pour autant, cette acception semble, d'après son analyse, ne pas prendre en considération la complexité de ce qu'est une croyance et la possibilité d'une croyance dans une logique rationnelle.

L'auteur se réfère à Hume et Kant, le premier, estimant dans son « Traité de l'entendement humain », « que la croyance peut exprimer un degré de vérité » réconciliant « croyance et connaissance, car elle interprète la croyance comme une connaissance partielle, ou encore elle affirme que la connaissance n'est qu'une espèce de la croyance » (*Ibid.,* p. 12). Pour autant, Kant dans son essai « Critique de la raison pure », « objectera à cette idée qu'elle relève d'une confusion entre les caractères d'objectivité et de subjectivité » (*Ibid.*, p. 13). Gérald Bronner insiste donc sur la complexité que le rapport de la connaissance possède face à la croyance, contrairement à notre première intuition. Ce dernier mentionnera donc : « Si l'on admet avec Hume que la connaissance n'est qu'une catégorie de la croyance, on doit admettre à la lumière des remarques de Kant qu'elle en est une catégorie particulière qui, si elle ne peut être considérée comme strictement objective dans de nombreux cas, y tend en termes de probabilités » (*Ibid.*, p. 14).

Son analyse conduira l'auteur à définir, même si la distinction entre connaissance et croyance n'est pas aisée, que « c'est bien la carence d'informations, ou son mauvais traitement, qui rend possible la croyance » (*Ibid.*, p. 24) et qui fera la distinction entre les deux.

L'auteur identifie les conditions d'émergence d'une croyance et distingue les différentes catégories de croyance conséquentes aux limites de notre rationalité. Il est intéressant de noter que l'auteur explicite que l'empire des croyances n'est pas celui de la « déraison ». En effet d'après son étude le seul individu qui ne peut croire est l'individu omniscient. Les individus ne pouvant être omniscients, ils sont par conséquents des « êtres de croyances ». « Si, comme une longue tradition des sciences de la culture nous l'enseigne, l'on peut avoir une conception élargie de la rationalité, alors il apparaît que les croyances relèvent d'une certaine logique qu'il s'agit la plupart du temps de décrypter, ce qui constitue l'une des tâches importantes de la sociologie » (*Ibid.*, p. 83). Il identifiera trois contraintes qui pèsent sur notre rationalité et nous empêchent d'être omniscients générant ainsi des croyances. Ces trois contraintes sont les limites dimensionnelles (espace et temps), les limites culturelles et les limites cognitives.

En revenant à notre étude, il nous a semblé intéressant d'identifier la catégorie de croyance que les sujets A estiment des sujets B et réciproquement. Il apparaît que ces opinions/certitudes sur les croyances des sujets des groupes opposés peuvent en effet être classées d'après les définitions de l'auteur :

-L'opinion sur la croyance des sujets B estimée par une partie des sujets A se réfère à plusieurs limites énoncées. Certains sujets interrogés du groupe A mentionnent la nécessité d'informations à apporter pour combattre la croyance, pointant une limite d'apports d'informations dans la dimension spatiale (sujet 10 - Annexe A1 « Les gens ne savent pas ce qu'est l'homéopathie, donc ils en prennent. Mais quand on leur explique, ils n'ont plus d'avis positifs : c'est un manque d'informations »). D'autres sujets estiment quant à eux que l'apport d'informations ne changera rien, car la croyance est ancrée (sujet 7 - Annexe A1 « Je ne pense pas que si on donne l'information cela changera quelque chose. C'est plutôt le domaine de la croyance. L'information est là et présente et on n'en tient pas compte ») pointant ainsi une limite dans le transfert des informations face à la contradiction entre l'information et le système représentationnel. De façon croisée, ces sujets mentionnent également une limite cognitive en indiquant que les sujets B nourrissent des idées fausses concernant la réalité (sujet 10 - Annexe A1 « L'homéopathie est typique et emblématique d'une fausse réponse à de vraies questions »). Les sujets A concernés font appel dans le cadre de cette opinion de croyance sur les sujets B, aux trois catégories de croyance identifiées par l'auteur : la croyance due aux limites dimensionnelles (ici limitée par l'espace et son manque d'informations), la croyance due aux limites culturelles (ici limitée par le transfert culturel des informations en contradiction avec le système représentationnel) et la croyance due aux limites cognitives (générant une croyance étrange face à la réalité).

-L'opinion sur la croyance de la croyance des sujets A estimée par les sujets B se réfère également à plusieurs limites énoncées. La majorité des sujets interrogés du groupe B mentionnent la non prise en compte du facteur limitatif du temps dans l'accès à l'information scientifique sur l'objet homéopathie pointant ainsi une limite d'apports d'informations par la dimension temporelle (sujet 2 – Annexe A2 « C'est une recherche exploratrice, on veut toujours des résultats rapides, mais il y a plein de belles découvertes qui sont arrivées parce qu'on a suivi un truc bizarre. »). Certains sujets mentionnent que l'information est présente, mais non prise en compte, pointant ainsi une limite dans le transfert des informations face à la contradiction entre l'information et le système représentationnel (sujet 16 – Annexe A2 « Or il y a bien quelque chose dans ces remèdes, nous l'avons démontré. Il faut cependant accepter un changement de paradigme pour expliquer son effet clinique. »). De façon croisée, ces sujets mentionnent également une limite cognitive en indiquant que les sujets A nourrissent des idées fausses concernant la réalité (sujet 9 – Annexe A2 « Quand on cherche ce qu'on veut on ne trouve que ce qu'on cherche, et pas autre chose : c'est une réaction de survie. Il y a une conviction au départ pour certains que l'homéopathie n'est pas active puis on cherche tout ce qui va le montrer. »). Les sujets B font également appel dans le cadre de cette opinion de croyance de la croyance sur les sujets A, aux trois catégories de croyance identifiées par l'auteur : la croyance due aux limites dimensionnelles (ici limitée par le temps et son manque d'accès aux informations), la croyance due aux limites culturelles (ici limitée par le transfert culturel des informations en contradiction avec le système représentationnel) et la croyance due aux limites cognitives (générant une croyance de croyance étrange).

Ces opinions/certitudes sur les croyances de chacun des deux groupes sont en cohérence avec la logique représentationnelle des sujets étudiés. On comprendra dans ce contexte que chacun des sujets concernés des groupes A et B estimera dans sa logique que l'autre peut être porteur/ou est porteur de croyances. Par ailleurs, si certains sujets, notamment du groupe A, associent la croyance à une irrationalité, d'autres l'associeront à une logique rationnelle mais qui leur paraît fausse. On verra d'ailleurs des sujets des deux groupes (sujet 16 – Annexe A1 : « Leur rationnel est faux. » / sujet 1 – Annexe A2 : « Ils ont une vision philosophique guidée par la science matérialiste. ») pointer le rationnel faux ou la vision limitée de l'autre mentionnant ainsi que la logique représentationnelle de l'autre est à leur sens respectif erronée ou incomplète.

Conclusion : les opinions/certitudes de croyance émises par certains sujets du groupe A envers les sujets du groupe B, et les opinions/certitudes de croyance d'une croyance émises par certains sujets du groupe B envers les sujets du groupe A ; sont en cohérence avec leur système représentationnel. Chacun mobilisera les trois types de contraintes générant des croyances qui sont les limites dimensionnelles, culturelles et cognitives.

C. Modernisme *vs* postmodernisme : norme et valeur, sont-elles vraiment à l'origine des différences de représentations entre les scientifiques ?

C.1. L'ancrage sociologique de la représentation : modernisme et postmodernisme

Au-delà de l'objet-frontière homéopathie, source de conflits par les registres hétérogènes mobilisés, il a semblé important de comprendre sociologiquement l'origine de la valeur et de la norme portées par les noyaux des représentations des deux groupes : notamment, car elles précèdent, comme nous l'avons expliqué, l'objet homéopathie.

Rudolf Rezsohazy (2006) recense dans son analyse les valeurs collectives nouvelles, ayant pris de l'importance, au début du 21ème siècle. Il apparaît que les valeurs du bien-être et du droit au soin et à la santé font partie de ces nouvelles valeurs. Le *care* lié au soin et à la sollicitude en ferait donc partie. L'auteur les nomme : valeurs postmodernes. Il sera donc important d'identifier la dimension sociologique postmoderne à laquelle il se réfère.

Le modernisme est consécutif au pré-modernisme qui est défini comme l'époque précédant l'époque des lumières et le 17ème siècle, laissant place à un monde moderne. Le modernisme est d'un commun accord une rupture avec le passé où la rationalité a pris place. Depuis les années 1980, les études sociologiques semblent montrer que la modernité et son hypertechnicité conduisent à des conséquences et à des risques. Si l'ensemble des sociologues s'accordent sur ce point certains d'entre eux estimeront néanmoins que le potentiel bénéfique de l'ère moderne dépasse de loin les aspects négatifs. Face aux conséquences et aux risques de la modernité, il a été analysé sociologiquement une évolution de la société. Cependant, cette évolution sociétale se voit expliquée par deux théories qui s'opposent quant à leur interprétation. D'une part, la théorie d'une radicalisation de la modernité portée notamment par le sociologue Anthony Giddens (1994) dans son ouvrage « Les conséquences de la modernité » et d'autre part, la théorie du postmodernisme portée notamment par Michel Maffesoli (1996) dans son ouvrage « Eloge de la raison sensible ».

La théorie de la radicalisation de la modernité (ou définie comme une hypermodernité par certains auteurs), est expliquée par Anthony Giddens (*Ibid.*, p. 12), l'un des fondateurs : « Loin d'aborder une ère postmoderne, nous entrons plus que jamais dans une phase de radicalisation et d'universalisation des conséquences de la modernité ». Sébastien Charles ajoute en 2005 (Charles, 2005) que la société hypermoderne se présente sous la forme d'un « chaos organisateur ». Cette théorie voit donc l'évolution actuelle de notre société depuis les années 1980 comme une coexistence d'individus dont les comportements sont ancrés sur la modernité et d'autres dont les comportements se distinguent par une radicalisation de la modernité face à ses risques, distinguant ainsi des comportements responsables et irresponsables.

La théorie de la postmodernité avance quant à elle, qu'il y a « un besoin de ré-enchantement du monde que les élites instituées ne peuvent ou ne veulent pas entendre. Focalisées qu'elles sont sur le vieil idéal républicain du contrat social [...] il convient de regarder le monde tel qu'il est et non tel qu'il devrait être. Et comment il faut, pour ce faire, mobiliser non seulement la raison, mais aussi le rêve, l'imagination, le monde des sens » (Maffesoli, 2014, p. 9). Cette théorie ancre donc les nouveaux comportements dans une évolution de la société intégrant la raison sensible (raison interne, expérience, sens commun) en sus d'une simple rationalité abstraite prenant en compte « la réalité dans sa totalité » plutôt que « de se contenter d'analyser le monde réel » au travers « d'un rationalisme moderne » (Maffessoli, 1996, p. 70).

Il a semblé alors intéressant d'analyser dans notre cas d'étude l'ancrage des deux groupes de sujets au regard des deux théories sociologiques existantes :

Les sujets du groupe B notamment ceux travaillant sur l'objet homéopathie semblent avoir une vision postmoderne de la société ancrée sur les limites de la rationalité abstraite. En effet, cette théorie (Maffesoli, 1996) pointe les limites de la rationalité moderne et la nécessité de l'intégration d'une raison sensible afin de prendre en compte les individus comme un tout et non comme la somme de ses parties. Cette théorie indique qu'une grande partie de la population est postmoderne alors que peu d'élites possédant des valeurs postmodernes sont présentes dans les institutions issues du modernisme. Les écarts se creusent donc d'après cette théorie, pointant des difficultés rencontrées avec les institutions modernes et « l'intelligentsia » qui dit au peuple ce qu'il devrait faire et non ce qu'il est. Cette théorie développe l'idée que ce qui est à la base de l'évolution sociétale contemporaine correspond à cet enjeu épistémologique d'envergure que l'on nommera post-modernité : « Chercher le fondement et non la simple cause de tous actes, de toutes représentations, de tous phénomènes, afin de saisir leur raison interne dût-elle contrevenir à la raison fonctionnelle ou instrumentale à laquelle nous sommes habitués » (*Ibid.*, p. 79).

On retrouvera par exemple les propos de sujets du groupe B allant dans ce sens :

-Sujet 1 (Annexe A2) : « C'est très surprenant que les Académies de médecine et des sciences agissent ainsi, car ils ne sont pas du tout soumis à une pression financière. Ce n'est donc pas un problème externe mais vraiment scientifique. Je pense que les gens qui arrivent à l'Académie et qui ont une certaine position ont beaucoup travaillé avant et lorsqu'on a un thème de recherche qui dit que finalement, on s'est trompé toute sa vie, ça veut dire qu'il y a quelque chose qu'on a loupé et si on n'a pas compris cela, on pourrait passer pour un idiot. Donc, pour ne pas perdre sa réputation on fait des groupes et on attaque les autres. Ils ont une vision philosophique guidée par la science matérialiste. Quand on sait que la mort n'est pas une finalité, les choses sont différentes. »

-Sujet 4 (Annexe A2) : « C'est beaucoup de passion et d'humain. C'est l'approche homéopathique qui est importante, cela ne peut pas être du hasard, c'est l'homme qui compte. On n'est pas que des cellules, on est en interaction avec notre esprit. On a des remèdes qui ont des actions à différents moments sur l'individu. En fait ce n'est pas que l'esprit, il joue sur le plan subtil, ça agit sur tous les plans. »

-Sujet 6 (Annexe A2) : « Je trouvais que la médecine était trop matérialiste et qu'elle faisait fausse route. J'ai décidé de pratiquer la médecine générale, mais cela ne me satisfaisait pas et des personnes de mon entourage m'ont incitée à étudier l'homéopathie qui pourrait plus correspondre à ma vision, une vision prenant mieux en compte l'individu. »

-Sujet 9 (Annexe A2) : « On prend la personne dans la globalité. Cela me rend joyeux, admiratif de la nature, de la création. Respect des équilibres écologiques, des personnes, une cohérence avec une vision plus globale de l'univers. »

-Sujet 11 (Annexe A2) : « J'ai été déçu en médecine, car ce qui me portait, c'était de trouver un équilibre de santé chez le patient et on s'occupait uniquement de la périphérie. »

Il est à noter qu'aucun sujet du groupe B ne semble avoir une vision moderne. Rappelons que la vision postmoderne n'est pas un rejet de la raison abstraite, mais en pointe ses limites. On relèvera en effet dans les discours des sujets la limite et/ou la non satisfaction face à la science moderne et la médecine conventionnelle ne prenant en considération qu'une vision matérialiste et mécanistique, à laquelle il est important d'ajouter autre chose. On retrouve bien ici une vision postmoderne pointant les limites de la raison abstraite. Les discours permettent néanmoins de proposer un degré d'ancrage possiblement différent dans la vision postmoderne avec un ancrage qui semble majoritairement plus important pour les individus travaillant sur l'objet homéopathie. En effet, si certains sujets parlent uniquement d'une nécessité d'ouverture de la science et de la médecine classique à d'autres visions scientifiques et médicales (plus faible ancrage : parmi lesquels on retrouve les sujets conservant une méfiance face à l'action propre de l'homéopathie), d'autres estimeront qu'il faut un changement paradigmatique (plus fort ancrage : parmi lesquels on retrouve les sujets estimant une action propre certaine de l'homéopathie).

Les sujets du groupe A semblent avoir une vision moderne ancrée sur la rationalité abstraite. En effet, cette théorie pointe que la confiance est une notion fondamentale des institutions modernes mais qu'elle est relative au risque (le risque présupposant le danger) et qu'elle a lieu au sein d'un équilibre bénéfice/risque rationnellement évalué. Apparaissent alors des modes de vies et de formes d'organisation sociale (par exemple sous forme de collectifs) divergents de ceux qu'ont développé les institutions modernes créant une radicalisation de la modernité pouvant être inquiétante et significative avec des comportements irresponsables (Giddens, 1994, p. 13) : « Je crois qu'au-delà de la modernité, nous voyons se dessiner les contours d'un ordre nouveau et différent, effectivement « post » -moderne, mais pas dans le sens usuel du terme ».

On retrouvera par exemple des propos de sujets du groupe A allant dans ce sens :

-Sujet 6 (Annexe A1) : « L'autre aspect est sociétal : c'est compliqué, car on ouvre des portes. Il y a un conflit permanent entre les patients et le monde médical et ceci pour plusieurs raisons : la médecine est devenue populationnelle or, le patient veut un soin individuel, car il estime inacceptable qu'on lui applique un soin statistique. L'individu est insensible à la statistique, surtout quand on nous donne des produits chimiques donc on se réfugie dans des croyances, par le biais de collectifs, associations etc…l'homéopathie en est un des aspects mais le refus des vaccins c'est pareil. »

-Sujet 10 (Annexe A1) : « C'est grave que ceux qui sont supposés détenir du savoir soient l'équivalent de magiciens dont le savoir est inexistant. »

-Sujet 14 (Annexe A1) : « Je pensais qu'ils n'y croyaient pas, mais en fait si, ils y croient, certains sont illuminés. »

-Sujet 16 (Annexe A1) : « On est sur un problème idéologique. La médecine est angoissante, car c'est un rappel à la mort en permanence pour le médecin et puis on a des traitements, mais on n'est jamais sûr que cela marchera. L'idéologie en médecine, c'est que lorsqu'un individu a un organe qui dysfonctionne, je dois trouver un traitement pour guérir l'organe alors qu'on sait que c'est plus compliqué que cela, donc si on parle de médecine de façon différente comme le font les homéopathes alors cela dévalorise notre vision de nous-même. »

L'ensemble des sujets du groupe A semble avoir une vision moderne, les discours montrant qu'ils privilégient la rationalité abstraite au sein d'un équilibre bénéfice/risque. Certains sujets du groupe A pointent par ailleurs certains sujets du groupe B comme étant des individus qui se sont radicalisés, qui ont des comportements irresponsables. Tous ne le mentionnent pas pour autant, certains restant même compréhensifs face à l'utilité perçue de l'objet homéopathie. Il apparaît que si les sujets du groupe A semblent avoir une vision moderne, il est possible que seule une partie d'entre eux voit ce mouvement sociétal comme une radicalisation de la modernité ou que cette radicalisation soit vue à des degrés différents (plus faible ancrage : parmi lesquels on retrouve les sujets étant compréhensifs face à ces comportements/ plus fort ancrage : parmi lesquels on retrouve les sujets estimant que ces comportements sont irresponsables). Il semble d'ailleurs probable que ce soit la force de l'ancrage dans la vision postmoderne d'un individu du groupe B qui soit perçue par certains sujets A comme une radicalisation de la modernité.

Il est à noter que les ancrages à un degré modéré dans une vision moderne ou postmoderne ont conduit initialement à des difficultés de classements de certains sujets dans un groupe ou l'autre (par exemple, sujet 3, Annexe A1 et sujet 7 Annexe A2). Cependant, la dimension normative/évaluative du noyau a permis de les distinguer.

La norme présente comme élément prioritaire du noyau des sujets du groupe A est en effet une norme issue de valeurs conséquentes à la mise en place de la modernité et de la raison abstraite. La valeur des sujets du groupe B en lien avec le *care* semble correspondre quant à elle à une valeur dite postmoderne qui a pris de l'importance depuis les années 1980 lors de l'évolution sociétale. Le fait qu'une valeur soit dite nouvelle ne veut pas pour autant dire qu'elle était inexistante, mais qu'elle a pris une réelle importance en fonction de l'évolution de la société. Pour les défenseurs de l'explication de l'évolution sociétale par la radicalisation de la modernité, l'importance qu'aura pris cette valeur sera évaluée comme la conséquence de leur radicalisation et d'un comportement irresponsable, le terme postmoderne sera alors entendu au sens de Giddens. Pour les défenseurs d'une vision postmoderne, cette valeur correspondra à une évolution des valeurs et à la vision postmoderne d'une médecine à reconstruire ou à compléter.

Nous pourrons ajouter que même si deux visions sociologiques s'affrontent quant à l'explication de l'évolution sociétale, il apparaît qu'un certain nombre de sociologues estiment, comme l'indique l'analyse de Jean-Yves Trépos (1998), que postmodernité et radicalisation coexistent.

Conclusion : les deux représentations opposées des groupes A et B ont un ancrage sociologique différent : un ancrage moderne pour le groupe A ou postmoderne pour le groupe B. Ces ancrages respectifs possèdent des degrés d'enracinement différents selon les sujets expliquant les variantes représentationnelles. Ils seraient à l'origine des norme et valeur structurant les noyaux des représentations qui s'opposent. Il est à noter que les différents degrés d'enracinement ont été retrouvés aussi bien chez les sujets hommes que femmes étudiés de chaque groupe et de classes d'âges différentes.

C.2. Le positionnement des institutions académiques

Comme nous l'avions évoqué en introduction de cette étude, les Académies de Médecine et de Pharmacie ainsi que la Haute Autorité de Santé se sont positionnées récemment en France quant à l'évaluation de l'objet homéopathie. Ce positionnement a été validé par la Ministre de la santé, conduisant dernièrement à un déremboursement prévu de l'homéopathie pour 2021.

Des communiqués issus de ces institutions nous indiquent l'évaluation portée sur cet objet :

- Concernant les Académies de Médecine et de Pharmacie, le communiqué de mars 2019 indique : « Ces divergences entre l'engouement du public, la rigueur des scientifiques et l'opinion intermédiaire des praticiens peuvent s'expliquer par la connaissance insuffisante et/ou la sous-estimation de l'effet placebo avec attente, seule explication plausible, mais aussi suffisante, des effets de l'homéopathie en l'état actuel de la science, mais également des effets non spécifiques associés à tout acte thérapeutique [...] qu'il n'est pas contraire à l'éthique ni aux bonnes pratiques d'user de préparations homéopathiques, dans les situations où l'emploi d'une thérapie complémentaire est souhaitée, à condition que celle-ci n'induise pas une perte de chance en retardant la procédure diagnostique et/ou l'établissement d'un traitement reconnu efficace, sous condition que le médecin soit conscient qu'il use d'un placebo avec attente [...] aucun diplôme universitaire d'homéopathie ne doit être délivré par les facultés de médecine ni par les facultés de pharmacie. »

- Concernant la Haute Autorité de Santé, cette dernière a indiqué se positionner uniquement sur le « médicament » et non sur la pratique. Un communiqué de septembre 2019 indique : « Compte tenu [...] de l'absence de démonstration d'efficacité (en termes de morbidité et/ou de qualité de vie) des médicaments homéopathiques dans les affections/symptômes pour lesquels des données ont été retrouvées dans la littérature (données non significatives et/ou faiblesses méthodologiques ne permettant pas de conclure à la supériorité par rapport au placebo ou à un comparateur actif ou absence de comparaison aux comparateurs cliniquement pertinents) [...] de l'absence de démonstration de leur impact sur la santé publique notamment sur leur intérêt pour réduire la consommation d'autres médicaments [...] de l'absence de place définie dans la stratégie thérapeutique des médicaments homéopathiques dans les affections/symptômes pour lesquels des données ont été retrouvées dans la littérature [...] la Commission donne un avis défavorable au maintien de la prise en charge par l'assurance maladie des médicaments homéopathiques [...] »

A la lumière de notre analyse, il apparaît que l'évaluation de l'objet homéopathie par ces deux institutions académiques correspond à la dimension fonctionnelle du noyau retrouvé chez le groupe A. En effet, ce dernier pointe une absence d'action propre pharmacologique et une action possible par effet placebo. Nous retrouvons également, comme souligné, par certains sujets du groupe A associant l'homéopathie à une croyance, le manque d'informations et la nécessité d'apporter des connaissances sur l'effet placebo, pointés par les Académies de Médecine et de Pharmacie. Nous pouvons également souligner que le retrait d'un enseignement universitaire sur cet objet est mentionné par les Académies, tout comme cela a été retrouvé pour certains sujets du groupe A dont le registre mystique face à cet objet était le plus enraciné. Il apparaît également que l'usage de remèdes homéopathiques « n'est pas contraire à l'éthique ni aux bonnes pratiques » s'il n'induit pas de perte de chance, d'après cette même institution, correspondant ainsi à la sous-dimension fonctionnelle « favorable à l'utilisation de cet objet pour son effet placebo » retrouvée chez une partie des sujets du groupe A dont le registre fonctionnel est présent.

Nous pouvons donc proposer, par l'intermédiaire de cette analyse, que les institutions mentionnées et notamment les Académies de Médecine et de Pharmacie, mobilisent face à l'objet homéopathie les trois registres de valeurs retrouvées chez le groupe A : fonctionnel (usage pour son effet placebo), mystique (nécessité d'informer pour remédier à la croyance) et éthique de la justice (prise en compte du patient sans retard de soin). L'ancrage sociologique semble donc analogue à certains sujets du groupe A, un ancrage moderne évaluant certains comportements comme une radicalisation des conséquences de la modernité.

Les statistiques récentes (IPSOS 2018) nous indiquent que plus de deux tiers des Français ont une bonne image des médicaments homéopathiques et en ont utilisé. Il peut être proposé (mais seules des investigations plus approfondies en cours au sein du projet sur le grand public pourront nous le confirmer ou non) que l'on retrouve parmi le public, des ancrages majoritairement postmodernes à des degrés différents, mais également une partie d'ancrages modernes dont le registre fonctionnel (pour effet placebo) est présent. Le désaccord aurait alors lieu entre un ancrage postmoderne majoritaire du public et les institutions modernes vues comme une « intelligentzia » qui dit au peuple ce qu'il doit être et non ce qu'il est, étant peu représentées par des élites postmodernes (comme la théorie du postmodernisme l'indique). Le public y verrait alors sa valeur postmoderne « bafouée ». *A contrario* les institutions modernes y verraient des comportements « irresponsables » de certains (comme la théorie du modernisme l'indique) face aux conséquences de la modernité, dont l'éducation/l'information permettrait d'y remédier.

Chapitre IV

QUELLES REPRÉSENTATIONS DE L'EFFET PLACEBO ONT LES SCIENTIFIQUES INTERROGÉS ?

A. Définitions et représentations similaires de l'effet placebo pour les scientifiques interrogés

A.1. Analyses de similitudes et classement des définitions de l'effet placebo :

Afin d'approfondir la compréhension des divergences conséquentes aux registres fonctionnels effet placebo *vs* action propre, une analyse spécifique de l'objet effet placebo semble importante.

Deux Annexes, A3 (groupe A) et A4 (groupe B), centralisent les extraits des retranscriptions des sujets étudiés présentant leur évaluation de l'objet effet placebo. Un classement de ces évaluations en fonction de la définition apportée, est présenté dans les tableaux 3 (groupe A) et 4 (groupe B) ci-après. Les discours sont classés en fonction des propositions explicatives recensées dans la littérature (cf. chapitre I) qui peuvent ne pas s'exclure mutuellement. Au sein de ces tableaux, sont également mentionnés les parcours synthétiques des acteurs interrogés.

Les quatre définitions proposées ci-dessous et qui serviront pour notre classement se sont inspirées de la littérature et notamment de l'article de Chantal Tilmans Cabiaux (2010) :

Définition 1 : L'effet placebo, sans existence réelle, est attribué à une évolution naturelle de la maladie vers la guérison.

Définition 2 : Effets psychologiques du conditionnement, de l'autosuggestion, des croyances et/ou de l'attente, l'espoir et l'envie de guérir de la part du patient.

Définition 3 : Effets relation patient-soignant, la confiance dans le médecin, la conviction du soignant.

Définition 4 : Effets physiologiques tels que le déclenchement de la voie des benzodiazépines, autres médiateurs endogènes, l'implication de la microarchitecture cérébrale.

Pour chacun des groupes A et B, le noyau de la représentation, portant sur le discours évaluant l'objet effet placebo contenu dans les Annexes A3 et A4, a été défini à l'aide d'une analyse de similitudes. Le logiciel IRaMuTeQ - logiciel R, figure 4 – groupe A et figure 5 – groupe B, a été utilisé à cet effet. Dans chaque cas, le noyau central a été déterminé de façon analogue à la partie

1 de ce chapitre. Le terme « effet placebo » a été retiré de l'analyse puisque l'enjeu est de le définir et de l'évaluer.

Étude du groupe A – (pas d'action propre : PAP) :

- Classement des définitions :

Tableau 3 : Classement individuel des définitions de l'effet placebo - Groupe A - médecins/chercheurs et chercheurs évaluant l'homéopathie sans action propre pharmacologique, n = 19 (voir Annexe A3 pour les extraits de retranscriptions)

Groupe A Pas d'action propre de l'homéopathie	**Parcours**	**Définition 1** **Évolution naturelle de la maladie**	**Définition 2** **Effets psychologiques**	**Définition 3** **Effets relation patient-soignant**	**Définition 4** **Effets physiologiques**
Sujet 1 (Homme, âge non renseigné)	Thèse – post-doc – enseignant-chercheur				X
Sujet 2 (Homme, âge non renseigné)	Thèse – post-doc – chercheur		X	X	
Sujet 3 (Femme, 52 ans)	Thèse – post-doc – chercheur		X		X
Sujet 4 (Femme, 52 ans)	Thèse – post-doc – enseignant-chercheur		X	X	
Sujet 5 (Homme, 68 ans)	Études de Médecine – formation scientifique – médecin/chercheur		X	X	
	Études de Médecine – médecin en		X		X

Sujet 6 (Homme, 72 ans)	lien avec l'université				
Sujet 7 (Homme, âge non renseigné)	Thèse – post-doc – chercheur		X	X	
Sujet 8 (Homme, 60 ans)	Études de Médecine – formation scientifique – médecin/ch ercheur			X	
Sujet 9 (Homme, 40 ans)	Études de Médecine – formation scientifique – médecin/ch ercheur		X	X	
Sujet 10 (Homme, 58 ans)	Études de Médecine – formation scientifique – médecin/ch ercheur		X	X	
Sujet 11 (Homme, 53 ans)	Études de Médecine – formation scientifique – médecin/ch ercheur		X		
Sujet 12 (Homme, 63 ans)	Études de Médecine – formation scientifique – médecin/ch ercheur		X	X	
Sujet 13 (Homme, 62 ans)	Études de Médecine – formation scientifique –		X		

	médecin/ch ercheur				
Sujet 14 (Homme, 38 ans)	Études de Médecine – formation scientifique – médecin/ch ercheur		X		X
Sujet 15 (Femme, 44 ans)	Thèse – post-doc – enseignant-chercheur		X		
Sujet 16 (Homme, âge non renseigné)	Études de Médecine – formation scientifique – médecin/ch ercheur		X		
Sujet 17 (Femme, 41 ans)	Thèse – post-doc – enseignant-chercheur	X	X		
Sujet 18 (Homme, 33 ans)	Thèse – post-doc – enseignant-chercheur		X		X
Sujet 19 (Femme, 51 ans)	Thèse – post-doc – enseignant-chercheur		X		X

-Analyse de similitudes :

Détermination du noyau central de la représentation (figure 4) :

-L'élément prioritaire (élément inconditionnel) : « Effet (1) »
-Les éléments adjoints prenant leur valeur par adjonction au premier par ordre de force de cooccurrences (éléments inconditionnels) : « effet - psychologique lié à la prise d'un placebo (2) », « effet - relation médecin-patient (2) », « effet - sans principe actif (2) », « effet - de la pensée (2) », « effet - action de l'esprit sur le corps (3) », « effet - allant vers l'autoguérison (3) ».

Une seule dimension du noyau (figure 4) :

-Dimension fonctionnelle/descriptive : Effet (= ayant une action grâce à…)

Figure 4 : Définition de l'effet placebo - Analyse de similitudes basée sur les cooccurrences à l'aide du logiciel IRaMuTeQ -logiciel R du Groupe A – PAP, n = 19. La taille du texte est proportionnelle au Khi 2, plus les liens/arêtes sont épais, plus les mots sont cooccurrents. La numérotation de 1 à 3 permet d'identifier l'ordre décroissant des forces de cooccurrences. Les communautés lexicales en lien avec les forces de cooccurrences sont identifiées en halos. Les prépositions et conjonctions ont été retirées afin de faciliter la lecture de la figure.

Étude du groupe B – (action propre certaine/possible/non exclue : AP) :

- Classement des définitions :

Tableau 4 : Classement individuel des définitions de l'effet placebo - Groupe B – médecins/chercheurs et chercheurs évaluant l'homéopathie avec une action propre certaine/possible/non exclue, n = 17 (voir Annexe A4 pour les extraits de retranscriptions)

Groupe B Action propre certaine/possible/non exclue de l'homéopathie	**Parcours**	**Définition 1** **Évolution naturelle de la maladie**	**Définition 2** **Effets psychologiques**	**Définition 3** **Effets relation patient-soignant**	**Définition 4** **Effets physiologiques**
Sujet 1 (Homme, 61 ans)	Thèse – post-doc – enseignant-chercheur + recherche sur l'homéopathie	néant	néant	néant	néant
Sujet 2 (Homme, 45 ans)	Thèse – post-doc – chercheur + recherche sur l'homéopathie		**X**		
Sujet 3 (Homme, 45 ans)	Thèse – post-doc – enseignant-chercheur		**X**		**X**
Sujet 4 (Homme, 64 ans)	Études de Médecine – formation scientifique – médecin/chercheur + recherche sur l'homéopathie		**X**	**X**	
Sujet 5 (Femme, 40 ans)	Thèse – post-doc – enseignant-chercheur		**X**		
	Études de Médecine – médecin		**X**	**X**	

Sujet 6 (Femme, 58 ans)	homéopathe ayant fait des expérimentations de recherche				
Sujet 7 (Homme, 41 ans)	Thèse – post-doc – enseignant-chercheur		**X**	**X**	
Sujet 8 (Homme, 65 ans)	Études de Médecine – formation scientifique – médecin/chercheur + recherche sur l'homéopathie			**X**	
Sujet 9 (Homme, 66 ans)	Études de Médecine – médecin homéopathe ayant fait des expérimentations de recherche		**X**		
Sujet 10 (Femme, âge non renseigné)	Études de Médecine – médecin homéopathe ayant fait des expérimentations de recherche		**X**		
Sujet 11 (Homme, 68 ans)	Études de Médecine – médecin homéopathe ayant fait des expérimentations de recherche		**X**		
Sujet 12 (Homme, 60 ans)	Thèse – post-doc – enseignant-chercheur		**X**		**X**

Sujet 13 (Femme, âge non renseigné)	Études de Médecine – médecin homéopathe- médecin du sport ayant fait des expérimentations de recherche		**X**	**X**	
Sujet 14 (Homme, âge non renseigné)	Études de Médecine – formation scientifique – médecin/chercheur		**X**		
Sujet 15 (Homme, 72 ans)	Études de Médecine – médecin homéopathe ayant fait des expérimentations de recherche			**X**	
Sujet 16 (Homme, 71 ans)	Études de Médecine – médecin homéopathe ayant fait des expérimentations de recherche		**X**		
Sujet 17 (Homme, 67 ans)	Études de Médecine – formation scientifique – médecin/chercheur		**X**	**X**	

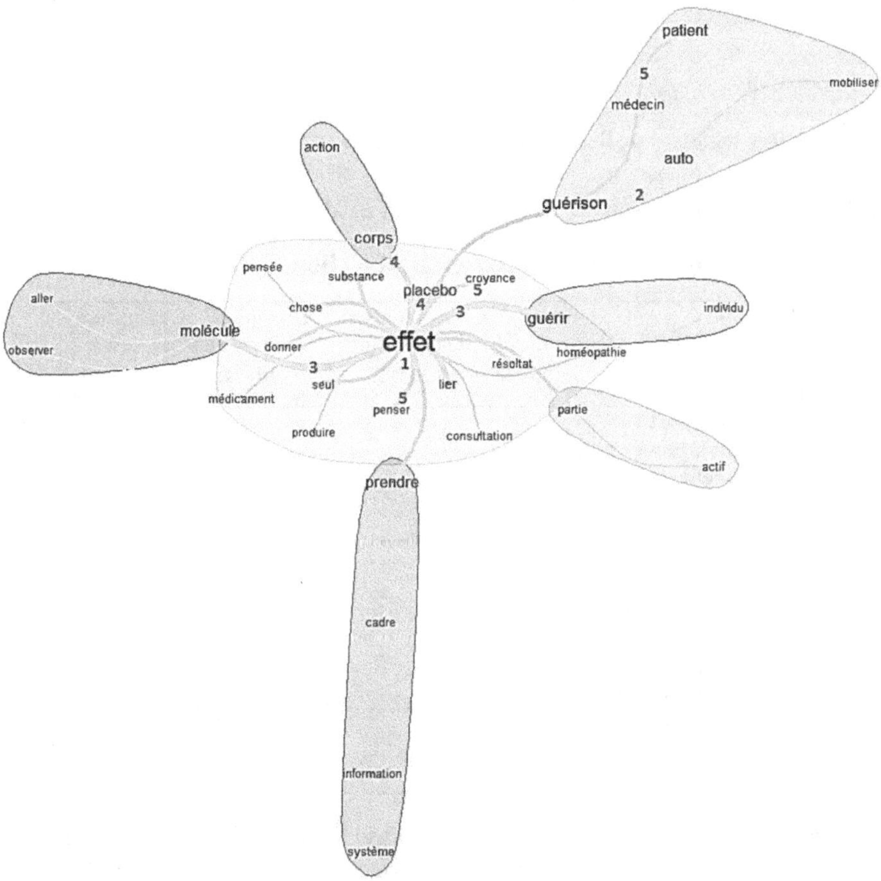

Figure 5 : Définition de l'effet placebo - Analyse de similitudes basée sur les cooccurrences à l'aide du logiciel IRaMuTeQ -logiciel R du Groupe B – AP, n = 17. La taille du texte est proportionnelle au Khi 2, plus les liens/arêtes sont épais, plus les mots sont cooccurrents. La numérotation de 1 à 5 permet d'identifier l'ordre décroissant des forces de cooccurrences. Les communautés lexicales en lien avec les forces de cooccurrences sont identifiées en halos. Les prépositions et conjonctions ont été retirées afin de faciliter la lecture de la figure.

- Analyse de similitudes :

Détermination du noyau central de la représentation (figure 5) :

-L'élément prioritaire (élément inconditionnel) : « Effet (1) »
-Les éléments adjoints prenant leur valeur par adjonction au premier par ordre décroissant de force de cooccurrences (éléments inconditionnels) : « effet – autoguérison (2) », « effet –guérir l'individu (3) », « effet - sans présence de molécules (3) », « effet – par prise d'un placebo (4) », « effet - action sur le

corps (4) », « effet – relation médecin-patient (5) », « effet – de la pensée (5) », « effet – des croyances (5) ».

Une seule dimension du noyau (figure 5) :

-Dimension fonctionnelle/descriptive : Effet (= ayant une action grâce à…)

A.2. Analyse comparative des groupes A et B :

Comparaison des définitions de l'effet placebo :

	Groupe A – Évaluation individuelle de l'effet placebo (n = 19)	**Groupe B – Évaluation individuelle de l'effet placebo (n = 17)**
Définition 1 – Évolution naturelle de la maladie	1	0
Définition 2 – Effets psychologiques	17	14
Définition 3 – Effets relation médecin-patient	8	7
Définition 4 – Effets physiologiques	6	2

Tableau 5 : Comparaison des évaluations individuelles de l'objet « effet placebo » des groupes A et B en fonction du critère de classement défini pour les tableaux 3 et 4. Chaque définition n'est pas exclusive, le sujet ayant centré son discours sur une ou plusieurs définitions. Exprimé en nombre de sujets ayant centré son discours sur la définition x.

A partir des tableaux 3 (groupe A) et 4 (groupe B) présentant les classements individuels des définitions de l'effet placebo de chaque sujet interrogé, et à partir du tableau 5 comparatif ci-dessus, il apparaît une répartition qualitativement équivalente et comparable des définitions proposées entre les deux groupes.

Les définitions distinguées (définitions 1 à 4) sont le reflet de l'importance que le sujet a accordé à ces arguments et sur lesquels il a centré son propos. Ce discours nous montre ce qui semble prioritaire pour le sujet interrogé dans la genèse et/ou l'action de l'effet placebo. Très souvent, la représentation des sujets associe plusieurs définitions, majoritairement la définition 2 (effet psychologique) avec une autre définition. Le fait pour un sujet que la définition 4 par exemple, correspondant à l'effet physiologique, ne soit pas présente dans le tableau, n'indique pas que la représentation associée à un effet physiologique est absente dans l'effet placebo pour ce dernier. Cela signifie que l'importance d'action et/ou la genèse de l'effet placebo se centre ailleurs. D'autre part, il a été parfois difficile de savoir lorsque le sujet évalue l'effet placebo comme une relation médecin-patient (définition 3), s'il estimait que cette relation s'ajoute à un effet psychologique ou s'en distingue. Selon les propos du discours, il nous a semblé que parfois le sujet les distinguait parfois non, mentionnant ainsi les définitions D2 et D3 ou parfois uniquement D3. Pour autant, même s'il n'a pas toujours été aisé d'en faire la distinction ou non, ceci n'a pas eu d'impact sur l'analyse, car ce qui a semblé signifiant était la présence dans le discours de la relation médecin-patient évaluée pour certains sujets comme un effet placebo et pour d'autres non.

-Nous pouvons donc observer (tableau 5) que la définition 2 portant sur les effets psychologiques est centrale dans l'évaluation de l'effet placebo pour les sujets des deux groupes, par exemple : sujet 10 – Annexe A4 (groupe B) « L'effet placebo est un effet d'ordre psychologique qui donne une amélioration sans molécule chimique […] », sujet 19 – Annexe A3 (groupe A) « L'effet placebo, c'est quand on traite des patients et qu'on donne à certains un médicament et à d'autres non. L'effet obtenu est un effet psychologique qui déclenche un mécanisme biologique, car le patient pense que cela va le soigner. Je pense que pour certaines pathologies on peut guérir par effet placebo. Le mental a un impact c'est connu. ».

Cette définition est également retrouvée dans la littérature comme composante principale de l'effet placebo (cf chapitre I).

-La définition 3 (tableau 5), la relation médecin-patient, est évaluée comme importante et participant ou étant l'effet placebo pour un certain nombre de sujets chez les deux groupes, par exemple : sujet 8 – Annexe A3 (groupe A) « L'effet placebo on le définit par défaut souvent. On ne sait pas trop comment cela marche, c'est autour de la relation avec le patient, mais ça ne fait pas de mal. On confond l'effet placebo, et l'effet associé au placebo qui peut être liée à l'évolution de la maladie par exemple. Il y a énormément à travailler sur la question. Les émotions ont un effet. L'effet placebo n'est pas un gros mot. », sujet 15 – Annexe A4 (groupe B) « L'effet placebo c'est quand deux êtres humains se rencontrent, interfèrent, donc l'échange met en route, en dynamisme, notre capacité d'autoguérison. L'effet placebo c'est 50% de l'action entre patient/médecin. L'effet placebo est donc une action immatérielle (avec ou sans pilule) mobilisant l'autoguérison [..] ».

Ce facteur est également retrouvé dans la littérature comme composante psychologique participant à l'effet placebo (cf. chapitre I).

Par ailleurs, certains sujets particulièrement du groupe A mentionneront cette relation médecin-patient en indiquant qu'elle a un effet, mais distinct de l'effet placebo d'après eux, par exemple : sujet 11 – Annexe A3 (groupe A) « L'effet placebo, c'est ce qui fait qu'un certain nombre de process sont efficaces sans être chimiquement actifs. L'efficacité symbolique, c'est l'effet médecin-patient, il suffit d'aller voir le médecin pour aller mieux. Il y a une part d'effet placebo dans l'efficacité symbolique. L'effet placebo c'est réducteur à une gélule qui contient du saccharose. L'efficacité symbolique ce n'est pas que l'effet placebo. C'est tous ces trucs de méditation (rééquilibrage cardiaque etc..) qui font penser que l'on est mieux, mais ce n'est pas de la médecine. L'effet placebo c'est un effet compliqué qui passe par la couleur, la forme des comprimés, la façon de les prescrire. L'effet placebo, a des effets sur le bien-être, sur des troubles fonctionnels et réduit des symptômes fonctionnels non mesurables du bien-être [...] ».

La littérature distingue également au travers de certains auteurs l'effet placebo de l'effet médecin-patient tout en considérant l'existence d'un effet pour chacun. Boussageon indique en effet dans sa thèse (2010, p. 212) à ce sujet : « [...] nous ne pouvons parler d'« effet placebo » pour l'effet des facteurs psychologiques intervenant dans les psychothérapies et dans la relation médecin-malade. Ces facteurs sont certes communs à beaucoup de situations thérapeutiques mais cela ne fait pas d'eux des « placebos » pour autant. Il convient de les étudier pour eux-mêmes. Enfin ces facteurs sont inséparables de l'acte thérapeutique. »

-La définition 4 (tableau 5) centre le discours sur un effet physiologique. Si la conséquence de l'effet placebo sur le corps est mentionnée dans la majorité des discours, il semble que des discours centrés sur l'effet physiologique sont moins présents, par exemple : sujet 18 – Annexe A3 (groupe A) « C'est dans le cas d'un traitement médicamenteux avec amélioration des symptômes alors que le médicament ne possède pas de principes actifs. Cela améliore la condition psychologique et le corps humain va changer sa balance hormonale pour améliorer son système immunitaire, des mécanismes biologiques seront mobilisés. ».

Cette composante physiologique est également décrite largement dans la littérature (cf. chapitre I) comme pouvant être un facteur à l'origine et/ou accompagnant l'effet placebo.

-La définition 1 (tableau 5) estimant que l'effet placebo correspond à une évolution naturelle de la maladie a été mentionnée par un seul sujet du groupe A. Ce sujet n'exclut pas une composante psychologique, mais privilégie un effet « aléatoire » : sujet 17 – Annexe A3 « C'est un effet dû à une prise d'un médicament qui ne contient rien de spécifique. L'effet placebo est observé aussi sur les animaux, les chevaux par exemple. Cet effet n'est pas spécifique à la molécule, mais plus à l'impression de soins qu'on nous donne. Mais cela est d'autant plus notable sur des maladies qui se guérissent spontanément, donc cela serait identique au fait de ne rien prendre. Pour l'homéopathie c'est le cas car on ne fait jamais de tests en double-aveugle. Dans la plupart des cas et des symptômes, ce sont des bobos qui se résorbent spontanément. Il peut y avoir un effet psychologique, mais je pense que c'est plutôt un effet aléatoire. ».

La littérature distingue sur ce point l'effet placebo de l'évolution naturelle et aléatoire de la maladie même s'il est indiqué que l'effet placebo aura lieu dans le cadre de pathologies dont la rémission se fera spontanément ou qui sont susceptibles de variations (cf. chapitre I).

Notons qu'un sujet du groupe B indique que l'effet placebo, n'existe pas car selon lui « c'est juste une construction intellectuelle qui permet de se prémunir contre l'idée que la conscience préexiste à la matière. En effet, si, comme le font la plupart des scientifiques travaillant en neurosciences, l'on adopte le point de vue inverse, à savoir que la conscience serait une propriété qui émergerait d'un réseau de neurones suffisamment complexe, on ne sait comment expliquer de manière rationnelle les guérisons spontanées couramment observées dans les études randomisées en double-aveugle », sujet 1 – Annexe A4.

Comparaison des noyaux des représentations au sujet de l'effet placebo

Les analyses de similitudes des groupes A (figure 4) et B (figure 5) permettent de définir les noyaux des représentations de chacun des groupes dont les éléments comparatifs ont été recensés dans le tableau 6 ci-dessous. Il apparaît, tout comme pour l'analyse précédente portant sur la comparaison des définitions de l'effet placebo (tableau 5), que les noyaux des représentations des groupes sont analogues.

	Groupe A – Évaluation de l'effet placebo – noyau de la représentation du groupe	**Groupe B – Évaluation de l'effet placebo – noyau de la représentation du groupe**
Dimension descriptive du noyau	Effets psychologiques liés à la prise d'un placebo / Effets relation médecin-patient / Effets sans principe actif	Effets des croyances / Effets par prise d'un placebo / sans présence de molécules / Effet relation médecin-patient
Dimension fonctionnelle du noyau	Effet de la pensée / Action de l'esprit sur le corps et autoguérison	Effet de la pensée / Effet sur le corps / va guérir l'individu / autoguérison

Tableau 6 : Comparaison des noyaux des représentations sur l'objet « effet placebo » des deux groupes A (n = 19) et B (n = 17) étudiés issus des analyses de similitudes fig.4 et fig.5.

D'une part, une unique dimension fonctionnelle/descriptive est identifiée pour les groupes A et B, que l'on a découpée en deux dans le tableau 6 par souci de compréhension des deux sous-aspects fonctionnel et descriptif. Cette dimension fonctionnelle/descriptive montre que les deux groupes se représentent « l'effet placebo » comme un objet ayant un effet, une action existante (hormis un sujet du groupe A l'associant à un effet probablement aléatoire et un sujet du groupe B estimant que l'effet placebo n'existe pas) ayant lieu par l'intermédiaire de différents facteurs : psychologiques, croyances, relation médecin-patient et sans présence de molécules. Cet objet ayant par ailleurs une fonction d'autoguérison au travers d'une action de l'esprit, de la pensée sur le corps. Aucune dimension normative/évaluative n'a été identifiée au sein des noyaux des représentations de ces deux groupes. En effet l'objet effet placebo n'est pas associé dans les discours des sujets interrogés à une valeur ou une norme. La littérature nous indique qu'il est possible de retrouver une représentation sociale exempte d'éléments évaluatifs tout en ayant seulement des éléments descriptifs (Rizkallah, 2003). Nous reviendrons sur ce point lors de la discussion.

D'autre part, concernant la dimension descriptive, les différences constatées portent sur la répartition des forces de cooccurrences des éléments descriptifs communs accordant une place légèrement préférentielle à la relation médecin-patient au sein du noyau du groupe A par rapport au groupe B. La description des croyances semble quant à elle prendre une place légèrement plus importante dans le noyau de la représentation du groupe B au regard du groupe A.

Concernant la dimension fonctionnelle, les différences constatées portent également sur la force des cooccurrences plaçant la fonction d'autoguérison à une place légèrement préférentielle au sein du noyau du groupe B par rapport au groupe A.

Hormis ces quelques différences, les éléments constitutifs des noyaux restent identiques, or la littérature sociologique nous indique que deux représentations sont disjointes si aucun élément n'est commun au sein des noyaux et qu'elles sont conjointes si au moins un élément est commun entre les noyaux (De Carlos, 2015).

Conclusion : nous pouvons conclure ici que les représentations des deux groupes A et B sont conjointes et qu'elles sont identiques ou quasiment identiques. L'effet placebo est évalué par les scientifiques comme un effet psychobiologique, dont la relation médecin-patient est importante, associé à une action de la pensée et/ou de l'esprit sur le corps conduisant à une autoguérison dans le cas de maladies à rémission spontanée.

A.3. Croisement des représentations sociales de l'homéopathie et de l'effet placebo des groupes A et B :

<table>
<tr>
<td rowspan="2">RS de l'homéo pathie</td>
<td>Groupe A</td>
<td>Placebo
⬇
Effet Placebo
⬇ ⬇
Défavorable à l'utilisation de l'homéopathie | Favorable à l'utilisation pour son effet placebo/son action de soin
⇩
Relation médecin-patient est l'effet de l'homéopathie</td>
<td rowspan="2">Éléments communs homéop athie – effet placebo :

Relation médecin-patient

Favorise l'autoguérison</td>
<td rowspan="4">Légende :

⬇
conduit à

⇩
est défini par</td>
</tr>
<tr>
<td>Groupe B</td>
<td>Médecine
⬇
Effet propre et/ou effet placebo
⬇
Favorable à l'utilisation de l'homéopathie
⇩ ⇩ ⇩
Favorise l'auto-guérison | Philosophie de vie
Relation médecin-patient est importante</td>
</tr>
<tr>
<td rowspan="2">RS de l'effet placebo</td>
<td>Groupe A</td>
<td>Effet
⇩
psychologique,
sans présence de molécules,
par un placebo
relation médecin-patient
⬇
Action par la pensée, l'esprit sur le corps conduisant à l'auto-guérison</td>
<td rowspan="2">Éléments communs homéop athie-effet placebo :

Relation médecin-patient/Action pensée/esprit-corps conduisant à l'autoguérison</td>
</tr>
<tr>
<td>Groupe B</td>
<td>Effet
⇩
par les croyances,
sans présence de molécules,
par un placebo
relation médecin-patient
⬇
Action par la pensée, sur le corps conduisant à l'auto-guérison</td>
</tr>
</table>

Tableau 7 : Croisement des représentations sociales (RS) des acteurs interrogés sur l'effet placebo et l'homéopathie concernant les deux groupes A (n = 19) et B (n = 17).

L'enjeu du croisement de ces données entre effet placebo et homéopathie consiste à identifier les éléments constitutifs communs au sein des représentations des sujets interrogés afin de mieux les comprendre, de proposer *in fine* une amélioration de la communication science-société et d'envisager des propositions de conciliation sur le sujet.

-Tout d'abord, il semble intéressant d'observer (tableau 7), comme nous l'avions noté dans la partie résultat précédente, que les représentations associées à l'effet placebo des acteurs interrogés sont similaires entre les sujets des groupes A et B, et ne comportent pas de dimension normative/évaluative. En effet, la représentation n'est pas associée à une valeur scientifique et médicale ni à une norme ou non-conformité à une norme. L'objet effet placebo n'apparaît pas comme un objet auquel on associe une préférence en matière de médecine et de santé. *A contrario* les représentations associées à l'homéopathie qui comportent une dimension normative/évaluative l'évaluent soit comme non conforme à la norme scientifique et médicale, soit comme une médecine sans effets secondaires. Pour autant, si l'on regarde qualitativement les représentations individuelles, nous pourrons constater quelques rares sujets évoquer une valeur associée à l'objet effet placebo dans les deux groupes : sujet 9 – Annexe A3 (groupe A) « Pour moi le placebo c'est une dimension de soin. Effet placebo, ensemble d'éléments qui créent un effet de soin. » et sujet 9 – Annexe A4 (groupe B) « L'effet placebo, c'est l'idéal de la médecine pour moi car c'est se guérir seul. C'est arriver à ce que le corps se guérisse, c'est de l'autoguérison. Le fonctionnement de l'effet placebo est lié à la conviction. Il y a aussi l'effet nocebo = paroles qui ont un effet délétère. L'homéopathie favorise un équilibrage puisqu'on apporte une information, mais l'homéopathie a plus d'effets qu'un effet placebo. »

-Il est à noter que l'Académie de médecine et de pharmacie, dans son communiqué du 28.03.2019, pointe l'origine des divergences au sein de cette controverse comme étant « la connaissance insuffisante et/ou la sous-estimation de l'effet placebo » : « Ces divergences entre l'engouement du public, la rigueur des scientifiques et l'opinion intermédiaire des praticiens peuvent s'expliquer par la connaissance insuffisante et/ou la sous-estimation de l'effet placebo avec attente, seule explication plausible, mais aussi suffisante, des effets de l'homéopathie […] ». Dans ce même communiqué l'effet placebo est défini comme suit : « L'effet placebo avec attente est un phénomène neurobiologique scientifiquement établi, dont la réalité est attestée par des essais cliniques contrôlés, et les mécanismes éclairés par les neurosciences, notamment l'imagerie cérébrale. Il est prouvé que sa puissance dépend de l'attente du patient, de l'annonce qui lui est faite, et de ce qui lui est proposé (charisme du thérapeute, réputation de la méthode, complexité du dispositif) […] ».

D'après notre analyse réalisée en fonction d'un critère de classement des définitions de l'effet placebo (tableau 5), nous pourrions proposer que la définition formulée par l'Académie de médecine et de pharmacie soit classée en D2 (effets psychologiques), D3 (relation médecin-patient) et D4 (effets physiologiques). Cette définition indique que la puissance de l'effet placebo serait le résultat de la combinaison des composantes psychologiques et physiologiques, la relation médecin-patient étant considérée comme un effet psychologique. En comparant cette définition à celles des acteurs de la sphère académique interrogés dans les groupes A et B, nous avons pu voir que leurs discours se centraient majoritairement sur l'importance accordée aux effets psychologiques, et notamment à la relation médecin-patient (tableau 5). Sauf pour certains d'entre eux ayant centré leurs discours sur une combinaison des facteurs psychologiques et physiologiques. Cette analyse nous montre donc que les mêmes définitions de l'effet placebo sont mobilisées dans les discours de l'Académie de médecine et de pharmacie et les acteurs de la sphère académique interrogés (qu'ils soient du groupe A ou du groupe B). Cependant, l'Académie de médecine et de pharmacie centre son discours sur une combinaison des facteurs psychologiques et physiologiques pour expliquer l'action/la genèse de l'effet placebo. Les discours des sujets interrogés se centrent plus sur les facteurs psychologiques comme étant à l'origine de l'effet placebo (sauf pour certains sujets des groupes A et B).

En conséquence au regard de l'analyse de ces discours et de ces représentations, nous pouvons penser que s'il existe une connaissance insuffisante de l'effet placebo avec attente, cette dernière soit probablement présente, si tel est le cas, de façon équivalente chez les sujets des groupes A et B (puisqu'ils possèdent les mêmes représentations sur cet objet). Elle ne serait donc *a priori* pas une source ou la source des divergences rencontrées sur l'homéopathie. Concernant une sous-estimation de l'effet placebo avec attente, des investigations complémentaires seraient certainement nécessaires. Cependant, les discours des sujets du groupe B nous montrent que ces derniers estiment tous que l'effet placebo est présent lors de l'acte homéopathique et parfois même en donnent une évaluation, par exemple (Annexe A4) : sujet 16 – groupe B « C'est un effet lié à l'espoir d'avoir un résultat. Même en chirurgie, cet effet a été identifié. Mais cet effet n'est possible que pour des pathologies qui peuvent guérir seules et toujours à court terme. Je pense que cet effet est même plus important en homéopathie, car on s'occupe de la psychologie de l'individu. C'est l'action de l'esprit sur le corps pour des pathologies spontanément réversibles. » ou encore, sujet 17 – groupe B « Il est présent à 30% dans toutes les thérapeutiques. C'est l'effet docteur, c'est l'amplification, les croyances, la magie. Il est utile, car il conduit à un résultat thérapeutique. Le produit placebo est différent car c'est un produit sans effet en lui-même, mais seul, il n'a aucun intérêt. Cependant, l'homéopathie est différente du seul et exclusif effet placebo. L'effet placebo doit être préservé même si l'homéopathie en a. L'effet placebo contribue à de l'autoguérison ». Ces évaluations semblent proches de données retrouvées dans la littérature évaluant l'effet placebo à environ 35% de l'effet observé (Boussageon, 2010), ou vont au-delà des données estimées dans la littérature indiquant que l'acte homéopathique peut potentialiser l'effet placebo. Il semble donc également au regard de ces données que la sous-estimation de l'effet placebo avec attente ne soit pas l'origine des divergences.

- Il semble important d'observer (tableau 7) que la relation médecin-patient est un élément constitutif commun des représentations des deux groupes que ces dernières portent sur l'objet effet placebo ou sur l'objet homéopathie. Rappelons que la littérature accorde une importance également particulière à ce facteur décrit comme psychologique. Certains auteurs comme nous l'avons évoqué dans le chapitre I, distinguent la relation médecin-patient de l'effet placebo, d'autres non, tels que Alain Autret (2013, p. 48) qui parle de facteur psychologique non spécifique retrouvé dans toutes les thérapeutiques et qui se distingue de l'effet placebo : « L'effet psychologique non spécifique résulte simplement d'une prise en considération empathique du patient associant écoute, bienveillance, alliance, etc…sans construction psychologique spécifique sous-jacente. Enfin, il faut réserver le mot placebo avec attente aux effets bénéfiques liés à l'idée de recevoir un traitement précis […] ». Sylvain Jumeau (2018, p. 117) considérera quant à lui la relation médecin-patient comme une composante de l'effet placebo « Il faut bien garder à l'esprit que l'effet placebo antalgique n'est pas que celui du médicament que l'on prescrit ou que l'on administre, mais bien le résultat d'une relation interhumaine complexe ».

La littérature nous indique que la notion de relation médecin-patient a évolué comme en témoignent les modèles d'analyse en sociologie dont les premiers datent des années 1950 : nous pourrons évoquer notamment le modèle paternaliste de Parsons, puis le modèle conflictuel de Freidson ou ensuite le modèle du partenariat de Strauss. Le modèle paternaliste considère cette relation sous forme asymétrique y ajoutant la fonction sociale du médecin décidant de ce qui est bon ou non pour son patient passif considéré comme profane (Parsons, 1951). Freidson (1984) introduit par la suite l'idée que le patient n'est pas un profane, mais possède un savoir différent, il n'est donc plus passif. Strauss (1992) montrera ensuite que la relation thérapeutique est le résultat d'interactions négociées entre médecin et patient. Le modèle interprétatif/délibératif considérant une interaction négociée semble être celui d'actualité dans le corps médical. Pour autant selon les situations médicales, les formes de maladies, les valeurs des médecins et les valeurs des patients, il apparaît que l'ensemble de ces modèles coexistent (Neyret, 2018). Selon l'image que le médecin se fait de sa profession, il pourra concevoir le rôle du malade comme un patient passif, ou comme un patient qui doit comprendre avant de respecter le protocole ou encore le savoir du patient sera pris en compte dans la stratégie thérapeutique. La différence de place accordée par les scientifiques à la relation médecin-patient au travers de leur définition de l'effet placebo pourrait provenir de ces considérations. Il est notamment possible que l'appartenance générationnelle ait conduit à une expérience personnelle différente des rapports avec le corps médical. Une étude ultérieure approfondie sous cet angle serait probablement nécessaire.

-Il semble également important de noter un autre élément constitutif commun au sein de ces représentations (tableau 7) qui correspond à la notion d'autoguérison. Un certain nombre d'acteurs interrogés des groupes A et B décrivent l'effet placebo comme une action de la pensée/esprit sur le corps conduisant à l'autoguérison notamment dans le cadre de maladies non graves, avec rémission spontanée et/ou comportant des variations. Cette notion d'autoguérison est également mentionnée et retrouvée dans les représentations du groupe B sur l'homéopathie. Certains sujets interrogés indiquent dans ce cadre que l'homéopathie favorise les capacités d'autoguérison. Ce qui distinguera leur représentation sur ces deux objets sera la façon de favoriser les capacités d'autoguérison. En effet, pour l'objet homéopathie les sujets du groupe B indiquent que ce serait des messages informationnels de type électromagnétique et/ou des micro-dilutions de substances actives qui favoriseraient les capacités d'autoguérison, pouvant ainsi conduire à une spécificité d'action et participer à la guérison de maladies notamment chroniques. *A contrario* pour l'objet effet placebo, l'action d'autoguérison serait non spécifique et non médiée par des messages informationnels, tel que : sujet 15 – Annexe A4 (groupe B) « […] L'effet placebo est donc une action immatérielle (avec ou sans pilule) mobilisant l'autoguérison alors que l'homéopathie est une action informationnelle mobilisant l'autoguérison […] ». Il est également intéressant de noter que cette notion d'autoguérison semble ne pas être assimilable à l'effet placebo pour certains sujets estimant que l'autoguérison ne nécessite pas un tiers : sujet 6 – Annexe A3 – Evaluation de l'effet placebo (groupe A) « […] L'effet placebo, c'est de la neurophysiologie par autosuggestion. Ce serait trop simple de dire que c'est l'esprit sur le corps. C'est une activité du cerveau, de la psyché. Le mot d'autoguérison n'est pas adapté, car il ne faut pas faire appel à un tiers pour entrer dans l'autoguérison. Le placebo, c'est quand on a un tiers. […]»

Cette notion d'autoguérison apparaît également dans la littérature comme une action de l'esprit ou de la pensée, ou de la psyché sur le corps, « l'effet placebo pose la question générale de la relation du corps à l'esprit, et de la pensée au cerveau, comme en témoignent la littérature et de nombreuses données expérimentales, parfois à l'insu des expérimentateurs » (Tilmans-Cabiaux, 2010, p. 104). Nous pourrons en effet noter quelques références à ce sujet dans la littérature : Rémy Boussageon (2010, p. 10) « […] L'effet placebo. Cet effet, apparenté à celui de l'imagination, de la suggestion ou celui de l'efficacité symbolique, peut toujours expliquer à lui seul une guérison ou une amélioration de l'état de santé » ; Sylvain Jumeau (2018, p. 20) « Les conceptions modernes sur l'effet placebo mettent davantage l'accent sur les conditions psychophysiologiques qui favorisent la mise en action de mécanismes d'autorégulation des symptômes ». L'ouvrage de Jeremy Howick, philosophe et chercheur en médecine à Oxford où il dirige des recherches sur les placebos et l'empathie s'intitulant « Docteur Vous – Les bases scientifiques de l'autoguérison » (2017, p. 24) y fait également référence : « [...] Souvent, ceux qui les pratiquent savent mieux exploiter l'effet placebo et les bienfaits de l'autoguérison corps-esprit que les praticiens de la médecine conventionnelle. [...] Les pensées positives peuvent influencer les résultats physiques [...] quand on comprend que le corps n'est pas seulement une machine et que le corps et l'esprit sont reliés, le mode d'action de la chirurgie placebo s'explique plus facilement [...] ».

Conclusion : l'effet placebo n'apparaît pas comme un objet auquel les scientifiques (des groupes A et B) associent une préférence en matière de médecine et de santé *a contrario* de l'objet homéopathie (pour le groupe B). La valeur épistémique de cet objet n'est donc pas présente dans leurs représentations bien qu'elle ne soit pas niée. Ceci pourra être une considération à prendre en compte dans les conciliations à formuler afin de réaffirmer la valeur épistémique absente. Par ailleurs, il semble probable que si une connaissance insuffisante et/ou une sous-estimation de l'effet placebo avec attente existent parmi les scientifiques, comme l'indique l'Académie de Médecine, elles soient assez équivalentes au sein des deux groupes ne permettant pas d'expliquer (à elles seules) les divergences rencontrées. Les notions de relation médecin-patient et d'autoguérison apparaissent comme des points de convergence communs possibles entre les objets homéopathie et effet placebo pouvant permettre d'envisager des conciliations sur ces aspects.

B. Perception négative du terme « effet placebo » comme objet de comparaison : amplificateur de divergences

L'analyse comparative des représentations sur l'objet effet placebo n'a pas montré de différences de perceptions de l'objet entre les groupes A et B, ni de jugement de valeur qui lui soit associé (sauf quelques sujets). En revanche lorsque l'objet homéopathie est associé et comparé à l'objet effet placebo nous avons pu constater une perception négative de la part des sujets du groupe B (notamment ceux travaillant sur l'homéopathie). En effet, nous avons pu classer les discours selon trois formes de perceptions :

-Perception « d'attaque » : L'association de l'effet placebo à l'objet homéopathie est perçue, vécue, comme une attaque, c'est-à-dire comme une agression remettant en cause l'existence épistémique de l'objet homéopathie et le statut scientifique des homéopathes. Par exemple sujet 6 – Annexe A2 (groupe B) : « [...] Chaque fois, c'est la même attaque : effet placebo, charlatanisme, attaque du corps médical [...] ».

- Perception de « dénigrement scientifique » : L'association et la comparaison de l'effet placebo à l'objet homéopathie est perçue, vécue, comme un dénigrement scientifique, c'est-à-dire comme une dépréciation et une dévalorisation épistémique de l'objet homéopathie. Par exemple sujet 9 – Annexe A2 (groupe B) : [...] « On ne parle pas de l'agro-homéopathie, le soin des plantes avec granules, car là, il ne peut pas y avoir d'effet placebo [...] » ; sujet 10 – Annexe A2 (groupe B) : « L'homéopathie n'a pas plus d'effet placebo que la médecine classique ».

-Perception de « réductionnisme » : L'association de l'homéopathie au seul effet placebo est perçue, vécue comme un réductionnisme, c'est-à-dire comme une simplification du mécanisme d'action ramené à état commun trouvé dans tout acte thérapeutique. Par exemple sujet 11 – Annexe A2 (groupe B) : « [...] L'homéopathie ne peut pas être et se faire que par effet placebo : il y a autre chose [...] ».

Les sujets du groupe B et notamment ceux travaillant sur l'homéopathie estiment que cet objet possède une action propre différente de l'effet placebo. Au-delà de cette raison expliquant un désaccord face à un mécanisme d'action qui diffère, il est à noter, comme les discours le montrent ci-dessus, que la perception ne se limite pas à cela. En effet, si le désaccord peut permettre de comprendre la perception de réductionnisme, il ne permet pas de comprendre totalement la perception de dénigrement scientifique et encore moins la perception d'attaque. Il nous a donc semblé important de comprendre ce qui pouvait expliquer ces fortes perceptions qui sont source de tensions importantes et qui semblent amplifier les divergences au sujet de l'homéopathie au sein des registres fonctionnels, effet placebo *vs* action propre.

La perception « négative » véhiculée par l'effet placebo est décrite dans la littérature et se réfère essentiellement aux représentations véhiculées par le terme « placebo ».

Historiquement, le terme « placebo » vient d'une erreur de traduction nous indiquent Balez *et al.*, 2015, p.414 : « Étymologiquement, le terme placebo vient d'une erreur de traduction, Saint-Jérôme, transformant du grec au latin « Ambulabo coram Domino » (« Je marcherai devant le Seigneur ») en « Placebo Domino » (« je plairai au Seigneur »), psaume 16, ligne 9, [...] ». Le terme s'est progressivement chargé négativement et est devenu péjoratif en désignant les hypocrites (Aulas, 2005), puis les flatteurs autour du XIIIe siècle et enfin les fourbes et courtisans chez Molière par exemple (Lemoine,

1996). « Au XVIe siècle, on comparait l'effet de reliques validées par le Vatican contre de « fausses » reliques (des placebos) pour distinguer les possédés « authentiques » des « possédés douteux » et éviter les exorcismes inutiles », nous indiquent Balez *et al.*, 2015. En 1766, Mesmer, médecin allemand, affirme dans son livre publié « De l'influence des planètes sur le corps humains », avoir trouvé l'existence d'un fluide physique servant d'intermédiaire entre l'homme, la Terre et les corps célestes : la maladie serait due à une mauvaise répartition dans le corps de ce fluide, la guérison serait la conséquence d'un rééquilibrage de ce fluide. L'académie des sciences de l'époque commanditera une commission pour enquêter, qui utilisera un « magnétiseur » pour tromper les sujets en simulant un traitement et mettre en évidence ce qui relève de l'imagination et des effets physiques. Cette première expérience serait à l'origine de la procédure double insu. Les conclusions conduiront à évaluer que ces effets proviennent de l'imagination (Boussageon, 2010 ; Balez *et al.*, 2015).

Il semble que même si l'effet placebo a fait du chemin depuis cette époque (cf. Chapitre I – « Notion d'effet placebo »), cette charge négative péjorative soit restée associée. Patrick Lemoine (1996, p. 151) nous indique « Il est en effet une vieille croyance médicale qui veut que la prescription d'un placebo n'ait pas d'importance puisque « ce n'est rien », ou même qu'elle permette, à la façon d'un test, de distinguer les « vrais » des « faux » malades ». Rémy Boussageon (2010, p. 181) nous indique également que « [...] l'effet placebo « embarrasse » la thérapeutique pharmacologique. Les médicaments modernes s'inventent en assumant le risque d'être démentis par l'effet concurrent du placebo, mais une fois l'épreuve contre placebo réussie, l'effet placebo est refoulé, discrédité [...] il n'est là qu'en négatif, comme référence niée au moment même où il apparaît. [...] ». Alain Autret (2013, p. 22) nous dira aussi « qu'il y a un parti-pris culturel inconscient de la médecine officielle qui tend à ne considérer que les faits biologiquement prouvés, ou prouvables. Elle se distancie de la dimension psychologique (moins facilement accessible), au lieu de la comprendre et de la domestiquer ». Jérémy Howick nous dira enfin (2017, p. 79) « [...] il existe beaucoup d'idées fausses sur les placebos et leurs effets, notamment la croyance que les placebos sont des substances « inertes » essentiellement des excipients qu'il faut contrôler dans un essai, ou un ingrédient que les charlatans utilisent pour vendre leur salade [...] ».

On comprendra alors pourquoi certains discours des sujets du groupe B (notamment travaillant sur l'homéopathie) ne se limitent pas à un désaccord face à un mécanisme d'action qui diffère entre effet placebo et effet de l'homéopathie, mais s'apparentent à un rejet lorsque l'homéopathie est comparée à cet objet. Un sujet du groupe A le mentionnera également : sujet 16 – groupe A (Annexe A3) : « [...] Dans le soin, le placebo n'a aucun intérêt clinique. Le placebo est un outil sociologique pour décrédibiliser un traitement. On a une vision du soin qui est le traitement d'organes défaillants alors que ce n'est pas cela, c'est s'occuper des individus souffrants, donc on dénigre ceux qui soignent les gens dans le cadre d'une relation patient-médecin. Ecouter le patient, c'est la base du métier [...] ». Il semble d'ailleurs probable que l'absence d'une valeur épistémique retrouvée dans la partie précédente au sein des représentations provienne de la valeur de négation scientifique dont cet objet est chargé, ne permettant pas de le considérer complètement comme un objet scientifique et médical.

Yves Jeanneret nous indique que « les objets et représentations ne restent pas fermés sur eux-mêmes, mais circulent et passent entre les mains et les esprits des hommes » (2018, p. 14). Nous pourrions proposer que l'objet effet placebo soit un être culturel à l'image de la définition de Yves Jeanneret (*Ibid.*, p. 16) : « j'entends par être culturel un complexe qui associe des objets matériels, des textes, des représentations et qui aboutit à l'élaboration et au partage d'idées, d'informations, de savoirs, de jugements ». Si tel est le cas, nous pourrions proposer que cet être culturel soit devenu culturel par le « fait même de cette circulation créative » qui a été controversée et critiquée par le passé, comme la littérature nous l'a indiqué (cf. chapitre I), mais qu'il s'est « enrichi et transformé en traversant les espaces sociaux » (*Ibid.*, p. 14) en ne devenant plus un objet de controverse. Pour autant, en tant qu'objet ayant des représentations associées, il aurait conservé une part de son histoire. « Les actes de communication sont des composantes nécessaires à l'appropriation des êtres culturels, et par là même, à l'existence sociale de ceux-ci [...] » (*Ibid.*, p. 20). Les actes de communication sur l'effet placebo participeraient alors probablement à l'appropriation de ce qu'il est et représente avec sa part d'histoire, l'effet placebo s'étant chargé d'une valeur de négation scientifique en tant qu'objet de comparaison. La réécriture des êtres culturels semble nécessaire d'après l'auteur, « la réécriture remplit plusieurs fonctions à la fois : elle socialise une interprétation et une lecture, permet au texte de migrer d'un contexte social à l'autre, d'un milieu à l'autre et rend le texte maniable en le miniaturisant, ce qui est indispensable à son intégration dans des entités culturelles nouvelles » (*Ibid.*, p. 72). Cette redéfinition de l'objet « n'affecte pas que les moyens de l'échange, elle en redéfinit les fins » (*Ibid.*, p. 231).

Afin de savoir si l'effet placebo est possiblement un être culturel, il faudrait montrer que cette circulation s'inscrit dans un contexte social particulier en prenant en compte sa dimension historique, ce qui n'est pas l'objet de cette étude, mais pourrait donner lieu à une étude ultérieure sur le sujet.

Cette réflexion se justifie néanmoins, car elle rejoint la perception de certains auteurs pointant la nécessité d'une modification d'emploi du terme « effet placebo » : « [...] Il en découle une confusion entre les notions d'effet placebo en général et celle d'effet du placebo en particulier. [...] il n'est peut-être pas intéressant d'employer le terme « effet placebo », qui renvoie simplement à l'utilisation du placebo ECRs[1] pour comprendre les effets « psychophysiologiques » ou « symboliques » liés à l'acte thérapeutique ou à la thérapeutique en elle-même. » (Boussageon, 2010, p. 179).

En conséquence, que l'effet placebo soit un être culturel ou non, il semblerait important qu'il subisse une métamorphose afin de modifier son appropriation dans l'acte de communication et pour en redéfinir ses fins.

Cette métamorphose permettrait de transformer l'objet effet placebo en supprimant la charge de négation scientifique dont il est porteur en tant qu'objet de comparaison. Pour cela, il nécessiterait d'être redimensionné. En prenant en compte les analyses précédentes et les représentations des acteurs interrogés, l'action pensée-corps ou esprit-corps émerge des discours des sujets des groupes A et B sur l'effet placebo (aspect fonctionnel de la dimension de la représentation) et semblerait intéressante pour le redimensionner. En effet, l'aspect descriptif comportant l'intervention des facteurs psychologiques et du placebo reste centré sur l'objet ne contenant aucune substance. *A contrario* l'aspect fonctionnel de la représentation, l'effet pensée/esprit-corps, décentre l'objet de son absence de substances actives et permet de modifier également ses fins puisque cette dimension de la représentation est liée à la fonction de l'objet effet placebo, c'est-à-dire la mobilisation des capacités d'autoguérison.

Conclusion : des perceptions négatives (d'attaque, de dénigrement et de réductionnisme) sont retrouvées dans les discours des scientifiques travaillant sur l'homéopathie lorsque cette dernière est comparée à l'effet placebo. Leur origine proviendrait de la valeur de négation scientifique dont l'expression « effet placebo » est chargée au travers du terme « placebo ». Cette charge de négation scientifique expliquerait également probablement l'absence d'une valeur épistémique au sein des représentations. Un redimensionnement de l'objet serait donc nécessaire pour le décharger de cette valeur de négation scientifique et pour réaffirmer sa valeur épistémique : l'effet pensée/esprit-corps pourrait permettre ce redimensionnement.

[1] ECRs : Essais cliniques randomisés

Chapitre V

CONCLUSION

A. Synthèse de l'étude présentée

Cette étude nous a permis de construire une proposition de schéma explicatif des représentations des deux groupes analysés sur l'objet homéopathie (figure 3) : groupe A – pas d'action propre pharmacologique de l'homéopathie, groupe B- action propre certaine, possible ou non exclue. Ce schéma a permis d'identifier le noyau des représentations pour chacun des groupes qui a été défini préalablement par analyses qualitatives et analyses de similitudes. Il est apparu une décomposition des noyaux selon deux dimensions : une dimension normative/évaluative et une dimension fonctionnelle/descriptive. Pour chacun des groupes analysés, le noyau identifié selon la dimension normative/évaluative a été pour le groupe A, la norme « Placebo-Non-conformité à la norme scientifique », et pour le groupe B, la valeur « Médecine prenant en compte l'individu selon une approche globale sans effets secondaires ». Cette norme et cette valeur ont été identifiées comme précédant l'objet homéopathie, ce dernier ayant été reconnu par les valeurs portées au sein du système représentationnel. La dimension fonctionnelle/descriptive du noyau du groupe A a été identifiée comme étant « effet placebo – sans action propre » et pour le groupe B « Efficace – action propre certaine, possible, non exclue ». Des variantes de la dimension fonctionnelle/descriptive ont été mentionnées pour chacun des groupes, notamment pour le groupe A « non favorable à l'utilisation de l'homéopathie », « favorable à l'utilisation de l'homéopathie pour son effet placebo/soin » et « relation médecin-patient qui est l'effet de l'homéopathie ». Pour le groupe B, l'ensemble des sujets étant favorables à l'utilisation de l'homéopathie, c'est son degré de certitude face à son action propre qui a conduit à des sous-dimensions. Notamment, parmi ceux estimant que l'action propre est certaine, une partie y voit une « philosophie de vie », une « action favorisant l'autoguérison » et une « relation médecin-patient importante » ; ceux qui estiment que l'action propre est possible ou non exclue y voient une « relation médecin-patient importante ». Il est apparu que le noyau de chaque groupe pouvait être alimenté et conforté par les résultats de recherche correspondant à la vision du sujet sur cet objet. Il est également apparu que le noyau de chaque groupe était co-alimenté et conforté par la pratique personnelle et/ou professionnelle des sujets. Les conséquences de l'acte de pensée conduisent à des opinions/certitudes notamment sur la recherche à faire ou non sur cet objet ou encore sur la croyance du groupe opposé associée à cet objet.

Cette étude nous a également conduits à analyser la valeur et la norme portées par les noyaux des représentations initiant l'acte de pensée. Elle a montré que la perception de transgression d'une norme, et notamment ici la norme scientifique, est source d'oppositions, de menaces et de sanctions possibles. De façon analogue, la perception de valeurs bafouées conduit à des mobilisations. Cette analyse nous a également amenés à définir les registres de valeurs mobilisés. Il est apparu que l'objet homéopathie est un objet-frontière combinant plusieurs registres de valeurs hétérogènes, ce qui en fait un objet source de conflits. Les registres identifiés lors de l'analyse ont pointé pour le groupe A, des registres portant sur l'éthique de la justice (avec des degrés d'enracinement), le mystique (selon les sujets et avec des degrés d'enracinement) et le fonctionnel (selon les sujets et avec des degrés d'enracinement). Pour le groupe B, les registres identifiés ont été les registres portant sur l'éthique du *care*, l'épistémique et le fonctionnel (tous avec des degrés d'enracinement). L'étude nous a montré que les registres mystique et épistémique sont diamétralement opposés et incompatibles générant de fortes sources de conflits voire des « affaires en justice ». Les registres fonctionnel (efficace par effet placebo *vs* efficace par action propre certaine, possible ou non exclue) et éthique (de la justice *vs* du *care)* ayant quant à eux plus d'affinités entre eux même s'ils restent source d'oppositions.

Enfin, le contexte de l'évolution sociétale (depuis les années 1980), interprété par les théories du modernisme et du postmodernisme, nous a conduits à proposer un ancrage sociologique postmoderne à des degrés variés pour les sujets du groupe B. *A contrario*, il nous a conduits à proposer un ancrage sociologique moderne pour les sujets du groupe A possédant des degrés variés dans l'évaluation de la radicalisation des opposants face aux conséquences de la modernité. Cet ancrage sociologie serait à l'origine et expliquerait les différences de représentations des sujets sur l'homéopathie.

Cette étude nous a permis par ailleurs d'analyser les représentations associées à l'objet effet placebo des deux groupes A et B, le groupe A comparant l'homéopathie à cet objet, le groupe B le distinguant. D'une part, cette analyse nous a montré que les représentations sur l'objet effet placebo sont équivalentes pour les deux groupes de sujets interrogés A et B mobilisant notamment des définitions équivalentes au sein des discours (effets psychologiques, effet relation médecin-patient, effets physiologiques). Les discours se centrant principalement sur les facteurs psychologiques et la relation médecin-patient comme action génératrice de l'effet placebo. Il est apparu par ailleurs, contrairement aux représentations sur l'objet homéopathie, que les représentations sur l'effet placebo ne possèdent qu'une dimension fonctionnelle/descriptive commune aux deux groupes et une absence de dimension normative/évaluative. Cette unique dimension révèle une absence d'association de cet objet à une valeur et une préférence en matière de médecine ou de santé (sauf pour quelques rares sujets), probablement en raison de la valeur de négation scientifique dont l'objet est chargé, ne permettant donc pas de le considérer complètement comme un objet scientifique et médical. La partie descriptive de la représentation des deux groupes A et B correspond au discours portant sur les facteurs engendrant l'effet placebo : effets psychologiques, effets des croyances, à partir d'un placebo sans principes actifs, relation médecin-patient. La partie fonctionnelle de la représentation correspond au discours des sujets des deux groupes portant sur la fonction de cet effet placebo : une action de la pensée sur le corps conduisant à une autoguérison.

L'analyse de la perception de l'objet effet placebo utilisé comme élément de comparaison face à l'objet homéopathie a montré, au sein des sujets du groupe B, que cet objet en valeur comparative conduisait à une amplification des divergences. L'étude a mis en évidence que ce dernier est perçu comme une attaque, un dénigrement scientifique et un réductionnisme envers l'homéopathie, notamment pour les sujets du groupe B travaillant sur l'homéopathie. Ces données, associées aux éléments de la littérature, ont permis de comprendre que l'objet effet placebo véhicule une valeur de négation scientifique dont il s'est chargé en tant qu'objet de comparaison, nécessitant une métamorphose sociale.

B. Réflexions sur des propositions d'amélioration de la communication science-société

Nous reprendrons l'analyse de Nathalie Heinich (2017, p. 325) qui pointe dans son ouvrage les « arrangements » possibles lors de conflits et de controverses. Elle identifie trois arrangements possibles : le clivage, la relativisation et la conciliation.

Concernant le clivage, l'auteure l'explique comme étant une façon d'accepter une ambivalence où les « conflits intra-personnels ne sont pas moins perturbants que les conflits interindividuels » (*Ibid.*, p. 326).

Concernant la relativisation, d'après l'auteure, « une forme très efficace consiste à faire varier les limites à l'intérieur desquelles s'exerce la mise en œuvre d'une valeur. La restriction ou l'extension du domaine de pertinence axiologique permet de suspendre ou au contraire, d'intensifier la contrainte exercée par les valeurs » (*Ibid.*, p. 328).

Enfin, l'auteure nous indique que la conciliation a lieu lorsque clivage et relativisation ne sont pas possibles ou ont échoué. Deux aspects sont alors envisageables : la minimisation des dissensions (voir sur quoi on est d'accord) ou modifier la réalité afin de réduire son écart avec les valeurs auxquelles on adhère. En faisant cela, on quitte, nous dit l'auteure, « le terrain proprement axiologique pour s'orienter vers le monde de la pratique – et peut-être est-ce là la façon la plus efficace de s'arranger avec les valeurs » (*Ibid.*, p. 329).

En reprenant notre cas d'étude, il semble intéressant de voir que les arrangements sous forme de clivage ou de relativisation sont déjà présents chez une partie des sujets des groupes A et B :

- En effet, un certain nombre de sujets du groupe A, comme l'analyse l'a montré, restent favorables à l'utilisation de l'homéopathie notamment si le public est demandeur (pour son effet placebo/soin) et estiment qu'elle ne doit pas être rejetée, même si certains peuvent penser que l'homéopathie reste une croyance (notons que certains sujets peuvent estimer que l'homéopathie a une efficacité par effet placebo mais ne pas être favorables à son utilisation). On voit ici que ces sujets sont entrés dans un clivage où les conflits intra-personnels face à l'ambivalence d'efficacité par effet placebo/croyance (donc l'ambivalence entre registres mystique et fonctionnel) restent acceptables. Ce clivage les conduit à une relativisation consistant à faire varier leur limite intérieure dans laquelle s'exerce la valeur, en acceptant une utilisation dans le cadre de cet effet placebo. Il est probable que ce qui a conduit à ces arrangements soit la présence, chez ces sujets, du registre de valeurs « fonctionnel » couplé à un ancrage moderne dont le degré d'évaluation de la radicalisation des opposants reste modéré.

- Concernant les sujets du groupe B, certains comprennent que les opposants demandent plus de preuves ou que les opposants aient estimé qu'il n'y avait pas assez de preuves dans le cadre normatif (sujet 3, Annexe A2 : « J'ai vu des gens/clans de personnes contre, mais je ne sais pas pourquoi. De mon côté, j'ai besoin d'avoir suffisamment de preuves, s'ils se sont dressés, c'est parce qu'ils ont dû soumettre l'efficacité… » ; sujet 14, Annexe A2 : « Je comprends les deux positions, car on ne peut pas avoir des preuves en restant sur le même schéma. Je travaille avec des collègues sur l'acupuncture, mais qui ont du mal à prouver leur impact. Je vois aussi que nos études allopathiques montrent parfois que nos hypothèses ne sont pas forcément les bonnes, donc il faut être modeste. »). On voit ici une relativisation consistant à faire varier la limite intérieure dans laquelle s'exerce la valeur en acceptant que l'autre puisse avoir une représentation différente et qu'il voit l'effet de l'homéopathie comme un effet placebo. Il est probable que ce qui a conduit à ces arrangements possibles, ce soit la présence, chez ces sujets, d'un registre de valeurs « épistémique » moins enraciné face à l'objet homéopathie couplé à un plus faible ancrage postmoderne.

Les conflits majeurs ont donc lieu principalement entre les sujets A et B n'ayant pas mis en place d'arrangements leur semblant impossibles, face à leur ancrage, ou ayant échoué face à cela. Pour ces sujets les arrangements de clivage et de relativisation analogues à ceux mis en place par d'autres sujets du même groupe pourraient être pourtant un bon compromis. Cependant ceux pour lesquels cela reste impossible, la seule autre possibilité émergente est la conciliation.

Afin d'étudier une conciliation possible concernant ces sujets, il nous faudra reprendre les registres de valeurs mobilisés par les sujets des deux groupes. Etudions-les, registre par registre :

-Registres éthique de la justice/éthique du *care* : ces registres ont une affinité quant à la notion d'éthique nécessaire dans la pratique médicale et se rejoignent face à la nécessaire prise en compte du patient dans l'acte de soin. Ils s'opposent néanmoins sur le centre de gravité autour duquel gravite l'éthique, comme l'analyse nous l'a montré. Si pour ceux mobilisant l'éthique de la justice, le centre de gravité est centré sur le « juste », il est centré sur « l'important » pour ceux qui mobilisent l'éthique du *care*. L'opposition a lieu face à la prise en compte des soins qui doit se faire pour le patient. Pour les sujets du groupe A concernés, elle doit se faire dans une logique d'équité pour les patients selon une balance bénéfice/risque rationnellement évaluée dans le cadre normatif. Pour les sujets du groupe B concernés, les soins doivent se faire dans une logique de prise en compte de l'individu dans son ensemble en favorisant son bien-être et un équilibre global. Afin de trouver un arrangement possible, une conciliation possible, « il ne s'agira pas de rendre compatible la justice et la sensibilité, à introduire une dose de *care* dans la théorie de la justice, ou à l'inverse une mesure de rationalité dans nos affects. De nombreux travaux en éthique ont argumenté de façon convaincante en faveur de cette compatibilité. Il s'agit plutôt, et plus radicalement de voir la sensibilité comme condition nécessaire de la justice », comme nous l'indique Molinier *et al.*, 2009 et Virginia Held, 2006. Le *care* est par ailleurs re-contextualisé dans sa dimension sociétale par Virginia Held (2006), philosophe spécialiste du *care*, et face aux risques et aux conséquences de la modernité par Joan Tronto, professeure de sciences politiques et spécialiste de l'éthique et de la politique du *care* (2012). Le *care* est analysé comme étant une façon de diminuer la radicalisation perçue face aux conséquences de la modernité : « [...] Dans une société du *care*, remettre en équilibre les besoins et les droits serait donc une part majeure de la discussion politique. Cela n'entraînerait pas l'abandon de tous les droits, mais cela rendrait moins nécessaire la lourde exigence de maîtrise et de contrôle sur le soi, la société et le monde. La société du *care* rééquilibrerait par-là les façons de penser le risque dans le court et le long termes » (Tronto, 2012, p. 44).

Dans notre cas, « voir la sensibilité comme une condition nécessaire de la justice » (Molinier *et al.*, 2009, p. 172), semble être une conciliation possible. En effet, notre analyse a montré que l'importance de la relation médecin-patient prenant en compte l'approche « globale de l'individu » et/ou « l'échange » avec le patient au sein d'une pratique moins « technique », a été pointée dans les deux groupes, même si cela a été mentionné différemment. En effet certains sujets du groupe A, dissociant ainsi la pratique médicale (recouvrant pour eux la relation médecin-patient et l'approche globale) et les remèdes, pointent l'importance d'une forme de « sensibilité » dans l'approche médicale. Les sujets du groupe A le mentionnant, estiment que l'effet de l'homéopathie passe d'ailleurs essentiellement par cette relation et cette approche médicale. Les sujets du groupe B estiment que la relation médecin-patient a une grande importance (comme dans toute thérapeutique) mais pas uniquement, dissociant relation médecin-patient, approche globale homéopathique et remèdes. On voit par ailleurs des différences de sensibilité chez les sujets du groupe A dont le registre mystique face à l'objet homéopathie est enraciné et qui sont défavorables à son utilisation. Si certains de ces sujets distinguent le concept de bien-être de l'objet médecine : sujet 11-Annexe A1 – « Je ne pense pas que les médecins doivent s'occuper du bien-être, il est déjà bien compliqué de s'occuper des maladies », d'autres envisageront que le bien-être fait partie de la médecine mais qu'ils opèrent une préférence rationnelle : sujet 13 – Annexe A1 – « Les médecins doivent soigner maladies et maux mais je préfère soigner de façon rationnelle même si le reste relève plutôt d'un thérapeute ». Enfin d'autres encore feront émerger « la sensibilité comme condition nécessaire du juste » en pointant cette nécessité : sujet 7 – Annexe A1 : « Si le médecin croit profondément à l'efficacité de l'homéopathie, ce n'est pas tenable. En revanche, s'il considère que la prise en compte globale est importante, cette approche médicale est bonne et je l'approuve en demandant aux médecins d'avoir cette approche et pas uniquement centrée sur la pathologie ».

Par ailleurs, cette même notion est déjà présente chez les sujets A ayant trouvé des arrangements de clivage ou de relativisation, par exemple : sujet 2 – Annexe A1 – « Pour ce qui concerne les médecins homéopathes, je trouve qu'ils prennent plus de temps, il y a un rapport de confiance, on va chez le psy, on discute, ce qui est plus difficile avec un allopathe. On ne se sent pas écouté. Je ne suis donc pas dogmatique contre les médecins homéopathes. » ou encore sujet 5 – Annexe A1 – « J'ai une certaine sympathie pour les médecins homéopathes. Ils sont certainement plus à l'écoute de leurs patients, car c'est une médecine qui n'est pas dans une approche purement technique. »

-Registres mystique/épistémique : ces registres sont en totale opposition et donc en totale incompatibilité. En effet, les sujets du groupe A n'entrant pas dans les arrangements précédemment cités, associent l'objet homéopathie à une croyance irrationnelle, de la magie, de la sorcellerie à déviance sectaire et rejettent en conséquence l'homéopathie. *A contrario* les sujets du groupe B n'entrant pas dans ces arrangements associent l'homéopathie à une médecine, un objet scientifique avec une action propre certaine nécessitant un changement paradigmatique (et à mieux comprendre). Pour tenter un arrangement et une minimisation des dissensions, ces registres doivent être associés au registre fonctionnel et être redimensionnés afin d'entrer dans une possible relativisation, et une possible acceptation d'une ambivalence. Seuls ils sont trop incompatibles pour permettre un quelconque arrangement. Il nous faut donc étudier le registre fonctionnel.

-Registres fonctionnel effet placebo/fonctionnel action propre certaine, possible, non exclue : ces registres ont une certaine affinité quant à l'efficacité possible (restreinte à des maladies peu importantes) tout en s'opposant sur son origine possible (effet placebo/soin *vs* action propre). L'opposition a donc lieu entre les sujets qui estiment que l'homéopathie peut avoir une action par effet placebo (sur des maladies peu graves) sans pour autant être favorables à son utilisation. Certains sujets estiment qu'il n'est pas forcément éthique d'utiliser un placebo dans un acte médical et/ou que ce n'est pas forcément utile. En effet, l'analyse des représentations sur l'effet placebo nous montre que cet objet n'est pas associé à une valeur scientifique et médicale bien qu'il soit décrit comme un effet de la pensée sur le corps conduisant à une autoguérison. Notons qu'il existe aussi des sujets du groupe A qui estiment que l'homéopathie est inefficace (pour lesquels le registre fonctionnel n'est pas présent) s'opposant ainsi au registre fonctionnel action propre. Les sujets du groupe B concernés sont ceux estimant que l'homéopathie a une action propre certaine favorisant l'autoguérison.

Il semble donc que les registres fonctionnels et mystique/épistémique pourraient trouver un terrain d'entente en redimensionnant l'effet placebo comme un effet pensée/esprit-corps contenu dans un champ scientifique nommé l'autoguérison. Ce redimensionnement conférerait par ailleurs une valeur scientifique et médicale à l'effet placebo qui lui était absente dans les représentations analysées. L'homéopathie serait également une des voies possibles pour favoriser l'autoguérison, laissant toutes les hypothèses de fonctionnement ouvertes, s'incluant ainsi dans ce nouveau champ scientifique et médical nommé « Autoguérison ».

C. Propositions de conciliation

- Tout d'abord, la conciliation portant sur les registres, éthique de la justice *vs* éthique du *care*, paraît donc pertinente puisqu'elle est déjà présente chez les sujets du groupe A ayant trouvé des arrangements et émergeante chez certains sujets du groupe A (n'ayant pas forcément trouvé d'arrangements) dont le registre mystique mobilisé face à l'objet homéopathie est le plus enraciné. Elle permettrait donc de répondre à une attente d'une approche médicale moins « technique » ou plus « globale », et à la fois, comme l'indique Joan Tronto (2012), d'y trouver une façon de mieux gérer la radicalisation perçue face aux conséquences de la modernité. Elle permettrait ainsi d'améliorer la communication science-société sur ce point.

Proposition 1 : cette conciliation pourrait alors passer par une modification de la réalité et du terrain en laissant par exemple plus de temps aux médecins, lors des consultations, pour mettre en place cette approche médicale prenant en compte la « sensibilité comme condition nécessaire du juste ». La définition de soin pourrait alors également être re-réfléchie.

Comme l'indique Elisabeth Noël-Hureaux dans ses travaux sur le *care* et la profession d'infirmière (2015, p. 8), la notion de soin est définie dans le dictionnaire de l'Académie de Médecine en 2015 (et toujours définie ainsi en 2020) de la façon suivante : « en médecine, ensemble des mesures et actes visant à faire bénéficier une personne des moyens de diagnostic et de traitement lui permettant d'améliorer et de maintenir sa santé physique et mentale. ». L'auteure pointe le fait que le terme « soin » se réfère alors essentiellement à la façon d'agir contre ce qui nuit à la santé de chacun nécessitant une redéfinition.

-Concernant la conciliation portant sur les registres mystique/épistémique et fonctionnels (effet placebo *vs* action propre), la proposition figure 6 pourrait être formulée :

Notons que les scientifiques interrogés ont utilisé les termes « pensée » ou « esprit » pour caractériser l'aspect fonctionnel de l'interaction avec le corps. Le terme « pensée » étant un peu plus fréquent dans les discours. Il est probable que selon la représentation que le scientifique possède sur la définition de la « pensée » ou de « l'esprit », il aura privilégié l'un ou l'autre des termes. Une étude plus approfondie sur cette notion serait nécessaire afin de définir ce qu'il recouvre pour chacun des scientifiques.

Sans exhaustivité sur le sujet qui n'était pas l'objet de cette étude, la littérature actuelle en psychologie pointe la théorie de l'identité entre le cerveau et l'esprit, ou le cerveau et la conscience, ou encore entre « processus cérébral » et sensation (Pinkas, 1995 ; Wolfe, 2013). La pensée en serait une composante. Les théories de l'inconscient (Freud, 1961 ; Jung, 1964) associent quant à elles l'esprit à la psychée, qui désigne les manifestations conscientes et inconscientes du cerveau. Un champ de recherche depuis environ 50 ans s'est également ouvert sur la « philosophie de l'esprit ». Le terme « esprit » en français semble difficile à délimiter en raison de son association historiquement à une tradition spiritualiste et métaphysique, mais également à la psychologie philosophique. La philosophie de l'esprit serait définie comme un champ de la philosophie qui « concerne la nature des phénomènes mentaux et ses manifestations » (Fisette & Poirier, 2000). « La philosophie de l'esprit s'intéresse à tout ce qui est manifestation de l'esprit, sans préjuger de la nature de cet esprit, mais en préjugeant que toutes sortes de choses (un ensemble important, voire la totalité, de nos activités et capacités) sont des manifestations de cet esprit ou en montrent la présence » (Laugier, 2002). Nous entrapercevons ici que cette notion et les représentations qui lui sont associées nécessiteraient un approfondissement théorique et analytique qui pourraient être l'objet d'une étude ultérieure.

Nous avons donc fait le choix de nommer cette interaction « effet pensée/esprit-corps », afin de conserver les représentations des scientifiques afférentes aux notions de pensée et/ou d'esprit.

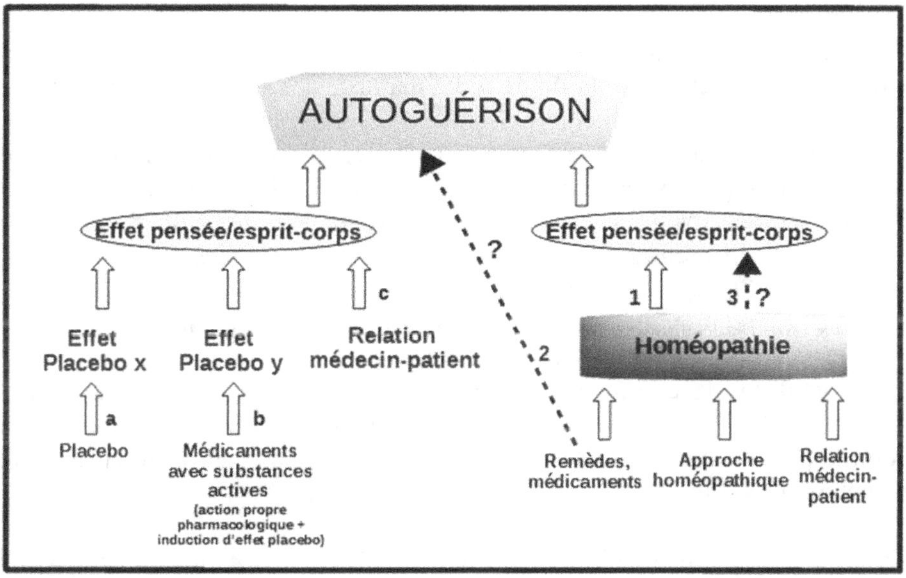

Figure 6 : Proposition de conciliation et d'amélioration de la communication science-société portant sur les registres mystique/épistémique et fonctionnels (effet placebo *vs* action propre) des sujets des groupes A et B.

Proposition 2 : la figure 6 prendrait donc en compte les représentations des sujets des groupes A et B sur l'homéopathie et l'effet placebo. Elle permettrait de redimensionner, comme nous l'avons précédemment évoqué, l'effet placebo ainsi que l'homéopathie dans un nouveau champ scientifique et médical : l'autoguérison. Par l'intermédiaire des registres fonctionnels (effet placebo *vs* action propre), elle annulerait l'opposition incompatible des registres mystique et épistémique, en intégrant l'homéopathie dans un champ scientifique et médical commun aux représentations des sujets des deux groupes : l'autoguérison. De plus, l'effet placebo véhiculant une charge de négation scientifique serait métamorphosé par un redimensionnement au travers de « l'effet pensée/esprit-corps » et sa valeur épistémique serait réaffirmée au travers de ce nouveau champ scientifique institutionnalisé. La relation médecin-patient évoquée comme particulière (se distinguant ou non de l'effet placebo selon les sujets et la littérature) serait également redimensionnée au travers de l'effet pensée/esprit-corps. Cet effet, déclenché par un tiers, conduirait à une action d'autoguérison.

Concernant l'effet placebo (figure 6) trois voies sont recensées et redimensionnées :

- **Voie a** : L'effet placebo du placebo est indiqué par la flèche a sur la figure 6. La majorité des scientifiques interrogés (groupes A et B) mentionnent l'effet placebo (ici nommé « effet placebo x ») comme étant généré par les placebos, certains scientifiques assimilant la relation médecin-patient à un placebo.
- **Voie b** : L'effet placebo du médicament contenant des substances actives est indiqué par la flèche b sur la figure 6. La majorité des scientifiques interrogés (groupes A et B) mentionnent l'existence d'un effet placebo présent dans tout acte thérapeutique. Il est nommé ici « effet placebo y ». Il est induit notamment par des médicaments avec substances actives conduisant possiblement en sus d'une action propre pharmacologique, à un effet placebo pouvant être différent de l'effet placebo x induit par un placebo (voie a) (cf. Boussageon, 2010).
- **Voie c** : La relation médecin-patient est indiquée par la flèche c sur la figure 6. Pour certains scientifiques interrogés, la relation médecin-patient se distingue d'un placebo même si elle a bien une action « effet pensée/esprit-corps ». La littérature indique d'ailleurs que la relation médecin-patient, tout comme par exemple aussi la psychothérapie, seraient bien différentes d'un placebo (cf. Autret, 2013).

Concernant l'homéopathie, la relation médecin-patient, l'approche homéopathique et les remèdes/médicaments homéopathiques sont également redimensionnés au travers de trois voies (figure 6) :

- **Voie 1** : L'effet pensée/esprit-corps indiqué par la flèche 1 sur la figure 6. Cet effet regroupe la relation médecin-patient et l'effet placebo issu de l'approche homéopathique et des remèdes/médicaments homéopathiques. Il représenterait l'effet complet de l'homéopathie pour la majorité des sujets du groupe A (pour lesquels les remèdes/médicaments sont perçus comme des placebos) mais ne représenterait qu'une partie de l'effet pour le groupe B, notamment pour les scientifiques travaillant sur l'homéopathie (pour lesquels les remèdes/médicaments ne sont pas considérés comme des placebos).
- **Voie 2** : L'existence d'une autre voie que l'effet pensée/esprit-corps pouvant mobiliser/favoriser l'autoguérison est indiquée par la flèche 2 sur la figure 6. Cette autre voie correspondrait à l'action propre des médicaments/remèdes homéopathiques *via* un message informationnel électromagnétique ou encore *via* une micro-dilution de substances actives par exemple, comme indiqué par des sujets du groupe B. Cette voie est inexistante pour les sujets du groupe A. Elle est mentionnée en pointillés et par un point d'interrogation sur la figure 6 puisqu'elle reste questionnée et suscite un désaccord entre les sujets des groupes A et B.

- **Voie 3** : Cette autre forme d'effet pensée/esprit-corps considère l'approche homéopathique et les remèdes/médicaments comme un vecteur de soins se différenciant de l'effet placebo et de la relation médecin-patient, notamment pour les sujets du groupe B travaillant sur l'homéopathie. Elle est mentionnée également par au moins un sujet du groupe A l'évoquant par exemple au travers du phénomène d'anamnèse mené lors de l'approche homéopathique. Pour les autres sujets du groupe A cette voie est assimilée à la voie 1 et à son effet placebo. Cette autre forme d'effet pensée/esprit-corps est mentionnée également en pointillés et par un point d'interrogation sur la figure 6 puisqu'elle reste questionnée et suscite aussi un désaccord entre les sujets des groupes A et B.

La mise en place institutionnelle d'un nouveau champ scientifique et médical portant sur « l'autoguérison » :

-Permettrait de supprimer l'opposition des registres mystique-épistémique qui est à l'origine de la plus grande divergence entre les sujets, les conduisant à des affaires en justice.

-Permettrait d'associer l'effet placebo, par l'intermédiaire de l'effet pensée/esprit-corps, à un champ scientifique et médical en supprimant la valeur de négation scientifique dont il s'est chargé historiquement en tant qu'objet de comparaison, tout en réaffirmant sa valeur épistémique.

-Répondrait à la valeur du *care* retrouvée dans les représentations des sujets du groupe B souhaitant une médecine sans effets secondaires prenant en compte l'individu.

-Répondrait à la demande des acteurs de la sphère académique interrogés issus des groupes A et B, souhaitant des recherches institutionnelles sur l'homéopathie tout comme sur l'effet placebo.

-Permettrait institutionnellement aux médecins d'utiliser une autre forme de médecine reconnue au travers de ce champ scientifique et médical, qui jusqu'alors pouvait leur poser un problème éthique (Lemoine, 1996 ; Howick, 2017). En effet il apparaît que 50 à 80% des médecins avouent prescrire un placebo (souvent impur) et que les patients trouvent acceptables de prendre un placebo s'il ne comporte pas de risques et possède un bénéfice potentiel (Boussageon, 2019).

-Permettrait de proposer de nouveaux enseignements universitaires adressés aussi bien à des étudiants de médecine, de pharmacie, de science que de psychologie par exemple, dans le cadre d'un nouveau champ disciplinaire et d'une formation scientifique.

Il semble, comme l'indique Alain Autret (2013, p. 23), que « vers les années deux mille, la question fut jugée suffisamment importante pour que soit initiée par le NIH (National Institute of Health aux Etats-Unis) une réflexion sur le thème « la science du placebo » ». Rémy Boussageon (2019) a d'autre part conduit une réflexion sur la façon de réconcilier ce qu'il nomme « la médecine magique » et « la médecine étroitement scientifique » (pour laquelle le placebo n'est rien et l'effet placebo est un problème). Il propose d'optimiser l'effet placebo sans prescrire de placebo ou sans traitement comportant des risques.

Notre analyse et cette proposition de conciliation conséquente iraient dans un sens analogue tout en redimensionnant la réflexion, en prenant en compte les représentations des acteurs de la sphère académique. Alain Autret indiquera en conclusion qu'« un champ de réflexion, de recherche pourrait s'ouvrir sur des modèles qui restent à découvrir » (2013, p. 85). Ce nouveau champ scientifique et médical institutionnel proposé ici, « l'autoguérison », nécessiterait une approche de recherche pluridisciplinaire afin de mieux comprendre comment non seulement la psyché, la pensée, l'esprit et la biologie du corps, mais aussi les représentations sociales des individus, peuvent conduire à une mobilisation des capacités d'autoguérison.

La littérature indique que certains individus répondent plus ou moins bien à cet effet pensée/esprit-corps, tout comme certains patients ne répondront pas forcément à l'homéopathie. Si des données de la littérature mentionnent des causes possiblement génétiques conditionnant les placebo-répondants par exemple (Daures, 2017), il serait intéressant de se questionner plus largement sur cet effet pensée/esprit-corps, notamment sous l'angle sociologique. Au regard de notre analyse certaines questions pourraient émerger : les individus ayant un ancrage sociologique postmoderne sont-ils plus propices, au regard de leurs représentations, à un effet pensée/esprit-corps plus important ? Sont-ils alors plus sensibles à développer leurs capacités d'autoguérison ? Le rapport à la mort et à la vie ainsi qu'au concept de guérison, influencent-ils nos représentations sociales et en conséquence nos capacités d'autoguérison ?

En conclusion, cette étude met en évidence deux représentations sociales qui s'affrontent alimentées par une évaluation différente de l'objet homéopathie. Au sein d'une controverse, comme nous l'avons vu, tous possèdent le répertoire axiologique sollicité dans le conflit, mais comme nous l'indique Nathalie Heinich (2017, p. 331) « […] ils ne choisissent pas de mettre en avant les mêmes valeurs-principes, ni de privilégier les mêmes valeurs-objets […] ». L'étude des registres de valeurs donne donc des « outils pour élucider les moments de crises évaluatives » lorsque les acteurs se trouvent pris dans des controverses « quant à la juste valeur à attribuer à un objet ». « […] Trop fortement investis dans leurs raisons axiologiques, ils ne disposent pas toujours des clés leur permettant d'accéder au niveau duquel ces crises se nouent […] » (*Ibid.*, p. 276).

1) Cette étude nous permet donc de conclure que l'ancrage sociologique moderne ou postmoderne serait à l'origine et expliquerait les différences de représentations sociales des acteurs de la sphère académique au sujet de l'homéopathie.

2) Elle nous permet également de conclure qu'en conséquence de l'ancrage sociologique, il existe une opposition entre certains registres de valeurs au sein des représentations à l'origine des divergences et des affaires en justice : registres mystique *vs* épistémique (registres incompatibles, plus forte source de divergence et source d'affaires en justice), registres éthique de la justice *vs* éthique du *care* (opposition entre les centres de gravité de la prise en compte du patient passant du « juste » à « l'important »), registres fonctionnel effet placebo *vs* fonctionnel action propre (opposition entre les mécanismes d'action effet placebo *vs* action propre, amplifiée par la charge de négation scientifique de l'effet placebo en tant qu'objet de comparaison).

3) Elle nous permet de conclure que des conciliations sont possibles entre les sujets les plus opposés, dont les ancrages et registres sont les plus enracinés :

- registres éthique de la justice *vs* éthique du *care* : une conciliation prenant en compte « la sensibilité comme condition nécessaire du juste », serait par exemple de laisser plus de temps aux médecins, lors des consultations afin d'entrer dans une approche plus globale du patient. Une réflexion autour de la définition du soin pourrait également être réengagée.

- registres mystique *vs* épistémique / registres fonctionnel effet placebo *vs* fonctionnel action propre : une conciliation permettant de redimensionner les registres fonctionnels et épistémiques correspondrait à la mise en place d'un nouveau champ scientifique et médical nommé « Autoguérison ». Dans ce nouveau champ, seraient inclus l'effet placebo subissant une métamorphose sociale supprimant ainsi la valeur de négation scientifique dont il s'est chargé ; et l'homéopathie. Chacun ayant été décrit comme participant à et/ou favorisant l'autoguérison *via* un effet pensée/esprit-corps et/ou d'autres formes et voies à déterminer.

Il semble par ailleurs probable que ces propositions d'amélioration de la communication science-société, notamment concernant la proposition de mise en place d'un nouveau champ institutionnel scientifique et médical « Autoguérison », puissent concerner d'autres médecines non conventionnelles.

Chapitre VI

LES LIMITES DE CETTE ÉTUDE

-La première limite identifiée porte sur le nombre de sujets ciblés. Si l'effet de saturation a été, comme nous l'avons évoqué, le paramètre d'arrêt du recueil (saturation évaluée par la littérature entre 10/12 et 30), il ne peut être exclu qu'une variante représentationnelle aurait pu apparaître plus tard si nous avions continué le recueil. La redondance est arrivée à n = 12 pour les sujets du groupe A et à n = 10 pour les sujets du groupe B. Les recueils ont été poursuivis jusqu'à n = 19 pour le groupe A et n = 17 pour le groupe B pour s'assurer de l'effet de saturation. Ceci étant dit, si une variante n'a pas été prise en compte, on pourra considérer qu'elle n'aurait pas fait changer fondamentalement le schéma explicatif puisque son noyau n'aurait pas été différent.

-La seconde limite de cette étude porte sur les variables sociologiques analysées. Seule la variable « fonction sociétale » a été détaillée. Le croisement avec d'autres variables telles que l'âge, le genre ou l'origine sociale par exemple pourrait certainement apporter d'autres éléments d'analyse complémentaires.

-La troisième limite identifiée porte sur les propos des sujets. D'une part, comme nous l'avons évoqué dans la partie méthodologie, la première interrogation porte sur la véracité des propos. Comme Becker (1988) nous l'a indiqué si l'un des sujets devait fabuler cela se verrait au sein de la pièce de la mosaïque sociétale étudiée, ce qui est d'ailleurs très rare. La seconde interrogation portera d'autre part sur la distinction entre valeurs privées et valeurs publiques. Les valeurs publiques sont, d'après Nathalie Heinich (2017, p. 209), celles qui « peuvent être publiquement revendiquées, en tant que valeurs de référence ». Les valeurs privées, quant à elles, « orientent effectivement l'action, mais d'une façon difficilement revendicable, car insuffisamment conforme aux valeurs publiques » (*Ibid.*, p. 209). Dans notre étude, on pourrait estimer que des sujets très en défaveur de l'homéopathie utilisent voire prescrivent de l'homéopathie sans vouloir le mentionner, estimant que cela n'est pas en concordance avec leur positionnement. Si tel a été le cas, il apparaît que certains sujets étant dans ce cas l'ont effectivement mentionné. De même on aurait pu imaginer que des sujets médecins en faveur de l'homéopathie estiment que cet objet puisse fonctionner uniquement par effet placebo. Même si cela avait été le cas, des sujets du groupe B (non médecins) l'ont mentionné permettant ainsi de présenter cette variante représentationnelle. Donc même si certains sujets ont préféré conserver certaines valeurs privées sur cet objet le fait que d'autres ne l'aient pas fait a permis d'identifier les différentes variantes représentationnelles. Nous pensons que l'entretien narratif favorise l'expression du sujet et lui permet d'exprimer ses valeurs sans les cacher, notamment dans le cadre de l'anonymat. Même si nous estimons que les sujets n'ont pas conservé de valeurs privées sur cet objet, il nous a fallu prendre en compte cette dimension. L'effet de saturation du recueil a donc pris en compte ces variantes représentationnelles pouvant rester plus privées en se poursuivant également jusqu'à l'obtention des variantes supposées privées.

-La quatrième limite identifiée repose sur les rapports de force au sein d'un conflit et d'une controverse. Il ne peut être oublié que l'identité des acteurs joue un rôle dans les conflits. Si l'analyse sociologique axiologique est une des clés de compréhension des controverses, le « poids des catégories d'acteurs » impliqués l'est également : « aussi la sociologie politique a-t-elle également son mot à dire, parallèlement à la sociologie axiologique, dans la description de ce conflit ; mais aucune priorité ne doit être donnée *a priori* à l'une ou l'autre, car c'est justement la complémentarité de ces deux approches qui fait la puissance interprétative, voire prédictive, de l'analyse sociologique » (Heinich, 2017, p. 332). Des entretiens d'acteurs politiques et de décisionnaires auraient donc été nécessaires pour en dire plus d'un point de vue de la sociologie politique, cependant notre analyse aura néanmoins permis d'aborder d'un point de vue axiologique le positionnement des institutions modernes impliquées dans les choix politiques.

-La cinquième limite porte sur une dimension historique peu détaillée sur l'effet placebo. Cette dimension historique, qui pourrait faire l'objet d'une analyse approfondie ultérieure, pourrait permettre de mieux identifier et comprendre l'origine de la charge de négation scientifique de l'effet placebo, recensée par un certain nombre d'auteurs.

-Enfin, cette étude n'est qu'une proposition d'interprétation des données au regard de l'analyse effectuée et de sa littérature, possédant ses propres limites méthodologiques. D'autres interprétations seraient sans doute possibles, comme dans toute recherche qualitative menée.

Chapitre VII

RÉFÉRENCES BIBLIOGRAPHIQUES

Abric, J.-C. (2011). *Pratiques sociales et représentations*. Paris : PUF. 303p.

Académie nationale de Pharmacie,Académie nationale de Médecine. (2019). *L'homéopathie en France : position de l'Académie nationale de médecine et de l'Académie nationale de pharmacie.* En ligne sur le site de l'Académie nationale de Médecine. http://www.academie-medecine.fr/lhomeopathie-en-france-position-de-lacademie-nationale-de-medecine-et-de-lacademie-nationale-de-pharmacie/, consulté le 27/09/2019.

Assemblée parlementaire. (1999) *Une approche européenne des médecines non conventionnelles. Commission des questions sociales, de la santé et de la famille.* En ligne sur le site Assembly.coe.http://www.assembly.coe.int/nw/xml/XRef/X2H-Xref ViewHTML.asp?FileID=8014&lang=fr consulté le 19/05/2020.

Aulas, J.J. (2005). Placebo et effet placebo, essais de décryptage, *Ann Pharm Fr,* (63), 401-415.

Autret, A. (2013). *Les effets placebo – Des relations entre croyances et médecines.* Paris : L'Harmattan. 112p.

Balez, R., Couturaud, F., & Touffet, L. (2015). « Effet placebo », des convictions personnelles aux représentations collectives : relecture psychosociale d'un phénomène pharmacodynamique. *Ann Pharm Fr,* (73), 411-421.

Becker, H.-S. (1988). *Les Mondes de l'Art.* Paris : Flammarion. 382p.

Bertaux, D. (2016). *Le récit de vie (4ᵉéd).* Paris : Armand Colin (œuvre originale publiée en 1997). 127p.

Bloor, D. (1991). *Knowledge and social imagery (2ᵉéd).* London: The university of Chicago press (oeuvre originale publiée en 1976). 209p.

Bornhoft, G., & Matthiessen, P.-F. (2011). *Homeopathy in Healthcare: Effectiveness, Appropriateness, safety, Costs*. Germany : Springer Verlag. En ligne sur www.homeovet.cl/Libros/Homeopathy%20in%20Healthcare%20Effectiveness,%20Appropriateness,20%Safety,%20Costs.pdf , consulté le 04/10/2019.

Boussageon, R. (2010). *L'efficacité thérapeutique – Objectivité curative et effet placebo,* (Thèse de doctorat). Université Jean Moulin Lyon III, Lyon. 258p.

Boussageon, R. (2019). *CNGE 2019 - Plénière du conseil scientifique : L'effet placebo.* Nantes. En ligne sur https://www.youtube.com/watch?v=_qB_6d5A8YU&list=PLF_RKo2nU-a0PEMLZrN7O-kYwtCbLqMXg&index=26, consulté le 01/06/2020.

Bronner, G. (2018). *L'empire des croyances*. Paris : PUF. 281p.

Brugère, F. (2017). *L'Ethique du "care"* (3[e]éd). Paris : PUF (œuvre originale publiée en 2011).127p.

CAMbrella-wp2. (2012). *European research project on complementary and alternative medicine.* Report: ID 241951. 232p.

Charles, S. (2005). De la post-modernité à l'hypermodernité. *Argument*, 8(1), 1-13.

Collectif. (2018). *L'appel de 124 professionnels de la santé contre les «médecines alternatives».* En ligne sur le site Le Figaro.fr - Santé. http://sante.lefigaro.fr/article/l-appel-de-124-professionnels-de-la-sante-contre-les-medecines-alternatives-/ consulté le 27/09/2019.

Daures, C. (2017). *Les effets du psychisme sur le corps humain et les effets placebo,* (Thèse pour l'obtention du diplôme d'état de docteur en pharmacie). Université de Toulouse III, Toulouse. 74p.

De Carlos, P. (2015). *Le savoir historique à l'épreuve des représentations sociales : l'exemple de la préhistoire et de cro-magnons chez les élèves de cycle 3*, (Thèse de doctorat). Université de Cergy, Cergy. 857p.

Di Scala, E. (2019). Controverses socio-scientifiques et représentations sociales. In Di Scala (Ed.), *Science en société* (pp. 12-23), Paris : L'Harmattan.

Di Scala, E. (2020). Des acteurs de la sphère académique et des laboratoires pharmaceutiques. In Di Scala (Ed.), *L'Homéopathie en question* (pp. 83-94), Paris : L'Harmattan.

Durkheim, E. (1900). La sociologie et son domaine scientifique. *Rivista Italiana di Sociologia*, (4), 127–148.

EASAC, (2017). *Reports and statements, Biosciences, "Homeopathic products and practices"*. En ligne sur le site EASAC https://easac.eu/publications/details/homeopathic-products-and-practices/, consulté le 04/10/2019.

Faure, O. (2002). L'homéopathie entre contestation et intégration. *Actes de la recherche en sciences sociales*, (143), 88-96.

Finniss, D.G., Kaptchuk, T.J., Miller, F. & Benedetti, F. (2010). POacebo Effects : Biological, Clinical and Ethical advances. *Lancet,*375(9715), 686-695.

Fisette, D., & Poirier, P. (2000). *Philosophie de l'esprit, état des lieux.* Paris : Vrin. 352p.

Flament, C., & Rouquette, M.-L. (2003). *Anatomie des idées ordinaires, comment étudier les représentations sociales*. Paris : Armand Colin. 176p.

Freidson, E. (1984). *La profession médicale.* Paris : Payot, 369p.

Freud, S. (1961). *Introduction à la psychanalyse.* Saint-Amand : Petite bibliothèque Payot. 441p.

Giddens, A. (1994). *Les conséquences de la modernité.* Paris : L'Harmattan. 192p.

Goslin, D. (2017). *L'effet placebo : les travaux de F. Benedetti. Implications pour la relation patient-acteur de santé* (Thèse pour l'obtention du diplôme d'état de docteur en pharmacie). Université de Bordeaux, Bordeaux. 131p.

Grimaldi-Bensouda, L., Abenhaim. L., Massol, J., Guillemot, D., Avouac, B., Duru, G., Lert, F., Magnier. A-M., Rossignol, M., Rouillon, F., & Begaud, B. (2016). Homeopathic medical practice for anxiety and depression in primary *care*: the EPI3 cohort study. *BMC Complement Altern Med*, 16(1), 1104-2.

Guest, G., Bunce, A., & Johnson, L. (2006). How many interviews are enough? An experiment with data saturation and variability. *Field Methods*, 18(1), 59–82.

HAS, (2019). Evaluation des médicaments homéopathiques. En ligne sur le site HAS : https://www.has-sante.fr/jcms/p_3116594/fr/evaluation-des-medicaments-homeopathiques, consulté le 25/11/2019.

Heinich, N. (2017). *Des valeurs – une approche sociologique*. Domont : nrf Gallimard. 405p.

Held, V. (2006). *The Ethics of care : Personal, Political and Global*. Oxford : Oxford University Press. 222p.

Howick, J. (2017). *Docteur Vous – Les bases scientifiques de l'autoguérison.* Montréal : Les Editions de l'Homme. 315p.

IPSOS, (2012). *L'homéopathie fait de plus en plus d'adeptes*. En ligne sur le site IPSOS : https://www.ipsos.com/fr-fr/lhomeopathie-fait-de-plus-en-plus-dadeptes, consulté le 02/10/2019.

IPSOS, (2018). *L'homéopathie plébiscitée par les français*. En ligne sur le site IPSOS : https://www.ipsos.com/fr-fr/lhomeopathie-plebiscitee-par-les-francais, consulté le 02/10/2019.

Jeanneret, Y. (2008). *Penser la trivialité, volume 1, la vie triviale des êtres culturels.* Paris : Lavoisier (Hermès science). 267p.

Jung, C.G. (1964). *Dialectique du moi et de l'inconscient.* Sarthe : Folio Essais. 287p.

Jumeau, S. (2018). *Intérêt thérapeutique de l'effet placebo dans la prise en charge de la douleur* (Thèse pour le diplôme d'état de docteur en médecine). Université de Limoges, Limoges. 141p.

Laugier, S. (2002). *Mind, esprit, psychologie,* Methodos. En ligne sur le site : http://journals.openedition.org/methodos/65, consulté le 05/07/2020.

Le Marec, J. (2002). *Ce que le « terrain » fait aux concepts : vers une théorie des composites* (Mémoire pour l'habilitation à diriger des recherches). Université Paris VII. Paris. 195p.

Lemoine, P. (1996). *Le mystère du placebo.* Paris : Odile Jacob (médecine). 236p.

Leroy, E. (2014). *Pratique comparée de l'homéopathie en Europe et perspective* (Thèse de doctorat de pharmacie). Université de Nantes. Nantes. 149p.

Lilti, A. (2007). Querelles et controverses. Revue mil neuf cent, 13-28.

Maffesoli, M. (2014). *L'ordre des choses – penser la modernité*. Paris : CNRS Editions. 264p.

Maffesoli, M. (1996). *Eloge de la raison sensible*. Paris : Grasset. 278p.

Moliner, P. (1993). Cinq questions à propos des représentations sociales. *Cahiers internationaux de psychologie sociale*, (20), 5-14.

Moliner, P. (1996). *Images et représentations sociales.* Grenoble : Presses Universitaires de Grenoble. 275p.

Moliner, P., Rateau, P., & Cohen-Scali, V. (2002). *Les représentations sociales – Pratiques des études de terrain.* Rennes : PUR. 230p.

Molinier, P., Laugier, S., & Paperman, P. (2009). *Qu'est-ce que le care ? Souci des autres, sensibilité, responsabilité*. Paris : Payot et Rivages. 301p.

Moscovici, S. (1961). *La psychanalyse, son image et son public.* Paris : Presses Universitaires de France. 652p.

Neyret, A. (2018). *Evolutions de la relation médecin-patient à l'heure de la transition épidémiologique. Comment s'y former ? Revue de la littérature* (Thèse pour le diplôme de docteur en médecine). Université de Bordeaux, Bordeaux. 68p.

National Health and Medical Research Council. (2015) En ligne sur le site NHMRC https://www.nhmrc.gov.au/sites/default/files/images/nhmrc-information-paper-effectiveness-of-homeopathy.pdf, consulté le 08/11/2020.

Noël-Hureaux, E. (2015). Le *care* : un concept professionnel aux limites humaines. *Revue Recherche en soins infirmiers*, (122), 7-17.

OMS, (2002). *Stratégie de l'OMS pour la médecine traditionnelle pour 2002-2005*. Report. 74p.

Parsons, T. (1951). *The social system.* Free Press. 575p.

Pestre, D. (2007). L'analyse des controverses dans l'étude des sciences depuis 30 ans. *Revue mil neuf cent*, 29-43.

Pinkas, D. (1995). La thèse de l'identité psycho-cérébrale. In Pinkas (Ed.) *La matérialité de l'esprit,* (pp. 59-110), Paris : La Découverte.

Poupart, J., Deslauriers, J., Groulx, L.-H., Laperrière, A., Mayer, R., & Pires, A.P. (1997). *La recherche qualitative : enjeux épistémologiques et méthodologiques.* Montréal : Gaëtan Morin. 405p.

Prairat, E. (2012). Considérations sur l'idée de norme. *Les Sciences de l'Education – Pour l'ère nouvelle*, (45), 33-50.

Rezsohazy, R. (2006). *Sociologie des valeurs.* Paris : Armand Colin. 184p.

RGPD, (2018). Le règlement général sur la protection des données. En ligne sur le site de la CNIL https://www.cnil.fr/fr/reglement-europeen-protection-donnees, consulté le 02/11/2019.

Rizkallah, E. (2003). Le modèle bi-dimentionnel des RS : une critique théorique. *Journal International sur les représentations sociales,*(1.1), 1-10.

Rouquette, M.-L. (1973). La pensée sociale. In Moscovici (Ed.), *Introduction à la psychologie sociale (pp.* 299-327), Paris : Larousse.

Salone, J.-J. (2013). Analyse textuelle avec Iramuteq et interprétations référentielles des programmes officiels de mathématiques en classe de quatrième. *Sciences-croisées*, (13), 1-13.

Strauss, A. (1992). *La trame de la négociation. Logiques sociales.* Paris : L'Harmattan. 311p.

Tilmans-cabiaux, C. (2010). Effet placebo : la part de l'esprit dans la guérison. *Presses Universitaires de Louvain*, 94-107.

Trepos, J.-Y. (1998). La sociologie postmoderne est-introuvable. *Revue de philosophie et de sciences humaines,* 1-13.

Tronto, J. (2012). *Le risque ou le care* ?. Paris : PUF. 50p.

Wolfe, C.T. (2013). Un matérialisme désincarné : la théorie de l'identité cerveau-esprit. In Wolfe (Ed.), *Lire le matérialisme* (pp.181-211), Lyon : ENS Editions.

Chapitre VIII

ANNEXES

Les entretiens ont eu lieu entre novembre 2018 et octobre 2019

Annexes A1 et A2 : Évaluation de l'homéopathie par les sujets

Annexe A1 : Extraits des retranscriptions des entretiens des sujets étudiés du groupe A (pas d'action propre pharmacologique de l'homéopathie). Retranscriptions concernant l'évaluation de l'objet homéopathie et leurs opinions sur la recherche à faire à ce sujet, les médecins homéopathes et/ou les raisons des oppositions.

Sujets Groupe A - PAP	**Évaluation de l'objet Homéopathie**	**Opinions sur les recherches à faire concernant l'homéopathie**	**Opinions sur les médecins homéopathes et/ou les raisons des oppositions**
Sujet 1 **(Homme, âge non renseigné)** Thèse – post-doc – enseignant-chercheur *Date de l'entretien :* *02/04/2019*	« Je serais sceptique car cela ne répond pas à des lois scientifiques mais si par des mécanismes non définis cela fonctionne, pourquoi pas. Scientifiquement je ne sais pas ce qu'il en est mais l'effet placebo existe et l'homéopathie ce serait cela. Pour moi l'homéopathie = effet placebo »	« Je pense qu'il est important de faire de la recherche sur le sujet : je ne sais pas s'il y en a. Je connais l'article de Benveniste et la mémoire de l'eau ainsi que la controverse. Tant qu'on n'a pas réfuté une hypothèse sur l'homéopathie on ne peut pas dire que c'est faux donc dans une logique de recherche et scientifique il faut poursuivre la recherche fondamentale sur le sujet car peut-être cela serait possible l'hypothèse quantique. Cependant je suis sceptique sur cette hypothèse quantique. Je pense plutôt à un effet	« Pour les médecins homéopathes je pense qu'ils savent mesurer de la dangerosité de leurs actions, ils savent ce qu'ils font donc s'ils prescrivent de l'homéopathie c'est qu'ils savent ce qu'ils font. Je ne fais confiance à l'homéopathie que sous la surveillance d'un médecin. Je fais confiance à ces médecins. L'Académie de médecine et l'institution n'aiment pas être remises en cause dans leurs jugements. L'homéopathie remet en cause la médecine classique et c'est pour cela qu'ils sont virulents.

		psychosomatique car on n'a pas pu le démontrer ».	La virulence vient des académies et de l'institution pas vraiment des collègues entre eux. »
Sujet 2 **(Homme, âge non renseigné)** Thèse – post-doc – chercheur *Date de l'entretien :* *05/04/2019*	« Je me suis questionné depuis longtemps dessus car j'ai des parents pro-homéopathie. J'ai donc toujours été soigné avec l'homéopathie par mes parents. Quand j'ai cherché le fonctionnement je n'ai pas trouvé, donc depuis mon intérêt s'est un peu tari. Je cherche à me soigner par moi-même autrement car je suis sceptique. Pour moi l'homéopathie c'est l'effet placebo donc ça marche en apportant un espèce de « pouvoir » magique ».	« L'homéopathie en tant que sujet de recherche : je pense que c'est très intéressant et je n'ai rien contre et c'est même intéressant permettant de découvrir des choses non connues, mais pour l'instant aucune n'a permis de montrer un effet autre que placebo. Mais si j'étais médecin je trouverai çà bien, mieux qu'un médicament allopathique. La recherche sur le sujet c'est une curiosité, c'est très bien. Par contre toutes les autres connaissances se sont précisées et pas sur l'homéopathie donc ce n'est pas bon signe. Ma curiosité pourrait m'amener à tester des traitements homéopathiques pour voir si çà modifie l'expression génétique : je serais prêt à travailler dessus et changer	« Pour ce qui concerne les médecins homéopathes, je trouve qu'ils prennent plus de temps, il y a un rapport de confiance, on va chez le psy, on discute, ce qui est plus difficile avec un allopathe. On ne se sent pas écouté. Je ne suis donc pas dogmatique contre les médecins homéopathes. Par ailleurs pour certaines maladies il n'est pas utile de prescrire des antibiotiques, donc une substance sans molécules comme l'homéopathie peut être bien. Ce qui m'embête c'est qu'ils croient à l'efficacité de leurs médicaments : ils devraient dire que cela accompagne mais ne soigne pas. Je ne me soigne pas avec l'homéopathie mais je comprends ceux qui le font. Les détracteurs sont virulents car il ne faut pas faire

		mon fusil d'épaule. »	miroiter quelque chose au patient et le mener en bateau d'où la virulence. La recherche est aussi un gouffre financier. J'imagine que certains pensent qu'il faut garder l'argent pour autre chose : je ne sais pas qui a raison. Je ne sais pas s'il faut dérembourser car on pourrait penser que les patients aillent vers l'allopathie avec des effets secondaires. Les homéopathes ne veulent pas accepter qu'il n'y a pas que l'effet placebo. Ils pensent que leurs conclusions sont justes et n'utilisent pas la démarche scientifique classique : ils doivent accepter le résultat. Ils sont dans le déni. Mais vice-versa cela ne veut pas dire qu'il faut le rejeter. »
Sujet 3 **(Femme, 52 ans)** Thèse – post-doc – chercheur *Date de l'entretien :* *12/04/2019*	« Personnellement je pense que l'homéopathie fait du bien aux patients. Je pense qu'il n'y a rien dans les granules. Je ne crois pas à la mémoire de l'eau. L'effet sur les patients ne relève pas que de l'effet	« Je pense que le fait que la thématique soit pointée du doigt légitime la recherche publique sur le sujet puisque 70% des Français l'utilisent. Moi je pense qu'il faut faire des études et que les deux sont	« Parmi les homéopathes, il y a des extrémistes bien sûr. Il faut cadrer l'homéopathie. Je n'ai pas de jugement sur les médecins homéopathes. C'est très médiatisé l'homéopathie donc ce n'est pas neutre. Je pense qu'on peut

	placebo mais passe aussi par d'autres voies. Je pense à des mécanismes *via* l'anamnèse où le patient parle du contexte, *via* les conseils du médecin, l'échange médecin/patient qui peuvent aider le patient à prendre confiance. Je ne prends pas d'homéopathie et j'en ai donné à mes enfants à titre placebo car je pense que le granule ne contient rien.»	dans le vrai car si cela peut faire du bien aux patients il ne faut pas s'en priver. Il ne faut pas interdire de l'enseigner. »	publier internationalement. Il y a une virulence sur toutes les thérapies complémentaires et notamment sur l'homéopathie car Boiron se fait beaucoup d'argent. L'homéopathie a des passe-droits en terme de remboursement. On est en droit de se demander si cela est éthique de rembourser les granules, sans molécules actives, parce que l'effet placebo fait du bien aux patients. Du point de vue du législateur, c'est mentir aux patients.»
Sujet 4 **(Femme, 52 ans)** Thèse – post-doc – enseignant-chercheur *Date de l'entretien :* *07/06/2019*	« Ce n'est pas un sujet qui m'intéresse en particulier. J'en pratique, j'y ai recours avec deux idées : d'une part certains disent c'est très efficace et si ça ne fait rien ça ne fera pas de mal. Moi je crois à l'effet placebo c'est-à-dire à un effet bénéfique sans qu'il y ait de molécules actives identifiées, mais dont la seule prise agit favorablement	« Je ne connais pas la recherche sur l'homéopathie. Je pense qu'il est utile de faire des recherches dessus que ce soit l'effet placebo ou non. Que ce soit justifié par une action moléculaire démontrée ou pas, peu importe il faut faire une recherche : il faut démontrer l'effet même si on ne peut pas démontrer le mécanisme. »	« En tant qu'utilisatrice, je n'exclurais pas un médecin homéopathe si j'ai une pathologie. Je pense que ça ne peut pas faire de mal. Les divergences viennent du fait que pour certains il n'est pas raisonnable d'utiliser un médicament sans molécules présentes et d'autres qui regardent le résultat

	sur le patient par des mécanismes cognitifs car il pense qu'il se soigne et c'est alors cette pensée qui est favorable sur sa santé. A ma connaissance il faut des concentrations pharmacologiques d'un principe actif pour avoir un effet physiologique direct. Avec l'homéopathie il n'y a pas de preuves de mécanismes, c'est ce que je crois. Les gens vivent bien avec l'homéopathie quelle que soit la raison de son effet ».		différemment pragmatiquement. »
Sujet 5 **(Homme, 68 ans)** Études de Médecine – formation scientifique – médecin/chercheur *Date de l'entretien :* *12/06/2019*	« Pour moi, l'approche homéopathique me met dans le doute car elle relève pour moi d'une croyance irrationnelle. Je dis cela avec une légère pointe de regret. En effet, j'ai toujours eu des interrogations par rapport à ce domaine. Sur un plan scientifique, je m'interroge sur son efficacité, je suis sceptique. J'entends ce qu'on	« Il n'y a pas beaucoup de travaux scientifiques, au sens classique, du terme sur l'homéopathie. Elle n'est pas habituellement utilisée dans d'autres pays, donc la recherche est peu développée. La théorie informationnelle, mémoire de l'eau ou autre, je n'en comprends pas bien le sens. En revanche, il manque	« J'ai une certaine sympathie pour les médecins homéopathes. Ils sont certainement plus à l'écoute de leurs patients, car c'est une médecine qui n'est pas dans une approche purement technique. Je ne sais pas pourquoi cette question du remboursement de l'homéopathie est une priorité pour la ministre actuelle, car même sur un plan strictement

	dit, par exemple que l'homéopathie permet de limiter une surconsommation de médicaments allopathiques, mais en même temps il y a une prise de risque à choisir pour des pathologies graves des thérapeutiques dont l'efficacité n'a jamais été démontrée. L'effet placebo est l'effet principal de l'homéopathie, c'est pourquoi les gens se sentent mieux, mais en même temps, je trouve que les personnes qui consomment de l'homéopathie sont très dépendantes de ces petites pilules, car ils en consomment dès le moindre petit souci. »	certainement des recherches sur le contexte de la prescription homéopathique, particulièrement concernant les patients et leurs profils »	financier, les médicaments homéopathiques ne coûtent pas très chers, il y a donc d'autres sujets plus importants à régler concernant les questions de santé dans notre pays »
Sujet 6 **(Homme, 72 ans)** Études de Médecine – médecin en lien avec l'université	Il y a deux aspects très intéressants. Dans le cas de l'homéopathie, il est évident qu'il n'agit que par placebo. Le médecin est « victime sensible » à l'effet placebo. Mais un effet placebo est un effet clinique.	« C'est une question difficile. Est-ce que le médecin homéopathe est convaincu que l'homéopathie a une action propre ? Je ne suis pas certain. Je pense que les homéopathes éduqués pensent	« Certaines personnes cherchent à trouver chez les scientifiques une explication obligatoire de leur mal. Le conflit autour de

Date de l'entretien : *13/08/2019*	Le fait de vouloir que l'effet soit statistique est une erreur. L'autre aspect est sociétal : c'est compliqué car on ouvre des portes. Il y a un conflit permanent entre les patients et le monde médical et ceci pour plusieurs raisons : la médecine est devenue populationnelle or, le patient veut un soin individuel car il estime inacceptable qu'on lui applique un soin statistique. L'individu est insensible à la statistique, surtout quand on nous donne des produits chimiques donc on se réfugie dans des croyances, par le biais de collectifs, associations etc…l'homéopathi e en est un des aspects mais le refus des vaccins c'est pareil. C'est un procédé thérapeutique avec effet clinique que j'accepte car il y a la liberté individuelle. »	que c'est la relation au patient. Il n'y a pas de chercheurs académiques qui travaillent sur les effets physiologiques. On a juste des chercheurs qui travaillent sur les effets cliniques en lien avec Boiron. Par contre on a des chercheurs qui travaillent sur la compréhension physiologique de l'effet placebo. »	l'homéopathie est une façon de cristalliser le conflit latent. Cette querelle de l'homéopathie s'inscrit là-dedans. Il n'y a pas d'intérêts à critiquer l'homéopathie qui a des effets cliniques. L'homéopathie est née en Allemagne. En Chine ça ne marche pas mais Boiron arrive à en vendre. Cette querelle est assez spécifique à la France. »
	« Etant scientifique, l'homéopathie ne contenant pas de	« La théorie électromagnétique, c'est des foutaises, c'est de l'intox pour	

Sujet 7 **(Homme, âge non renseigné)** Thèse – post-doc – chercheur *Date de l'entretien :* *21/08/2019*	principe actif, donc cela ne peut être qu'un placebo. Ce n'est donc pas un médicament, mais du sucre. Cela dit j'ai une réflexion par rapport à l'approche homéopathique, où le médecin prend plus de temps pour analyser la cause. J'ai accompagné un de mes enfants chez un médecin homéopathe (par l'intermédiaire de ma femme) et j'ai vu qu'on pouvait se sentir déjà mieux en sortant du cabinet, donc c'est plus la démarche globale. Si un médecin allopathe pouvait passer plus de temps pour mieux comprendre on y gagnerait. Pour le public, ça ne peut pas faire de mal, il se dit soit ça ne fait rien, soit cela fera quelque chose mais c'est mieux que de m'empoisonner. Je pense que les gens ne savent pas ce qu'ils prennent. Je ne pense pas que si on donne l'information cela changera quelque	des gens qui n'ont pas de fondements scientifiques. Je réfute tout cela tant qu'il n'y a pas de données qui démontrent l'inverse. Je pense que de la recherche fondamentale n'est pas justifiée, en SHS oui. La recherche clinique n'est pas justifiée non plus car l'effet placebo est déjà présent partout. On ne va pas comparer un placebo à un placebo. Surtout vu le coût des études cliniques. Il aurait fallu le faire depuis longtemps : c'est à cause de l'absence de ces données qu'il y a eu un déremboursement. Les laboratoires ne se sont pas bougés car ils savent que cela ne sert à rien, ils ont plutôt peur. »	« Si le médecin croit profondément à l'efficacité de l'homéopathie, ce n'est pas tenable. En revanche s'il considère que la prise en compte globale est importante, cette approche médicale est bonne et je l'approuve en demandant aux médecins d'avoir cette approche et pas uniquement centrée sur la pathologie. Il est en revanche dangereux et répréhensif si l'homéopathie propose de soigner le cancer. Je n'ai pas d'opinions sur les virulences, tout dépend sur quoi portent ces virulences. »

	chose. C'est plutôt le domaine de la croyance. L'information est là et présente et on n'en tient pas compte ».		
Sujet 8 **(Homme, 60 ans)** Études de Médecine – formation scientifique – médecin/chercheur *Date de l'entretien :* *26/02/2019*	« Au début pour moi l'homéopathie avait un rapport avec les plantes. Quand on m'a parlé de hautes dilutions j'ai pensé que cela ne rimait à rien. Pour moi l'homéopathie c'est plutôt une psychothérapie qui ne dit pas son nom plutôt qu'une pratique clinique. Je constate qu'on a une recherche sans progrès sur l'homéopathie. Les questions qu'on se pose aujourd'hui sont les mêmes. Les granules ne contiennent pas d'eau il n'y a que du sucre mais il peut y avoir une efficacité mais il faut avoir une vision globale en prenant en compte le patient. Le granule est un objet transitionnel. C'est la relation entre patient et médecin qui a un effet. »	« Il y a beaucoup à travailler, rechercher sur l'effet placebo »	« Ils constatent l'efficacité d'après eux de l'homéopathie dans leur cabinet avec leurs patients, mais les questions qu'on se pose sur l'homéopathie sont toujours les mêmes, cela n'a pas avancé scientifiquement donc il faut se poser des questions»
	« L'homéopathie est un soin, non	« Je pense que c'est un sujet de	

Sujet 9 **(Homme, 40 ans)** Études de Médecine – formation scientifique – médecin/chercheur *Date de l'entretien :* *26/03/2019*	une médecine puisque sans preuve scientifique et sans socle scientifique. L'homéopathie est un vecteur de placebo mais c'est un soin qui ne s'explique pas par la présence de molécules. Cela pourrait être autre chose. J'ai déjà pris de l'homéopathie, mais pas des granules. Je prescris de l'homéopathie, à la demande des patients, en les prévenant que "ça n'a pas d'efficacité prouvée mais en même temps on ne peut pas attendre que tout soit prouvé / faire uniquement ce qui est prouvé". Il m'arrive aussi d'en prescrire spontanément dans les troubles du sommeil, après avoir présenté au patient les différentes options thérapeutiques et voir avec lui où "mettre le curseur" en fonction de l'intensité de ses symptômes et des avantages/ inconvénients de chaque option	recherche intéressant et qui est important : certains soins n'ont pas besoin de cette valence scientifique car ce n'est pas basé sur une démarche scientifique. Il faut évaluer l'efficacité mais si ce n'est pas plus efficace qu'un placebo il ne faut pas forcer et aller plus loin dans la recherche. On est arrivé à un point où il faut trancher sur l'homéopathie car c'est tellement utilisé qu'il faut connaître l'efficacité/risques. Il faudrait connaître dans quelles circonstances cela peut être utilisé, plus sur la manière. On ne doit pas mentir aux patients : l'homéopathie n'a pas de preuves d'efficacité mais si cela convient au patient alors c'est bon. »	« Les médecins homéopathes sont des personnes qui se disent que c'est la dimension humaine qui importe. »

	(règles hygiénodiététiques, homéopathie, phytothérapie, benzodiazépines). »		
Sujet 10 **(Homme, 58 ans)** Études de Médecine – formation scientifique – médecin/chercheur *Date de l'entretien :* *27/03/2019*	« On est sur un procédé, une méthode historique de l'histoire de la médecine. Une idée loufoque d'un illuminé qui invente des principes qui reposent sur son imagination et qui ne tombent pas dans l'oubli. L'homéopathie est à déviance sectaire. Ce n'est pas parce que les patients réagissent différemment qu'on va leur donner une thérapie type placebo : l'homéopathie est un savoir ésotérique et invalide, ce sont des croyances. L'homéopathie a un effet placebo. Le premier effet placebo c'est le médecin, donc quand vous prescrivez il y a déjà un effet placebo. L'effet placebo est d'autant plus important qu'on est détenteur d'un	« En recherche fondamentale, il n'y a rien de valide. La démarche scientifique consiste à produire du savoir, construire des hypothèses à partir de modèles qu'on peut construire. Il est donc inutile de faire de la recherche dessus car c'est absurde et loufoque et au plan clinique c'est déjà démontré. Donc on ne va pas dépenser de l'argent là-dedans. Au plan du savoir scientifique ce n'est pas une controverse : on veut faire croire qu'il y a une controverse scientifique notamment en France avec les laboratoires pharmaceutiques qui est l'un des plus gros facteurs qui alimente la controverse. Un professionnel qui a construit une légitimité a du mal à revenir sur son erreur (un	« Pour les médecins c'est différent, la médecine générale n'était pas enseignée. La structuration ne s'est faite que dans les années 2000. Donc on a des légions du corps professionnel qui ont été mises sur le marché du choix avec une absence de formation. Les professeurs qui exercent aujourd'hui sont arrivés sans identité professionnelle et ils faisaient ce que les autres ne voulaient pas faire, avec un métier qu'ils n'avaient pas appris. Certains se sont engouffrés dans l'homéopathie car il y avait des recettes sans réfléchir avec une apparence de prise en compte du patient. Moins de jeunes s'orientent vers l'homéopathie actuellement. Je pense personnellement que ceux qui s'orientaient vers l'homéopathie, mais je ne peux pas le

	savoir scientifique. Le problème de l'homéopathie : elle fait semblant de prendre en compte. L'homéopathie est typique et emblématique d'une fausse réponse à de vraies questions qui ne se résument pas à une biologie. L'homéopathie trompe et apporte une mauvaise réponse. C'est grave que ceux qui sont supposés détenir du savoir soient l'équivalent de magiciens dont le savoir est inexistant. Les gens ne savent pas ce qu'est l'homéopathie, donc ils en prennent. Mais quand on leur explique ils n'ont plus d'avis positifs : c'est un manque d'informations ».	mensonge qu'on nie). »	prouver, étaient les plus perdus, peut-être les moins bons. De plus il y a une contrainte économique : en 1990 les médecins généralistes n'avaient pas de créneaux, l'homéopathie permettait à certains d'avoir des patients sinon ils n'en avaient pas. Beaucoup de médecins bons ont arrêté l'homéopathie quand ils l'ont lu. Un médecin qui possède un savoir scientifique doit comprendre la différence entre la vérité du patient et le savoir scientifique. »
Sujet 11 **(Homme, 53 ans)** Études de Médecine – formation scientifique – médecin/chercheur	« Ma mère me donnait de l'homéopathie étant jeune, je pensais devenir médecin homéopathe. Plus j'avançais plus je me rendais compte que c'était une pure arnaque et	« Je pense qu'il faut arrêter de chercher sur la mémoire de l'eau ou autre, c'est une imposture scientifique. Les seuls travaux qu'on pourrait faire ce sont des travaux autour des représentations	« Les médecins vont vers l'homéopathie car c'est facile, cool, on raconte n'importe quoi aux patients, on s'affranchit des procès, de la clinique : c'est de l'arnaque surtout quand c'est fait au

Date de l'entretien : *28/03/2019*	que cela soigne uniquement des maladies du quotidien. Il faut arrêter d'enseigner l'homéopathie, l'université doit se retirer de cela. Les patients sont contents de l'homéopathie, c'est bien mais ce n'est pas aux médecins de s'en occuper. On parle ici d'efficacité symbolique, d'effet placebo. On est sur une pratique charlatanesque. »	symboliques mais on ne va pas aller loin. Les chercheurs en homéopathie, je ne sais pas ce qui peut les motiver mais il ne faut pas gaspiller de l'argent et aller chercher ce qui est incherchable. »	travers de la médecine. La complicité qui relève de la sorcellerie c'est problématique, c'est une trahison des diplômes académiques : c'est une non prise en compte de notre métier. Je ne comprends rien au verbiage des homéopathes. Je ne pense pas que les médecins doivent s'occuper du bien-être, il est déjà bien compliqué de s'occuper des maladies… »
Sujet 12 **(Homme, 63 ans)** Études de Médecine – formation scientifique – médecin/chercheur *Date de l'entretien :* *06/05/2019*	« L'homéopathie : c'est un placebo. On n'a jamais rien prouvé sur la partie pharmacologie. Il y a une dimension plus médicale où on a des résultats étonnants autour de l'allergie, le sommeil mais pas d'étude le démontrant. Sociétalement c'est un produit plutôt nature, très accepté et bien accepté. Donc il y a 3 dimensions : des médecins qui le reconnaissent, pas de preuves, très utilisés sociétalement et	« La recherche fondamentale sur la mémoire de l'eau a fait beaucoup de mal à l'homéopathie : il n'y a plus de molécules dans la dilution. L'homéopathie ne soigne pas un symptôme mais soigne un être mais chacun a son idée pour soigner un patient : donc c'est un peu de la magie. Moi je regarde pour voir ce que cela apporte sur un groupe en comparant sur un thème tel que le cancer : on voit qu'être dans un	« Ce qui motive les détracteurs à être si virulents ce sont les pharmacologues de base qui veulent une justice entre homéopathie et allopathie : avec les mêmes critères. L'homéopathie est sans risque donc ce n'est pas un

	bien dans des supports de soins. Pas de risques directs mais des risques indirects. La médecine est faite pour soigner des maladies or les gens viennent pour des maux et non des maladies : cela ne devrait pas relever de la médecine et donc seuls les thérapeutes sont bien placés pour cela. Les médecins ne sont pas là pour assurer le bien-être de la population, c'est pourquoi des médecins homéopathes l'utilisent mais ils font connaître les limites. »	élément plus positif peut avoir un impact sur la qualité de vie qui a un impact sur la maladie. Pour l'instant la place intermédiaire de l'homéopathie avec un coût réduit est bien. Une recherche publique en homéopathie oui car on ne sait pas pour l'instant. Il y a beaucoup de choses qu'on ignore. Toutes les problématiques autour des ondes sont à creuser. Recherche sur les hautes dilutions : pourquoi pas mais…ce qui motive les chercheurs sur les hautes dilutions c'est qu'ils sont un peu fous car ils sont chercheurs et un chercheur est un peu fou, ils ont peut-être des hypothèses différentes de moi. »	médicament. Un médicament a forcément des effets secondaires. »
Sujet 13 **(Homme, 62 ans)** Études de Médecine – formation scientifique – médecin/chercheur	« L'homéopathie est un effet placebo, c'est un phénomène de société en France restreint à notre pays mais ailleurs on n'y accorde pas d'importance. J'ai essayé l'homéopathie et	« Sans intérêt de faire des recherches sur l'homéopathie à part sur l'aspect psychologique car il n'y a rien dans les granules (pas la moindre trace de la moindre substance active) : c'est de la magie, donc cela ne	« Ils se trompent et ils y croient. Quand j'étais étudiant j'étais interpellé mais maintenant non. On nous a fait croire que c'était comme un vaccin, or il n'y a rien. Ils n'ont pas réfléchi de

Date de l'entretien : *07/05/2019*	ça ne marche pas. On n'est pas loin du charlatanisme. L'Homéopathie égale voyance c'est pareil. C'est de la magie. »	se prête pas à une étude scientifique : les tests d'étude le montrent. Les recherches sur les hautes dilutions : je ne comprends pas ces recherches mais je resterais ouvert si j'avais une preuve. »	façon rationnelle et ils en vivent. Les médecins doivent soigner maladies et maux mais je préfère soigner de façon rationnelle même si le reste relève plutôt d'un thérapeute. Je ne pense pas qu'il y ait de la toxicité mais ils vivent de la crédulité du public. »
Sujet 14 **(Homme, 38 ans)** Études de Médecine – formation scientifique – médecin/chercheur *Date de l'entretien :* *14/08/2019*	« C'est un placebo, pas plus d'activités qu'un placebo. Il n'y a pas de principe actif dans les granules. Les explications possibles sont fantaisistes et aucune n'est sérieuse. Plus on a d'études sérieuses plus on voit que c'est un placebo. »	« Au début cela paraît normal de tester l'homéopathie puisque des patients y voient des bénéfices. Sur le plan scientifique je ne suis pas convaincu que cela fonctionne autrement. Sur le plan médical c'est justifié de faire des essais mais randomisés, en double aveugle. Pour la recherche fondamentale je ne comprends pas qu'on cherche dessus, peut-être les chercheurs sont convaincus, ils cherchent un peu à la Saint-thomas. Parfois des choses contre-intuitives sont existantes, mais au bout d'un moment c'est de l'acharnement. A	« On dit que c'est une pratique qui s'est répandue. C'est une façon pour les médecins généralistes de reprendre le contrôle. Je pense qu'il y a de ça mais il y a aussi l'idée d'une médecine moins clinique, plus naturelle. Pour parler d'une balance bénéfices/risques il faut qu'il y ait des bénéfices (or ce n'est que l'effet placebo). Ils prescrivent de l'homéopathie pour des affections peu graves. Je pensais qu'ils n'y croyaient pas mais en fait si, ils y croient, certains sont illuminés. Les leaders syndicaux sont assez toxiques, certains prennent des prix de consultation à plus

		partir de quel moment on arrête : je pense donc que faire de la recherche clinique oui mais fondamentale pas vraiment sauf si on a de nouvelles données. Il ne faut pas faire de la recherche dans des mauvais journaux scientifiques. A la limite il n'est pas impossible de faire de la recherche clinique avec une bonne méthodologie. »	de 100€. Certains extrémistes ont accumulé des mensonges, on a des crapules qui écrivent des livres aberrants. J'ai découvert des gens extrémistes qui veulent se faire de l'argent, qui sont des gourous. Il y a de moins en moins de médecins qui se forment aux médecines complémentaires car on n'est plus dans la même situation, on a plus de mouvement en faveur de la dé-prescription. Il y a différents niveaux de dialogues. Les réseaux sociaux sont mauvais pour cela, mais si on se limite aux prises de paroles dans les médias : il n'y a pas d'insultes, de menaces. Les débats partent vite en n'importe quoi. Les virulences sont assez partagées et on a des deux côtés des difficultés. C'est un débat non pacifié. Les 60 plaintes à l'issue d'une tribune c'est exagéré et virulent. Plaintes sur non confraternité infondées. Il y a

			peut-être aussi un problème générationnel : certains sont venus sur Twitter sans avoir les codes, car sur Twitter les moqueries sont monnaie-courante. »
Sujet 15 **(Femme, 44 ans)** Thèse – post-doc – enseignant-chercheur *Date de l'entretien :* *25/03/2019*	« L'homéopathie : depuis très jeune j'ai pris de l'homéopathie dès que j'avais un rhume. Ma mère était fan. Je n'en suis pas convaincue de mon côté et ne veux pas en prendre. Je connais des personnes qui en prennent et si cela leur fait du bien tant mieux mais je pense que c'est l'effet placebo. Homéopathie : ça ne marche pas, mais très bien si cela plait aux gens ».	« Je ne savais pas qu'il y avait des personnes qui cherchaient encore sur le sujet même de façon non institutionnelle. Pour moi il n'y a pas de science sur le sujet. Je pensais que les recherches étaient finies. Ceci dit les collègues chercheurs peuvent travailler sur ce qu'ils veulent au niveau pensée on est libre. Les financements bloquent par contre. Cela ne me choquerait pas qu'il y ait de la recherche publique financée pour savoir ce qu'il en est : pour que ce soit clair. J'avais entendu parler de l'hypothèse quantique : ce n'est pas possible pour moi car l'hypothèse est non valable mais il faut financer néanmoins pour savoir ce qu'il en est. Je pense que ce	« Pour les médecins homéopathes, j'avoue ne pas comprendre leur raison de se spécialiser en homéopathie, mais les médecins en général ne sont pas scientifiques, n'ont pas de démarche scientifique, pas de raisonnement scientifique. Je pense tout de même qu'ils doivent regarder pour voir si cela marche et si c'est le cas ils prescrivent, ils doivent donc prescrire car ils voient un effet. »

		qui explique qu'un chercheur puisse chercher sur ce sujet provient d'un problème d'éducation : on prend de l'homéopathie et on y croit dur comme fer, on ne se pose pas de questions. Je pense qu'on devrait financer la recherche pour savoir plutôt que de dérembourser l'homéopathie. »	
Sujet 16 **(Homme, âge non renseigné)** Études de Médecine – formation scientifique – médecin/chercheur *Date de l'entretien :* *16/09/2019*	« Cela fait partie des médecines traditionnelles qui sont en parallèle, un peu en opposition à un courant de médecine mécanistique. Elle repose sur des bases voyant le patient comme un tout et sur des bases biologiques délirantes. La façon dont l'homéopathe conceptualise le patient est de prendre en compte sa vie, mais les médecins homéopathes sont enfermés dans un paradigme fou. Leurs soins ont un intérêt mais ce qu'ils racontent est faux. Leur rationnel est faux. Ils n'ont pas réussi	« Un chercheur en recherche fondamentale est à l'affût de trucs barjot, donc ils sont prêts à prendre un sujet pour lequel ils se disent qu'il y a un truc bizarre à creuser. Recherches cliniques assurément à effectuer afin de comprendre par exemple pourquoi les gens en redemandent. Recherches fondamentales pourquoi pas mais on perdra certainement de l'argent. »	« Les médecins ont une formation scientifique mais ne sont pas des scientifiques. Quand ils se retrouvent face aux patients ils voient que la science ne permet pas d'expliquer toutes les pathologies qu'ils observent donc ils sont clivés et ils laissent de la place pour une pensée magique car la science n'explique pas tout. Et s'ils trouvent que cela marche alors cela renforce cette idée. Ils savent que la dilution fait qu'il n'y a plus rien après. Ils savent que les scientifiques disent cela mais ils pensent aussi que la science n'a pas trouvé l'ultime vérité. Pour

	à caractériser la raison des soins et ils ne peuvent plus avancer. Pour l'acupuncture c'est d'ailleurs pareil. L'homéopathie passe par l'effet placebo, il n'y a rien dans la granule (à moins d'une révolution scientifique), donc oui c'est un placebo mais on ne peut pas le dire car c'est considéré comme un dénigrement. Il faut changer le nom de cela. »		eux l'homéopathie marche donc cela remet en question le nombre d'Avogadro. Avec la mécanique quantique ils donnent une explication alors que personne ne comprend rien même pour les spécialistes c'est très compliqué. Donc comme leur proposition n'est pas impossible c'est très difficile à réfuter, c'est comme les théories du complot. On est sur un problème idéologique. La médecine est angoissante car c'est un rappel à la mort en permanence pour le médecin et puis on a des traitements mais on n'est jamais sûr que cela marchera. L'idéologie en médecine c'est que lorsqu'un individu a un organe qui dysfonctionne, je dois trouver un traitement pour guérir l'organe alors qu'on sait que c'est plus compliqué que cela, donc si on parle de médecine de façon différente comme le font les homéopathes alors

			cela dévalorise notre vision de nous-même. »
Sujet 17 **(Femme, 41 ans)** Thèse – post-doc – enseignant-chercheur *Date de l'entretien :* *24/09/2019*	« Je suis au courant du sujet, cela fait longtemps que je m'y intéresse car c'est une pseudoscience qui a été intégrée dans le monde scientifique avec un enseignement, un remboursement médical etc…et je ne le comprends pas, c'est la pseudoscience qui a le plus de vide scientifique et qui possède un aussi grand décalage. J'imagine que les gens ne sont pas au courant et qu'ils ne savent pas sur quoi cela repose sinon ils sauraient que ce sont des pseudosciences fondées sur rien de scientifique. L'homéopathie c'est du charlatanisme, c'est du sucre avec aucune activité. J'ai du mal à me retenir de donner mon avis, mais même avec des arguments scientifiques on n'arrive pas à faire changer d'avis les gens. Je n'ai jamais pris	« Cela n'a aucun sens d'en faire que ce soit clinique ou fondamentale puisque l'homéopathie c'est du sucre sans aucune activité. A la limite sur l'effet placebo puisque certains pensent que c'est cet effet, oui, mais pas sur l'homéopathie. Je ne connais pas de chercheurs sur l'homéopathie dans le domaine fondamental mais rapidement on arrive à la conclusion que cela est dénué de sens. L'hypothèse quantique d'une information électromagnétique, pourquoi pas elle est intéressante. Elle provient des études de Benveniste pour lequel il a été montré que c'était une fraude scientifique, les papiers ayant été retirés. Au-delà de cela, donc même si l'hypothèse quantique était vérifiée, il faudrait prouver qu'il y a bien un effet propre	« Je ne l'explique pas très bien. J'avais lu les articles sur Benveniste. On a peut-être pensé à un moment qu'il y avait un rôle scientifique mais la question est pliée, il n'y a aucun doute là-dessus, c'est faux. Je suis curieuse de voir comment c'est enseigné. Les médecins ont eu une formation scientifique et pourtant ils restent dupes. Je ne sais pas s'il y a des virulences. Je n'en ai pas constaté autour de moi dans mon entourage. Les sages-femmes, infirmières etc… sont plutôt favorables à l'utilisation de l'homéopathie. Je n'ai jamais entendu d'opposants farouches, mais cela me paraîtrait naturel qu'il y en ait notamment des médecins en pensant que ce sont des charlatans. »

	d'homéopathie de souvenir. J'ai été tentée car des fois on n'a pas envie de prendre des médicaments ou d'en donner à ses enfants pour certains maux, mais j'aurais eu l'impression d'être malhonnête. Je peux comprendre qu'on le fasse si on est vraiment conscient que c'est un placebo mais la majorité des gens qui le prennent pense que cela a un vrai effet. »	car toutes les études de recherche montrent que l'homéopathie n'a pas plus d'effet qu'un placebo. Il reste donc beaucoup de choses contradictoires. »	
Sujet 18 **(Homme, 33 ans)** Thèse – post-doc – enseignant-chercheur *Date de l'entretien :* *25/09/2019*	« En tant que scientifique j'ai tendance à me mettre dans le camp des sceptiques. Je ferais confiance aux effets bénéfiques s'il y avait un consensus scientifique. Sur les sujets controversés je m'y intéresse particulièrement notamment sur les pesticides par exemple, mais je ne suis pas un consommateur d'homéopathie donc je ne m'y suis pas intéressé beaucoup plus, je me cantonne donc à lire des sources de vulgarisation	« Je suis mal renseigné là-dessus. Dans la mesure où il y a des principes actifs dilués, oui je pense qu'il faut des recherches. En tant que scientifique je n'y crois pas forcément mais il faut une recherche qui est à encourager, fondamentale ou clinique sans mettre les gens en danger s'il y a un effet de dose en homéopathie. L'hypothèse quantique : je n'ai pas la réponse à cela. Je ne sais pas si cela peut avoir un impact. Une recherche active	« Dans la mesure où il y a une demande, je ne vois pas de souci. J'ai été suivi par un homéopathe étant petit. Si c'est fait dans les règles scientifiques il n'y a pas de souci. Je n'ai pas perçu de virulences. Je note en revanche une levée de boucliers contre l'homéopathie de la part de la communauté scientifique et des scientifiques qui donnent leurs avis qui souvent ne sont pas toujours plus

	qui disent qu'il n'y a pas d'efficacité. J'ai aussi entendu dire qu'il y a des effets sur les animaux, les chevaux notamment. Donc il y a peut-être des effets actifs mais dilués mais il y a aussi probablement l'effet placebo. Je comprends que ce soit un argument en faveur de l'homéopathie le fait qu'il y ait une amélioration sur les animaux car ils n'en ont pas conscience. Je n'ai jamais été chercher les publications donc je ne sais pas, mais c'est une piste de recherche. Pour moi l'homéopathie me fait penser à un placebo. Dans l'homéopathie l'effet placebo marche bien car le simple fait de voir qu'on est écouté et qu'on s'occupe de soi cela peut conduire à la rémission. »	dessus ne me choque pas. »	fondés car ce n'est que leur avis (tels que les *fakemed*). C'est légitime à partir du moment où l'homéopathie n'a pas plus d'effets observés. C'est très français de débattre même si la controverse existe ailleurs, les Français aiment bien controverser, c'est une impression. »
Sujet 19 **(Femme, 51 ans)** Thèse – post-doc –	« Je ne me suis jamais trop penchée sur la question. Je n'ai jamais utilisé ces médicaments et je suis perplexe car	« C'est nécessaire d'en faire afin de savoir si cela est efficace et comment c'est efficace même si c'est par effet placebo. Des	« J'imagine que ces personnes ont vu une amélioration sur leurs patients et que c'est pour cela

enseignant-chercheur *Date de l'entretien :* *03/10/2019*	ce sont des dilutions et j'ai du mal à penser que ce soit autre chose que psychologique, par effet placebo. Je pense que l'homéopathie aurait un effet placebo agissant sur le cerveau, par l'aspect psychologique. D'après ce que je pense, mes connaissances, je ne suis pas certaine qu'il y ait des molécules présentes dans chaque cachet. Est-ce que la mémoire de l'eau est impliquée dans les effets observés. Lorsque je pense à l'homéopathie cela me fait penser aux gens à qui cela apporte quelque chose. Depuis le temps que cela existe on devrait être capable de savoir si c'est efficace. Il faudrait que ce soit plus clairement communiqué même si je n'ai pas particulièrement cherché des informations dessus. On voit bien qu'il y a un doute et cela me conforte dans	recherches cliniques et fondamentales. Je regarde les avantages pour les patients. Je pense qu'il y a des travaux à faire plus poussés afin de voir si cela a un effet même psychologique. L'hypothèse quantique : c'est possible que cela puisse marcher ainsi, je ne sais pas, il faut aller plus loin. »	qu'ils le font. Je peux concevoir que cela peut aider. Eux pensent que ce n'est pas un effet placebo et peut-être que c'est vrai, je n'en sais rien. Je connais des personnes qui vont mieux. Je n'ai jamais perçu de virulences de la part des médecins que j'ai pu voir ou entendre. D'ailleurs on ne m'a jamais parlé d'homéopathie. Je ne pense pas que l'homéopathie puisse faire du mal, tant qu'un médecin ne propose pas que de l'homéopathie notamment dans le cas de maladies plus lourdes. »

	l'idée que ce n'est pas forcément efficace. Prendre des médicaments, je n'y suis pas favorable et c'est vrai que s'il y avait des médicaments moins forts avec des doses diminuées ce serait mieux. J'ai dû demander à mon médecin de diminuer les doses du médicament que je prends. Au niveau des quantités de molécules ils y vont un peu fort. Des médicaments avec moins d'effets secondaires ce serait mieux. Je n'ai pas l'impression qu'ils aillent dans ce sens. »		

Annexe A2 : Extraits des retranscriptions des entretiens des sujets étudiés du groupe B (action propre de l'homéopathie certaine/possible/non exclue). Retranscriptions concernant l'évaluation de l'objet homéopathie et leurs opinions sur la recherche à faire à ce sujet, les médecins homéopathes et/ou les raisons des oppositions.

Sujets Groupe B - AP	Évaluation de l'objet Homéopathie	Opinions sur les recherches à faire concernant l'homéopathie	Opinions sur les médecins homéopathes et/ou les raisons des oppositions
Sujet 1 **(Homme, 61 ans)**	« Quand on est malade on ne pense qu'à une chose : comment sortir de la maladie, j'ai été	« D'être dans un faux paradigme, dans des approximations théoriques, et si on se rend compte	« C'est très surprenant que les Académies de médecine et des sciences agissent ainsi car ils ne sont

Thèse – post-doc – enseignant-chercheur + recherche sur l'homéopathie *Date de l'entretien :* *21/11/2018*	aussi malade, et donc le grand public voit qu'on peut lui proposer des produits chimiques mais que cela aura des effets secondaires avec d'autres problèmes alors que l'homéopathie permet de sortir aussi de la maladie mais sans effets secondaires donc ils doivent choisir. Mais c'est le danger aussi qu'on a en médecine quand un patient est malade il est prêt à tout accepter pour guérir. Ils sont prêts aussi à aller vers des gris-gris pour guérir. »	qu'on peut l'améliorer, quelque part il faut le faire sinon on a un sentiment de mal-être. Si on voit qu'il y a des problèmes et qu'on ne fait rien pour l'améliorer alors qu'on en a la capacité on se sent mal. J'ai vu que le sujet était extrêmement dangereux donc j'ai mené un sujet tout à fait correct pour l'institution en parallèle et j'ai mené ma recherche sur l'homéopathie en catimini. L'État s'est désengagé. Le thème de l'homéopathie ne va pas intéresser les industries chimiques donc on ne va pas le mettre dans les formations»	pas du tout soumis à une pression financière. Ce n'est donc pas un problème externe mais vraiment scientifique. Je pense que les gens qui arrivent à l'Académie et qui ont une certaine position ont beaucoup travaillé avant et lorsqu'on a un thème de recherche qui dit que finalement on s'est trompé toute sa vie, ça veut dire qu'il y a quelque chose qu'on a loupé et si on n'a pas compris cela on pourrait passer pour un idiot. Donc pour ne pas perdre sa réputation on fait des groupes et on attaque les autres. Ils ont une vision philosophique guidée par la science matérialiste. Quand on sait que la mort n'est pas une finalité les choses sont différentes. Certains ne pensent pas comme cela et veulent avoir le prix Nobel avant de mourir parce qu'après ce sera trop tard. Cela demande donc une certaine ouverture d'esprit qu'on rencontre de moins en moins. »

Sujet 2 **(Homme, 45 ans)** Thèse – post-doc – chercheur + recherche sur l'homéopathie *Date de l'entretien :* *25/02/2019*	« Je me suis intéressé à l'homéopathie par hasard car j'ai été malade et l'homéopathie m'a beaucoup aidé pendant ma maladie. Cela m'a interpellé et je me suis demandé comment cela pouvait fonctionner alors qu'*a priori* il n'y avait rien. Je me suis inscrit à un collège d'homéopathie pour comprendre et j'ai commencé à chercher un peu. L'homéopathie me fait penser à : un point d'interrogation, me pose des questions, une curiosité et l'envie de comprendre, de savoir car il y a truc que je ne comprends pas. Pour moi ça reste une question scientifique où on fait des expériences et puis voilà. Notre société accepte de moins en moins des choses qu'on ne comprend pas. On cherche toujours des réponses simples alors que ce n'est pas toujours le cas.	« Il n'y a pas de recherche possible officiellement. De nos jours on accepte de moins en moins la prise de risque dans la recherche. Les finances de recherche se font pour des projets sûrs et à la mode. Paradoxalement le secteur privé prend souvent plus de risques. C'est une recherche exploratrice, on veut toujours des résultats rapides mais il y a plein de belles découvertes qui sont arrivées parce qu'on a suivi un truc bizarre. »	« Il y a une peur, comme un sujet tabou depuis la mémoire de l'eau. Quand le patron a su que je m'intéressais à l'homéopathie il a voulu me faire virer sur le champ, le climat est très anti-homéopathie. Il a fallu que des collègues me défendent en mettant en avant mon travail par ailleurs et en disant que chacun avait un hobby farfelu. Les collègues n'osent pas dire qu'ils travaillent avec nous même si cela les intéresse car ce serait un suicide de carrière et ils deviendraient des parias du système.»

	Les incertitudes autour du fonctionnement de l'homéopathie la met en débat et devient un point de focal. »		
Sujet 3 **(Homme, 45 ans)** Thèse – post-doc – enseignant-chercheur *Date de l'entretien :* *26/03/2019*	« Mon opinion a changé sur l'homéopathie car j'étais dans un groupe recherche où une collègue travaillait dessus. Mon chef de l'époque balayait d'un revers de manche cela, j'ai fait pareil pour aller dans son sens. Depuis je me suis renseigné et j'ai vu qu'il n'y avait pas d'effets secondaires et que cela marchait. Comme il y avait un *a priori* sur le sujet recherche la collègue n'a pas pu mener à bien son projet. Je peux envisager de prendre de l'homéopathie pour des maladies bégnines. Homéo pathie = extraction d'un principe avec des effets, mais jusqu'à quand est-ce actif ?»	« Je trouve la recherche sur l'homéopathie intéressante. Je pense qu'il y a de la recherche sur l'homéopathie et s'il n'y en a pas alors j'en suis étonné et je pense qu'il en faudrait. L'hypothèse quantique me semble nébuleuse. Je suis sensible à la pseudo-médecine et méfiant. Mon réflexe est de penser que c'est n'importe quoi. Même si je ne sais pas comment fonctionne l'homéopathie et qu'il n'y a pas d'explications ce n'est pas grave on voit les effets. Il y a sûrement un effet placebo mais il y a aussi un principe actif. Je pense qu'il faudrait une recherche publique dessus. Je pense que la motivation d'un chercheur en recherche fondamentale sur l'homéopathie c'est sa curiosité. On peut	« J'ai vu des gens/clans de personnes contre mais je ne sais pas pourquoi. De mon côté j'ai besoin d'avoir suffisamment de preuves, s'ils se sont dressés c'est parce qu'ils ont dû soumettre l'efficacité… »

		chercher des choses inutiles, on fait tous un choix, pourquoi pas chercher dans ce sens, ils passent peut-être à côté de la plaque mais d'autres aussi sur d'autres sujets. Je pense clairement que de travailler sur ce sujet a un impact sur la carrière et réputation : exemple ma collègue. »	
Sujet 4 **(Homme, 64 ans)** Études de Médecine – formation scientifique – médecin/chercheur + recherche sur l'homéopathie *Date de l'entretien :* *03/06/2019*	« Au cours de mes études je me suis passionné pour la pharmacologie et un autre sujet m'intéressait qui était de comprendre le fonctionnement de l'homéopathie car ma future femme l'utilisait. J'ai eu l'occasion de faire une expérimentation. L'homéopathie c'est des dilutions mais aussi l'incorporation de tous les petits signes, symptômes propres à chaque individu. C'est extraordinaire car c'est une vision pertinente. Quand on choisit le bon remède il y a des effets très efficaces. C'est	« J'ai acquis la conviction de l'homéopathie puis la biologie numérique avec transfert d'ADN. D'ailleurs des études chinoises viennent de le prouver. Le support homéopathique sera certainement la biologie numérique. Hahnemann était donc un novateur. Il y a une cohérence totale entre maintenant et avant. L'homéopathie pour moi c'est une réalité que j'ai vue sur des effets randomisés, sur des cœurs isolés. On a des expressions génétiques sur des cellules en passant de l'eau dynamisée. Il est bien que les deux secteurs privé et public prennent	« Ce qui m'a fasciné en tant qu'étudiant en médecine c'est la vision du médecin homéopathe : l'homme avec ses travers, un don d'observation stupéfiant. Un moment qui m'a impressionné c'est quand je travaillais en laboratoire, on m'avait sollicité pour faire des études de pharmacocinétique. J'ai assisté à des scènes des unicistes : ils essayaient de trouver le remède au travers des scènes proposées. Ceux qui sont contre ne connaissent pas l'homéopathie, ils ne veulent pas savoir, ils n'ont pas lu les publications ou alors au travers

	beaucoup de passion et d'humain. C'est l'approche homéopathique qui est importante, cela ne peut pas être du hasard, c'est l'homme qui compte. On n'est pas que des cellules, on est en interaction avec notre esprit. On a des remèdes qui ont des actions à différents moments sur l'individu. En fait ce n'est pas que l'esprit, il joue sur le plan subtil, ça agit sur tous les plans. Les animaux ont aussi leur composante psychologique. Ces cas sont suffisamment démonstratifs pour dire qu'il se passe quelque chose. C'est plus facile de regarder sur un organe mais en fait c'est l'individu entier qu'il faut regarder. L'homéopathie est une philosophie de vie. »	cela en charge car il y a beaucoup de choses à chercher : c'est très large et très vaste. Ce qui est compliqué dans ce domaine, c'est que les laboratoires n'ont pas besoin de développer de molécules. Les laboratoires veulent juste qu'on dise que ce n'est pas du sucre. Ils ne voient pas l'intérêt de faire de la recherche à part pour dire que c'est efficace. Donc ils ne sont pas prêts à financer ce genre de recherche car ce n'est pas une urgence. Ce n'est pas un sujet clef pour vendre. Pour moi la recherche en homéopathie c'est du Monnet, c'est de l'impressionnisme avec une image qui émerge. »	de ce que Mr machin a dit car on a tendance à la paresse donc on se base sur les « on-dit ». Cela fait 200 ans que l'homéopathie existe, le déremboursement aura juste un impact sur l'image. On est des humains et on ne comprend pas tout et j'ai accepté de ne pas tout comprendre, les contres veulent tout comprendre. »
Sujet 5 **(Femme, 40 ans)**	« J'utilise l'homéopathie, je ne suis pas réfractaire à l'utiliser. On peut toujours se dire	« Etant donné qu'il y a une controverse, je pense qu'il faut une recherche dessus afin d'avoir accès plus	« Pour les médecins je pense qu'ils ont raison de se spécialiser en homéopathie. J'ai consulté un

Thèse – post-doc – enseignant-chercheur *Date de l'entretien :* *29/03/2019*	que c'est l'effet placebo étant donné les doses infinitésimales mais bon ça marche je l'ai essayé ! Je n'ai pas une image négative de l'homéopathie. Je ne sais pas comment l'homéopathie fonctionne et quand j'ai cherché cela m'a paru étrange. L'hypothèse quantique peut paraître de la poudre de perlimpinpin mais je pense que c'est quelque chose à creuser. L'homéopathie est dans le bien-être et facilite le soin. Pour moi ce n'est pas ma vision philosophique de la vie qui m'a amenée à l'homéopathie mais de bouche à oreille car ce n'est pas la première chose qui me serait et me vient à l'esprit. L'effet placebo en homéopathie peut jouer sur certains paramètres mais pas sur tout : exemples les crampes qui contiennent un	facilement aux données. Pour les chercheurs qui travaillent sur l'homéopathie je pense que le challenge est une motivation sur un sujet controversé. Comme il y a aussi des décisions politiques sur ce sujet, cela peut néanmoins porter préjudice aux chercheurs de travailler dessus sauf si les résultats sont intéressants. Je pense que cela dépend du chercheur et où il en est dans sa carrière pour se mettre sur ce genre de thématique. Je pense que l'institution va le laisser faire et essayera de le dissuader en lui proposant d'aller sur un autre sujet. »	homéopathe et cela m'a aidée. L'homéopathie est dans le bien-être et facilite le soin. Un médecin doit travailler sur le bien-être. Je prends un traitement allopathique et je ne sais pas comment ça fonctionne mais ça marche, donc pour l'homéopathie c'est pareil je ne sais pas mais ce qui compte c'est que cela marche. Ceux qui sont en défaveur ont peur que les gens se tournent vers l'homéopathie pour des maladies graves. D'autres ont des esprits obtus : la médecine classique cela marche, donc pas de médecines alternatives. La médecine classique fonctionne mais pas complètement pour tout et il y a des effets secondaires, avec l'homéopathie non. Je donne de l'homéopathie à mon enfant. Je pense qu'il y a autre chose à ajouter au-delà de la médecine classique. »

	mécanisme chimique derrière, pour moi cela marche et scientifiquement cela ne peut pas être un effet placebo. »		
Sujet 6 **(Femme, 58 ans)** Études de Médecine – médecin homéopathe ayant fait des expérimentations de recherche *Date de l'entretien :* *27/02/2019*	« Je trouvais que la médecine était trop matérialiste et qu'elle faisait fausse route. J'ai décidé de pratiquer la médecine générale mais cela ne me satisfaisait pas et des personnes de mon entourage m'ont incitée à étudier l'homéopathie qui pourrait plus correspondre à ma vision, une vision prenant mieux en compte l'individu. J'ai alors étudié l'homéopathie. On se demande parfois si on a eu raison de choisir l'homéopathie, si on ne s'est pas trompé. Clairement ma vision philosophique de la vie m'a conduite à ce choix, à vouloir autre chose. L'homme se situe en bataille contre la maladie alors que non : il y a une	« On m'a proposé de faire des expérimentations. J'ai accepté et j'ai été intéressée par les résultats qui me conduisaient à penser qu'il y a une connaissance dans la matière à découvrir. J'ai en effet diffusé les résultats. »	« Face au choix de l'homéopathie on est confronté à des incompréhensions de confrères, du dédain, des insultes, des accusations. Parfois oui il y a du découragement et on se sent mal, comme le Juif poursuivi. Un gros obstacle dans la profession est le montant de la consultation non reconnu car on prend plus de temps avec le patient. Les raisons pour lesquelles nos détracteurs sont si virulents sont la peur de l'effritement du pouvoir médical, il y a un conservatisme paradigmatique pour lequel on ne veut pas voir que les vérités d'hier ne seront plus forcément les vérités de demain. Dans les autres pays européens, l'homéopathie est malmenée et

	intelligence dans la matière, il faut être plus humble. Quand on me parle d'homéopathie, je pense à méthode thérapeutique. »		souvent les attaques arrivent en même temps et sembleraient presque coordonnées. Chaque fois c'est la même attaque : effet placebo, charlatanisme, attaque du corps médical. »
Sujet 7 **(Homme, 41 ans)** Thèse – post-doc – enseignant-chercheur *Date de l'entretien :* *01/04/2019*	« Je suis sceptique face à l'homéopathie car ce n'est pas bien caractérisé d'un point de vue moléculaire. Je ne suis pas convaincu d'un point de vue pharmacologique. Je ne suis en réalité ni pour ni contre l'homéopathie, si certains l'utilisent et y trouvent des bénéfices tant mieux. J'en ai utilisé pour moi et mes enfants, je n'ai pas vu de différences notables sur la maladie mais pas d'effets négatifs non plus, je me suis dit on peut tenter sachant que les risques sont très faibles et sans effets secondaires…je ne sais pas si j'en reprendrai mais en	« Je ne sais pas vraiment mais je pense qu'il doit forcément y avoir de la recherche sur l'homéopathie. Je ne savais pas qu'il n'y en avait pas officiellement. Je pense qu'il est bien de mener une recherche sur le sujet. A l'heure actuelle je pense que ce n'est pas bien perçu par le système de faire une recherche dessus donc je pense que ce ne serait pas évident pour un chercheur de se lancer sur le sujet. Je pense que ce qui peut motiver des chercheurs à travailler dessus quand même c'est le fait d'y croire et de trouver quelque chose qui permettra de faire avancer les choses. Je ne connais pas l'hypothèse	« Je trouve cela bien d'avoir des médecins homéopathes et que ce soit eux qui soignent ainsi. En occident, on a tendance à se fermer l'esprit mais scientifiquement on devrait laisser plus ouvert les choses. La virulence des anti-homéopathie pour moi provient du manque de modération qu'on retrouve dans le monde scientifique en général. Ils n'ont qu'un seul point de vue : c'est bien de penser qu'il existe d'autres choses, c'est le propre de la connaissance scientifique et agir ainsi est contraire à l'esprit de la recherche. »

	fait pourquoi pas…L'homéopathie est efficace c'est sûr car beaucoup de gens en prennent et se sentent mieux. L'origine de l'efficacité je ne la connais pas, je n'en sais rien il peut y avoir l'effet placebo mais peut-être pas uniquement. Je n'exclus pas l'existence possible de molécules actives mais dont on ne connaît pas l'existence aujourd'hui. Homéopathie = médecine douce. »	quantique donc je ne pourrai pas me prononcer mais il y a beaucoup de choses qu'on ne connaît pas et qui existent pourtant. »	
Sujet 8 **(Homme, 65 ans)** Études de Médecine – formation scientifique – médecin/chercheur + recherche sur l'homéopathie *Date de l'entretien :* *11/03/2019*	« J'ai noté dès l'enfance qu'il y avait des choses rationnelles ou non. J'ai toujours vécu avec les deux. Pendant mon internat de médecine : on me demandait d'apprendre et non de réfléchir et cela me créait des difficultés. Une formation en homéopathie a été proposée à ce moment-là mais j'ai été découragé par un trop grand sectarisme. Puis plus tard	« Sur le plan purement scientifique on n'a pas la preuve définitive que l'homéopathie est nettement supérieure à un placebo mais on a de nombreux arguments laissant vraiment supposer que l'homéopathie a un effet différent d'un placebo. Des études complémentaires doivent être faites, la recherche clinique en homéopathie ayant été ralentie depuis le	« Le choix de l'homéopathie a eu un impact sur ma carrière et ma réputation : j'ai été touché personnellement dans ma vie privée et j'ai été cassé et bloqué sur la recherche. » « Les médecins de leur côté avaient avancé avec certaines autorités de santé sur l'homéopathie et voilà qu'est arrivée la tribune de l'an dernier qui a été très agressive. Il aurait

	quelqu'un de ma famille a été soigné par l'homéopathie. J'ai décidé alors de poursuivre ma formation en homéopathie et de débuter une expérimentation sur l'homéopathie en cachette d'abord. Je me suis orienté dans cette voie car il y a un engagement, une philosophie de la santé et un médicament sur lequel il y avait tant à comprendre. Dans l'acte médical homéopathique il y a le médicament comme objet transitionnel chargé d'une intention, mais il y a deux autres notions : d'abord la façon de procéder en reconnaissant non seulement la maladie mais le patient, son histoire. Ensuite un troisième aspect est la nature du médecin lui-même qu'on trouve aussi ailleurs que dans l'homéopathie. C'est la relation médecin-malade qui est très	début des années 2000. »	été préférable de ne pas y répondre. »

	importante en homéopathie. Mai s le médicament homéopathique a aussi une action thérapeutique objective et la recherche sur l'activité des hautes dilutions est un sujet passionnant. »		
Sujet 9 **(Homme, 66 ans)** Études de Médecine – médecin homéopathe ayant fait des expérimentati ons de recherche *Date de l'entretien :* *12/03/2019*	« J'ai été très déçu par le morcellement de l'approche médicale : pas d'approche de la personne. J'ai alors voulu apprendre l'acupuncture pendant mes études de médecine. Mes patients me parlaient d'homéopathie avec beaucoup de témoignages alors que je n'y croyais pas en fonction de mes études. Puis j'ai suivi une formation en homéopathie et je me suis lancé dans l'homéopathie en voyant ses bienfaits. L'homéopathie a une approche humaniste de la personne, approche globale prenant en considération la personne	« On a fait une étude sur 100 personnes avec homéopathie et 100 sans homéopathie publiée et qui montre l'effet. Puis c'est le terrain de l'individu qui conditionne les choses. Quand on cherche ce qu'on veut on ne trouve que ce qu'on cherche et pas autre chose : c'est une réaction de survie. Il y a une conviction au départ pour certains que l'homéopathie n'est pas active puis on cherche tout ce qui va le montrer. »	« J'ai eu des difficultés face à mes confrères : ricanements, sarcasmes dès le début de ma carrière. La pratique homéopathique met en danger en permanence face à l'institution. Les conversations sur l'homéopathie deviennent vite virulentes. Cela m'a gêné dans ma carrière. Les détracteurs sont virulents car cela dérange scientifiquement de savoir que cela puisse être différent des connaissances actuelles. D'autre part les médecins s'aperçoivent des limites de leur action thérapeutique : ils sont malheureux (beaucoup de déception). Des gens semblent ne pas avoir intérêt au développement de

	psychologiquement, sociologiquement, respectant la personne afin de trouver un traitement le plus adapté sans effets secondaires. On prend la personne dans la globalité. Cela me rend joyeux, admiratif de la nature, de la création. Respect des équilibres écologiques, des personnes, une cohérence avec une vision plus globale de l'univers. On ne parle pas assez de l'agro-homéopathie, le soin des plantes avec granules car là il ne peut pas y avoir d'effet placebo. En Inde l'homéopathie est très développée : les médecins ont le choix de devenir médecins homéopathes ou allopathes.»		l'homéopathie (on voit que les *Fakemed* sont plus médiatisées que les pro-homéopathie). Ce sont des gens qui ne connaissent pas l'homéopathie et qui n'ont pas regardé cela de près. En allopathie on prescrit selon un protocole et un schéma pour tout le monde. »
Sujet 10 **(Femme, âge non renseigné)** Études de Médecine – médecin homéopathe ayant fait des expérimentati	« L'un de mes enfants a souffert d'otites difficiles et à répétition à partir de l'âge de deux mois. Je me suis orientée vers l'homéopathie car les médicaments classiques n'aidaient pas. J'ai	« J'ai voulu approfondir les expérimentations faites et basées sur la méthodologie d'Hahnemann au travers d'un travail de recherche et ce dans le but d'obtenir les meilleurs résultats	« J'ai déjà connu 2 ou 3 fois des campagnes de déremboursement depuis que je suis installée mais c'est la première fois que se manifeste une attaque si agressive et méprisante contre les confrères

ons de recherche *Date de l'entretien :* *14/03/2019*	vu l'efficacité, j'ai alors décidé de me former à l'homéopathie. L'homéopathie pour moi, c'est une autre façon de soigner qui consiste à donner au patient un traitement global qui prend en compte sa personnalité, le ressenti de sa souffrance et lui permet de stimuler son énergie vitale. L'homéopathie n'a pas plus d'effet placebo que la médecine classique. Au départ c'est mon enfant qui m'a amenée à l'homéopathie. Maintenant je dirais que celle-ci est une autre façon de soigner intégrant une meilleure hygiène de vie, une meilleure alimentation, et qui après une recherche difficile du remède homéopathique (celui qui correspond le mieux aux symptômes globaux du patient) permet au malade de se défendre. Par	thérapeutiques possibles. En parallèle je me suis engagée dans une association œuvrant dans les pays en voie de développement. J'ai formé des professionnels de santé et leur ai appris à consulter en homéopathie. J'ai développé un partenariat avec une proposition d'expérimentations de remèdes d'arbres africains. »	homéopathes. Il est important que l'homéopathie reste aux médecins car ils ont la formation pour faire le diagnostic clinique. Néanmoins je constate qu'il est plus courant aujourd'hui que des collègues allopathes m'envoient des patients contrairement à mes débuts. On entend donc des gens très virulents mais on rencontre aussi des collègues plus ouverts. Mon choix n'a pas eu d'impact négatif sur ma carrière ou réputation. J'ai eu une valorisation personnelle positive dans le monde de l'homéopathie. Récemment une collègue avec qui j'avais fait mes études m'a demandé si je croyais à l'homéopathie, j'ai été très surprise qu'elle puisse se poser cette question, me voyant la pratiquer depuis tant d'années. Je pense que c'est anti-scientifique pour des médecins de tenir des propos si agressifs sans essayer d'approfondir et de

	ailleurs ce remède ne fait pas apparaître d'effets secondaires. »		ne pas accepter qu'il puisse exister des représentations différentes, face à la maladie et à la façon de soigner. »
Sujet 11 **(Homme, 68 ans)** Études de Médecine – médecin homéopathe ayant fait des expérimentati ons de recherche *Date de l'entretien :* *15/03/2019*	« J'ai été déçu en médecine car ce qui me portait c'était de trouver un équilibre de santé chez le patient et on s'occupait uniquement de la périphérie. Par exemple un patient avait eu besoin d'un antibiotique suite à une angine, mais la personne est revenue trois fois tous les cinq mois et j'ai prescrit chaque fois un antibiotique tout en voyant qu'on était incapable de soigner la personne. Il m'était apparu qu'il y avait forcément un problème chronique chez cette personne qui devait être soignée mais mes thérapeutiques ne me permettaient pas de le faire. Ma collègue du cabinet utilisait des oligoéléments notamment pour soigner les	« Dans notre métier on nous a parlé des expérimentations alors j'ai testé. Parfois on le faisait entre confrères à des colloques mais ce n'était pas suffisant il a fallu passer à de vraies expérimentations en notant tous les symptômes suivi d'un travail de deux ans. Les résultats ont été présentés en congrès et diffusés pour servir aux collègues pour prescrire. La multiplication des remèdes est difficilement mémorisable ce qui est un problème pour les futures générations d'homéopathes. Mais cette recherche de remèdes nouveaux permet chaque année de soigner plus efficacement des patients qui l'étaient insuffisamment. »	« L'intolérance face à l'homéopathie est récente. On est incompris par nos collègues allopathes mais on était toléré avant. Sauf depuis la tribune. Depuis mes débuts d'homéopathe j'ai néanmoins perdu des amis/collègues à cause de mon choix en homéopathie car même si on est toléré c'est tout. Je crois que les collègues sont contre par manque d'ouverture d'esprit, par peur de s'aventurer dans quelque chose qu'on ne connaît pas. »

	infections (y compris pour les enfants), donc j'ai prescrit des oligo-éléments et j'ai eu de bons résultats qui m'ont fait penser que la chronicité des troubles pouvait être soignée ainsi. J'ai alors fait aussi de l'acupuncture mais je trouvais qu'on ne pouvait pas tout soigner alors je me suis orienté vers l'homéopathie pour essayer. L'homéopathie est une médecine de la personne. Ma philosophie de vie a conditionné mon choix car je crois à une restauration d'un équilibre global de l'individu. La notion d'équilibre global, conception globale de la personne qui est différente de la médecine d'organe classique. La difficulté de l'homéopathie c'est la reproductibilité car c'est propre à chaque individu : la médecine est basée sur des maladies et non sur des malades.		

	L'homéopathie ne peut pas être et se faire que par effet placebo : il y a un autre effet. Les expérimentations en homéopathie prennent un nouveau virage : avant on explorait uniquement le physique pas le mental, maintenant si on demande aux patients d'explorer leurs rêves et en explorant le mental on spécifie les remèdes. »		
Sujet 12 **(Homme, 60 ans)** Thèse – post-doc – enseignant-chercheur *Date de l'entretien :* *22/05/2019*	« C'est une approche que j'ai découverte par la famille de ma femme qui la pratiquait beaucoup pour des soucis au quotidien ayant l'idée qu'il fallait traiter un fond, un terrain et pas forcément une maladie ponctuelle. J'en ai utilisé et j'ai eu l'impression qu'il y avait une certaine efficacité à cette approche que je vois comme une médecine traditionnelle basée sur des produits naturels	« Je pense qu'il faut de la recherche mais je ne sais pas si on a les outils nécessaires pour une approche scientifique traditionnelle. Je trouve courageux de faire des recherches sur les très hautes dilutions, car en raison du scandale Benveniste il est difficile ici de savoir quelle question poser. Dans d'autres thèmes on a un corpus paradigmatique mais ici on ne sait pas de quel objet on parle, c'est donc flou. Je pense que ceux qui y	« On se questionne sur le remboursement mais pour d'autres médicaments on n'exige pas de savoir comment cela fonctionne pour rembourser : à commencer par l'aspirine dont on ne connaît pas bien le fonctionnement. Les médecins homéopathes n'ont pas forcément de difficultés comme les chercheurs, mais je ne comprends pas pourquoi les autres médecins sont aussi virulents contre les homéopathes. »

	dilués, plantes ou extraits minéraux, sans être convaincu par les théories sous-jacentes : principe de similitude, homologie. Je ne suis pas sûr que des dilutions vraiment infinitésimales puissent avoir un effet. L'affaire Benveniste n'a pas rassuré car cela a été un gros échec cette étude. Donc cela pose la question de savoir comment évaluer des traitements reposant sur une expérience individuelle du médecin et sur l'intuition. Je me pose la question. L'homéopathie c'est une médecine douce. Peut-être que l'effet placebo joue un rôle dans l'homéopathie, mais je ne sais pas si l'homéopathie n'est que de l'effet placebo. Je ne pense pas mais je ne sais pas. »	travaillent sont impactés sur leur carrière. »	
Sujet 13 **(Femme, âge non renseigné)**	« Une fois une jeune femme faisait des otites à répétition et prenait des antibiotiques de	« En France si on n'est pas obéissant on supprime les crédits. D'un point de vue scientifique, c'est par la physique	« Ce qui gêne les confrères c'est que l'homéopathie soit reconnue et remboursée mais c'est en train de

Études de Médecine – médecin homéopathe-médecin du sport ayant fait des expérimentations de recherche *Date de l'entretien :* *20/03/2019*	façon répétitive en les arrêtant et reprenant aléatoirement sans respecter la durée : elle est devenue résistante aux antibiotiques et est décédée à l'âge de 23 ans. Je me suis interrogée sur le sujet. Je suis allée par la suite dans une bibliothèque et je suis tombée sur un livre d'homéopathie que j'ai lu et il semblait qu'on pouvait soigner autrement. Je me suis formée mais j'ai vu que les écoles d'homéopathie avaient différents sons de cloches. Je me suis fait mon idée. Je suis donc devenue médecin homéopathe. Pour nous il y a l'écoute et la consultation qui ont une influence importante sur l'efficacité du traitement mais pas plus que pour les autres thérapeutiques. Je me rendais compte que les résultats sont positifs sur les patients avec une efficacité clinique. On soigne un	et les mathématiques que l'on peut l'expliquer. Il y a une volonté institutionnelle que l'homéopathie reste dans l'ombre. C'est dommage car les autres pays travaillent dessus et auront les prix Nobel. Par exemple : au Canada c'est reconnu et utilisé, au Mexique il y a un ministère de médecines naturelles. L'homéopathie soigne très bien les animaux et les plantes : donc comment répondent les détracteurs face à cela… J'ai été amenée à faire une expérimentation avec l'arnica utilisée par un grand nombre de sportifs actuellement. Le double aveugle n'est pas possible en homéopathie car on soigne un individu, pas une maladie. »	changer puisque la ministre a annoncé le déremboursement. C'est non scientifique et dommage. Ceux qui parlent d'inefficacité ne connaissent pas l'homéopathie et il est aberrant quand on est scientifique d'avoir un tel avis obscurantiste. Comment dire que quelque chose est inefficace quand on n'en a pas la pratique. J'ai de bonnes relations avec mes confrères allopathes mais j'ai fait l'effort d'aller vers les autres. Ma réputation a été entachée : c'est malhonnête et malveillant. »

	individu pas une maladie. Quand j'ai fait le choix de l'homéopathie c'était purement médical mais en pratiquant l'homéopathie, on a aussi une vision de l'hygiène de vie. L'avantage c'est de connaître sa typologie. On travaille sur les points faibles et les points forts. C'est une philosophie de vie, un mode de vie. L'efficacité de l'homéopathie date et a été démontrée depuis longtemps sur les patients. Je parle de l'efficacité d'un point de vue clinique. »		
Sujet 14 **(Homme, âge non renseigné)** Études de Médecine – formation scientifique – médecin/chercheur *Date de l'entretien :* *29/05/2019*	« Je suis hyper open et j'y crois et j'ai pu voir auprès des patients l'efficacité. L'homéopathie fait partie des médecines innovantes pour moi. C'est une plus-value pour les patients. L'homéopathie est pour moi une médecine complémentaire et les malades en sont contents. Moi j'ai pris de	« L'université doit être un espace de liberté avec des recherches de pointe. Peut-être d'ailleurs qu'en cherchant sur l'homéopathie on va trouver un médicament contre le cancer. La médecine change en permanence : on nous demande de faire une chose un jour puis le contraire un autre jour. »	« Aujourd'hui cela s'est cristallisé avec des pro- et contre, ce qui est dommage car on doit progresser. Il faut de la recherche sur le sujet. Je comprends les deux positions car on ne peut pas avoir des preuves en restant sur le même schéma. Je travaille avec des collègues sur l'acupuncture mais qui ont du mal à prouver leur impact. Je vois aussi que nos études

	l'homéopathie étant petit pour une maladie et j'en ai pris pour le mal des transports. Je n'ai pas vu d'efficacité sur moi mais un cas individuel n'est pas une généralité. Peut-être dans l'homéopathie il y a l'effet placebo, il y a peut-être autre chose aussi. »		allopathiques montrent parfois que nos hypothèses ne sont pas forcément les bonnes, donc il faut être modeste. Je pense que la virulence est due à un montage en épingle d'un petit groupe mais ce n'est pas la réalité du quotidien : l'agressivité n'est pas notre quotidien. »
Sujet 15 **(Homme, 72 ans)** Études de Médecine – médecin homéopathe ayant fait des expérimentations de recherche *Date de l'entretien : 27/05/2019*	« Je me suis rendu compte qu'à la faculté on nous enseignait uniquement de quoi les gens souffraient. J'ai alors fait des formations complémentaires et un encadrant m'a orienté vers des méthodes non enseignées en faculté qui étaient plus judicieuses que ce qu'on nous enseigne, j'ai fait un stage d'acupuncture et J'ai fait une formation d'homéopathie. Mon ressenti de la maladie n'était pas satisfait par la médecine classique. L'approche homéopathique	« La recherche doit se poursuivre car elle dépasse le cadre de l'homéopathie. La communauté scientifique se croit supérieure à tout, ils ont peur d'être dépossédés de l'illusion de contrôler le monde. Nous faisons partie de notre univers, il faudrait que nous fassions partie d'un autre pour l'analyser : l'objectivité absolue n'existe pas donc cela nous réduit. Vu le côté individuel de l'homéopathie, il est impossible de randomiser les données. Il faut étudier des cohortes avec leur individualité respectée en comparant une	« On soupçonne une action concertée européenne contre l'homéopathie. L'action politique actuelle n'est pas dans l'intérêt de cette médecine. »

	essaye de comprendre la capacité d'équilibre individuelle. Découvrir l'homéopathie était une consécration pour mieux comprendre et pratiquer la médecine. L'homéopathie peut fonctionner sans remèdes par phénomène de résonance, à la source du comportement. Cela déclenche les mécanismes d'autoguérison que nous avons en nous. Les blocages émotionnels sont à la source mais ne sont pas les seuls (accident, opération, climat, etc.). L'homéopathie est un logiciel de correction du problème à la source du dérèglement. C'est une interprétation de l'organisme des patients pour stimuler les forces de l'organisme. Le système va stimuler pour permettre de se remettre en	cohorte différente. La maladie est la manifestation d'un dérèglement et la médecine académique est réduite à un acte de réparation, même s'il ne faut pas la rejeter. Il y a eu un essor pour l'homéopathie et maintenant on a un mouvement contraire pour dire que c'est de la poudre de perlimpinpin parce qu'on ne sait pas comment fonctionne le transfert informationnel biologique qui est à la base. Dans le cadre des activités de recherches cliniques auxquelles j'ai participé nous avons publié. Il y a eu un impact négatif sur une chercheuse qui a dû se justifier d'avoir participé à cette étude. La communauté scientifique internationale n'a pas voulu admettre néanmoins les résultats scientifiques. »	

	équilibre. L'homéopathie favoriserait l'action d'autoguérison»		
Sujet 16 **(Homme, 71 ans)** Études de Médecine – médecin homéopathe ayant fait des expérimentati ons de recherche *Date de l'entretien :* *28/05/2019*	« J'ai été déçu car avec l'approche conventionnelle on soigne les gens mais on ne les guérit pas alors je suis parti en recherche d'autre chose. On m'a parlé de l'homéopathie et je m'y suis intéressé, notamment pour les maladies chroniques dites incurables. Un premier cas qui m'a interpellé (et les aspects psychologiques ne pouvaient pas jouer c'est sûr) est un patient qui m'a été présenté comme cas clinique dans ma formation en homéopathie. Il a guéri alors que ses traitements conventionnels pris depuis 20 années n'y étaient pas arrivés : ce n'était pas un placebo qui lui ne peut pas agir dans ces maladies incurables et chroniques. J'ai voulu savoir comment ça	« La recherche fondamentale est la clef. La médecine conventionnelle avance aussi vers la personnalisation par exemple avec l'immunothérapie. L'industrie homéopathique ne fait plus de recherche sur le sujet car cela coûte trop cher. L'homéopathie ne rapporte pas grand-chose en effet. Cela devrait venir des autorités et des universités : sans *a priori*. Il faut des résultats solides donc nos recherches sont soumises à des vérifications statistiques multiples. On doit faire en sorte que les résultats soient inattaquables. Les opposants finiront bien par devoir admettre leur erreur mais ce n'est pas pour tout de suite. Les chercheurs sont plus ouverts que les médecins. Il y a aussi un débat sur la liberté thérapeutique, celle-ci est de plus en plus limitée car on doit	« Durant ma carrière, parce que je pratiquais l'homéopathie on m'a demandé de ne plus être maître de stage d'étudiants en médecine. Pour un médecin, il faut avoir de l'audace pour pratiquer l'homéopathie. Les généralistes sont ouverts en général. Ce sont plus les spécialistes qui comprennent le moins cette approche. En Inde il y a un ministère pour soutenir l'homéopathie. L'Allemagne est encore plus ouverte mais là ce sont les régions qui décident. La Suisse a rejeté l'homéopathie pendant un premier temps mais depuis un référendum elle a été obligée de l'accepter. En Belgique elle doit être pratiquée par des médecins reconnus. Les attaques contre l'homéopathie sont mondiales et se font en propageant des

	marche et comment expliquer ces guérisons. L'homéopathie est une thérapie individuelle visant un meilleur équilibre de santé dans une logique globale. Ce sont les résultats qui m'ont convaincu sur l'homéopathie. Le médicament homéopathique *ad hoc* induit la production de molécules endogènes qui vont agir sur les récepteurs. Le médicament homéopathique n'agit pas mais fait réagir l'organisme, il contient une information électromagnétique matériellement stabilisée dans la solution. Quand un organisme est malade il devient sensible à des messages même non moléculaires, comme cette information est spécifique il va la reconnaître et réagir. L'action de l'homéopathie s'explique par une action épigénétique	suivre des normes. On est de plus en plus contrôlé et cet aspect normatif peut être un problème. Les libertés diminuent partout. La grosse question est au niveau de la recherche fondamentale car tous les *a priori* viennent de l'idée que le remède homéopathique ne contient plus rien tellement il est dilué et donc ça ne peut pas fonctionner. Or il y a bien quelque chose dans ces remèdes, nous l'avons démontré. Il faut cependant accepter un changement de paradigme pour expliquer son effet clinique. »	« *fakenews* ». On ne regarde que l'une ou l'autre étude négative et pas les autres. Il serait quand même utile d'augmenter le nombre d'études cliniques. »

	modulant l'expression des gènes cibles. L'homéopathie favorise l'autoguérison qui va plus loin que l'esprit, mais sa limite c'est qu'il faut que l'organisme cible soit encore capable de réagir. J'ai toujours voulu soigner les gens, peu importe la méthode. La phytothérapie j'ai essayé mais c'est pareil que l'allopathie car il y a des effets toxiques alors que l'homéopathie n'a pas d'effets secondaires. On ne guérit pas tout, il faut trouver l'origine de la maladie. »		
Sujet 17 **(Homme, 67 ans)** Études de Médecine – formation scientifique – médecin/chercheur *Date de l'entretien :* *12/07/2019*	« La médecine a perdu une certaine saveur et son âme. La médecine occidentale a des lacunes notamment pour les maladies chroniques. Je veux le défendre d'un point de vue universitaire pour favoriser une transition. L'homéopathie c'est une autoguérison qui	« Il y a deux choses : les produits, la médecine et la science. On peut se demander pourquoi 56% des Français sont « ignorants » s'ils utilisent l'homéopathie. Les produits actuellement ont bénéficié de peu de recherche. Boiron aurait dû faire une recherche plus	« On décrédibilise l'homéopathie, c'est dommage. Je pense que les médecins de la tribune ont été manipulés. La méthode de pression pose problème car l'usage de *fakenews* devient courante. Il n'y a jamais eu de virulences initiales de la part des homéopathes vers les autres : c'est le contraire. Le débat s'est déplacé dans

	est favorisée, elle ne traite pas des maladies graves, c'est un faux débat. C'est une action d'autoguérison avec parfois un tiers qui permet cela. L'approche du thérapeute est plus importante avec la notion de temps. L'homéopathie est complémentaire à l'allopathie actuelle. Les seuls bénéfices de la médecine actuelle ne permettent pas de répondre aux soins les plus courants mais les plus nombreux. Ma manière de voir le soin a donc changé. Aujourd'hui on attaque le médicament homéopathique alors qu'il y a l'approche : c'est en fait une autre vision de l'approche de soin. Il y a une différence entre le médicament homéopathique et l'homéopathie : ils n'ont pas les mêmes objectifs »	intelligente. La recherche scientifique ne prend pas la bonne méthode. En Allemagne ils ont une vision intégrative, nous en France on prend une partie sans tenir compte de l'aspect qualitatif. On confond efficacité et utilité. Il faut de la recherche fondamentale et clinique. Elle existe mais elle a été niée. Ces recherches ne sont pas aidées par l'Etat. Quand c'est Boiron on dit que c'est biaisé. Aux Etats-Unis et dans d'autres pays il y a un vrai développement de recherche scientifique. La théorie de l'information électromagnétique est une bonne théorie mais elle n'est pas « supportée » par la médecine actuelle. La communication n'a jamais été aussi mauvaise entre les disciplines scientifiques. Il faut un moratoire d'analyse collective. »	un domaine non humaniste, on ne prend pas en compte l'évolution de notre société. La médecine traditionnelle doit faire partie de l'approche de soins. En France on est focalisé sur un soin technologique, certes utile mais insuffisant. Quelques difficultés proviennent de la connaissance en France. Quand on ne connaît pas on est opposant, cela provient surtout des médecins qui n'ont pas été formés. Il y a aussi un enthousiasme auprès d'autres personnes du milieu soignant et des usagers. »

ANNEXES A3 et A4 : Évaluation de l'effet placebo par les sujets

Annexe A3 : Extraits des retranscriptions des entretiens des sujets du groupe A (pas d'action propre pharmacologique de l'homéopathie). Retranscriptions concernant l'évaluation de l'effet placebo.

Sujets Groupe A - PAP	Évaluation de l'effet placebo
Sujet 1 (Homme, âge non renseigné) Thèse – post-doc – enseignant-chercheur *Date de l'entretien : 02/04/2019*	« Pour moi l'effet placebo est une réponse physiologique suite à l'administration d'une substance n'ayant aucune efficacité thérapeutique. »
Sujet 2 (Homme, âge non renseigné) Thèse – post-doc – chercheur *Date de l'entretien : 05/04/2019*	« L'effet placebo c'est un effet psychologique, un effet de relation/patient, effet de quelque chose à prendre. C'est un effet magique qui est présent chez tout le monde : j'ai bénéficié de l'effet placebo quand j'en prenais enfant. »
Sujet 3 (Femme, 52 ans) Thèse – post-doc – chercheur *Date de l'entretien : 12/04/2019*	« C'est le témoin négatif. La psychologie n'est pas placebo : le mot placebo est non approprié pour l'interprétation de l'évaluation des thérapies non médicamenteuses car il est lié à l'évaluation des effets biochimiques des médicaments. Donc il vaut mieux utiliser les termes, spécifique *versus* non spécifique. Tout ce qui n'est pas spécifique à la thérapie (le temps du soin, le fait de croire au bénéfice du soin) = l'effet placebo. Je pense que l'individu n'est pas qu'une machine : un effet spécifique *via* la psyché (cf *via* une diminution du stress permettant une meilleure gestion de la douleur) n'est pas placebo. Mais ce n'est pas une opposition car l'effet *via* la psyché c'est aussi un effet biologique car il peut induire entre autre la libération d'endorphine. Il y a un lien entre psychologie et biologie. »
Sujet 4 (Femme, 52 ans) Thèse – post-doc – enseignant-chercheur *Date de l'entretien : 07/06/2019*	« C'est quand on prend en aveugle ou double aveugle 2 groupes (ils ne savent pas qu'il y a placebo, voire le traitant non plus). On compare entre les deux groupes (placebo *vs* témoins) pour voir s'il existe un effet (statistiquement différent). Pour l'effet placebo il n'y a pas de molécules actives. Si on observe malgré tout un effet, je pense que c'est un effet cognitif de la personne du groupe placebo, le fait d'être en apparence soigné, lié au bien-être, l'affectif, l'attention : cela est suffisant pour que le cerveau envoie des informations « favorables » sur le

	corps ou que le cerveau traite différemment l'information « maladie » qu'il perçoit. On favorise ainsi l'effet d'aller mieux ou de se sentir mieux. On sait que la prise en charge de l'individu intervient dans la guérison. On dit aussi que « l'humeur » a un lien avec notre santé. »
Sujet 5 (Homme, 68 ans) Études de Médecine – formation scientifique –médecin/chercheur *Date de l'entretien : 12/06/2019*	« C'est un effet qu'on constate pour un certain nombre de médicaments. Quand on fait une étude en double aveugle avec un comprimé avec principe actif et comprimé sans principe actif, on voit un effet sans principe actif. La santé est liée au bien-être donc quand une personne perçoit qu'on s'occupe d'elle, elle va mieux. Donc c'est une composante psychologique à prendre en compte. C'est l'action du psychisme sur le corps ou de l'esprit sur le corps. »
Sujet 6 (Homme, 72 ans) Études de Médecine – médecin en lien avec l'université *Date de l'entretien : 13/08/2019*	« C'est une définition par défaut définie par l'industrie chimique. La psychologie on ne peut pas en parler car on ne peut pas comparer. Donc l'effet placebo est défini dans le cadre de thérapeutique pharmacologique. On parle d'effet placebo quand je compare un produit chimique à rien. C'est un effet clinique = ce que ressent le patient, mais pas d'action physiologique. Mais pour d'autres médicaments, on a un effet placebo. L'effet placebo c'est de la neurophysiologie par autosuggestion. Ce serait trop simple de dire que c'est l'esprit sur le corps. C'est une activité du cerveau, de la psyché. Le mot d'autoguérison n'est pas adapté car il ne faut pas faire appel à un tiers pour entrer dans l'autoguérison. Le placebo c'est quand on a un tiers. »
Sujet 7 (Homme, âge non renseigné) Thèse – post-doc – chercheur *Date de l'entretien : 21/08/2019*	« Quand on a une pathologie déjà existante avec un traitement administré, l'effet placebo ne peut s'observer que lorsqu'on teste un nouveau médicament, lequel est ajouté en premier dans un groupe et remplacé par du placebo dans un autre. C'est là qu'on observe que les malades qui ont pris le placebo pensant prendre le principe actif voient parfois leur état s'améliorer. Selon moi, c'est le fait de se considérer pris en main qui a un impact sur notre système et participe à la guérison, à une amélioration de notre état. Ce serait une combinaison de tout çà : action d'esprit, psyché, autoguérison. Le corps a des capacités d'autoguérison assez remarquables donc peut-être que la psychologie peut améliorer dans le cas de pathologies qui peuvent conduire à des guérisons sans aide. »
Sujet 8 (Homme, 60 ans) Études de Médecine – formation scientifique –médecin/chercheur	« L'effet placebo on le définit par défaut souvent. On ne sait pas trop comment cela marche, c'est autour de la relation avec le patient, mais ça ne fait pas de mal. On confond l'effet placebo et l'effet associé au placebo qui peut être lié à l'évolution de la maladie par exemple. Il y

Date de l'entretien : 26/02/2019	a énormément à travailler sur la question. Les émotions ont un effet. L'effet placebo n'est pas un gros mot. »
Sujet 9 (Homme, 40 ans) Études de Médecine – formation scientifique –médecin/chercheur *Date de l'entretien : 26/03/2019*	« Pour moi le placebo c'est une dimension de soin. Effet placebo, ensemble d'éléments qui créent un effet de soin. »
Sujet 10 (Homme, 58 ans) Études de Médecine – formation scientifique –médecin/chercheur *Date de l'entretien : 27/03/2019*	« Le premier effet placebo est le médecin par la reconnaissance scientifique qu'il possède de soigner des gens. Beaucoup de choses passent à travers la relation, le langage, l'échange. C'est une action liée à une situation et à un contexte. Sans molécule on a une action positive. Le fait de prendre rendez-vous avec le médecin apporte un bénéfice. L'effet placebo fonctionne sauf dans les situations pathologiques qui n'évoluent pas vers une rémission spontanée. C'est l'impact de la psychologie, la relation aux patients par les mécanismes de l'inconscient, l'importance du langage. La recherche scientifique médicale ne se limite pas à la biologie mais aussi au comportement : on améliorera plus la santé des gens par la compréhension du changement de comportement. »
Sujet 11 (Homme, 53 ans) Études de Médecine – formation scientifique –médecin/chercheur *Date de l'entretien : 28/03/2019*	« L'effet placebo c'est ce qui fait qu'un certain nombre de process sont efficaces sans être chimiquement actifs. L'efficacité symbolique c'est l'effet médecin-patient, il suffit d'aller voir le médecin pour aller mieux. Il y a une part d'effet placebo dans l'efficacité symbolique. L'effet placebo c'est réducteur à une gélule qui contient du saccharose. L'efficacité symbolique ce n'est pas que l'effet placebo. C'est tous ces trucs de méditation (ré-équilibrage cardiaque etc..) qui font penser que l'on est mieux mais ce n'est pas de la médecine. L'effet placebo c'est un effet compliqué qui passe par la couleur, la forme des comprimés, la façon de les prescrire. L'effet placebo a des effets sur le bien-être, sur des troubles fonctionnels et réduit des symptômes fonctionnels non mesurables du bien-être. L'homéopathie serait une efficacité symbolique. Cela agit sur les troubles fonctionnels par contentement des patients quand ils le prennent, mais cela n'agit pas sur des tumeurs ou un asthme par exemple. »
Sujet 12 (Homme, 63 ans) Études de Médecine – formation scientifique –médecin/chercheur	« Un médecin a convaincu la patiente du médicament, donc il a une action sur la force de l'esprit. Sur la douleur ou autre ça marche mais pas sur un cancer. C'est donc la dimension de faire disparaître ou diminuer ce symptôme. »

Date de l'entretien : 06/05/2019	
Sujet 13 (Homme, 62 ans) Études de Médecine – formation scientifique –médecin/chercheur *Date de l'entretien : 07/05/2019*	« C'est la force de son esprit, de domination de sa douleur pour aller vers la guérison. C'est l'action de l'esprit, de l'attitude sur le corps. »
Sujet 14 (Homme, 38 ans) Études de Médecine – formation scientifique –médecin/chercheur *Date de l'entretien : 14/08/2019*	« Un placebo est une substance inerte qui va pouvoir modifier en passant par le toucher, l'écoute, des paramètres biologiques : pour moi c'est l'action du système nerveux/esprit sur le corps. »
Sujet 15 (Femme, 44 ans) Thèse – post-doc – enseignant-chercheur *Date de l'entretien : 25/03/2019*	« L'effet placebo c'est prendre quelque chose telle qu'un médicament et d'avoir un effet bénéfique non lié. Je ne sais pas comment cela fonctionne… c'est toujours testé avec une gélule sans molécule, les gens sont persuadés. »
Sujet 16 (Homme, âge non renseigné) Études de Médecine – formation scientifique –médecin/chercheur *Date de l'entretien : 16/09/2019*	« C'est un outil méthodologique utilisé pour évaluer des médicaments et pour les mettre sur le marché, c'est tout. Le placebo est utile car on veut savoir ce qui marche dans un soin. Dans le soin, le placebo n'a aucun intérêt clinique. Le placebo est un outil sociologique pour décrédibiliser un traitement. On a une vision du soin qui est le traitement d'organes défaillants alors que ce n'est pas cela, c'est s'occuper des individus souffrants, donc on dénigre ceux qui soignent les gens dans le cadre d'une relation patient-médecin. Ecouter le patient c'est la base du métier. C'est un problème majeur que les médecins ne puissent pas prendre du temps avec leur patient mais à 25€ la consultation on n'a pas le temps donc on ne le prend plus et on ne sait plus vraiment parler avec les patients. Cela commence un peu à changer : en faculté de médecine sont mis en place des jeux de rôles par exemple pour améliorer ces échanges. Parler aux gens cela permet de voir qu'ils guérissent mieux. »
Sujet 17 (Femme, 41 ans)	« C'est un effet dû à une prise d'un médicament qui ne contient rien de spécifique. L'effet placebo est observé aussi sur les animaux, les chevaux par exemple. Cet effet

Thèse – post-doc – enseignant-chercheur *Date de l'entretien : 24/09/2019*	n'est pas spécifique à la molécule mais plus à l'impression de soins qu'on nous donne. Mais cela est d'autant plus notable sur des maladies qui se guérissent spontanément, donc cela serait identique au fait de ne rien prendre. Pour l'homéopathie c'est le cas car on ne fait jamais de tests en double aveugle. Dans la plupart des cas et des symptômes, ce sont des bobos qui se résorbent spontanément. Il peut y avoir un effet psychologique mais je pense que c'est plutôt un effet aléatoire. »
Sujet 18 (Homme, 33 ans) Thèse – post-doc – enseignant-chercheur *Date de l'entretien : 25/09/2019*	« C'est dans le cas d'un traitement médicamenteux avec amélioration des symptômes alors que le médicament ne possède pas de principes actifs. Cela améliore la condition psychologique et le corps humain va changer sa balance hormonale pour améliorer son système immunitaire, des mécanismes biologiques seront mobilisés. »
Sujet 19 (Femme, 51 ans) Thèse – post-doc – enseignant-chercheur *Date de l'entretien : 03/10/2019*	« L'effet placebo c'est quand on traite des patients et qu'on donne à certains un médicament et à d'autres non. L'effet obtenu est un effet psychologique qui déclenche un mécanisme biologique car le patient pense que cela va le soigner. Je pense que pour certaines pathologies on peut guérir par effet placebo. Le mental a un impact c'est connu. »

Annexe A4 : Extraits des retranscriptions des entretiens des sujets du groupe B (action propre de l'homéopathie certaine/possible/non exclue). Retranscriptions concernant l'effet placebo.

Sujets Groupe B - AP	**Évaluation de l'effet placebo**
Sujet 1 (Homme, 61 ans) Thèse – post-doc – enseignant-chercheur + recherche sur l'homéopathie *Date de l'entretien : 21/11/2018*	« Pour ce qui me concerne l'effet placebo n'existe pas. C'est juste une construction intellectuelle qui permet de se prémunir contre l'idée que la conscience préexiste à la matière. En effet, si, comme le font la plupart des scientifiques travaillant en neurosciences, l'on adopte le point de vue inverse, à savoir que la conscience serait une propriété qui émergerait d'un réseau de neurones suffisamment complexe, on ne sait comment expliquer de manière rationnelle les guérisons spontanées couramment observées dans les études randomisées en double aveugle. Comme toujours, lorsqu'une chose est incompréhensible dans un certain cadre de pensée, on invente un concept *ad hoc*, l'effet placebo en médecine, qui masque notre ignorance et permet de ne pas avoir à changer son cadre de pensée. Bien sûr, comme l'on observe dans les mêmes études aussi des cas où la maladie s'aggrave en administrant un produit « neutre », on est obligé d'introduire un autre concept *ad hoc*, l'effet nocebo. Mais si au contraire la conscience prédomine sur la matière comme tend à le suggérer la philosophie et la physique quantique, alors ces deux hypothèses *ad hoc* deviennent inutiles puisqu'il devient possible de comprendre les phénomènes observés comme étant liés à une influence directe de la conscience sur la matière. Hahnemann avait d'ailleurs déjà pressenti que par-delà la matière existait une force vitale immatérielle sur laquelle il était possible d'agir en administrant des substances hautement diluées et dynamisées. Il convient donc de laisser les ignorants ou ceux qui refusent de savoir discuter des mérites des effets placebo ou nocebo. Mais, lorsqu'on dispose d'une théorie scientifique permettant d'expliquer de manière rationnelle le mécanisme d'action d'un remède homéopathique, on gagne un temps précieux en évitant de se casser la tête sur un faux problème. »
Sujet 2 (Homme, 45 ans) Thèse – post-doc – chercheur + recherche sur l'homéopathie	« Très bien il y a plein de belles études qui montrent que l'effet placebo compte pour 30% des effets cliniques. Je regarde les études en double aveugle qui me montrent des effets qui restent au-delà de l'effet placebo et qui sont intéressants en homéopathie. On est programmé pour être sensible à vouloir à y croire, on fait partie de quelque chose et on se sent mieux et c'est un effet plus puissant

Date de l'entretien : 25/02/2019	que l'on ne pensait et qui peut nous guérir. *A priori* cela passe par la psychologie et la pensée qui agirait sur le corps. Les gens qui savent que c'est un placebo ça marche encore, donc c'est intéressant. Il est possible qu'il y ait des éléments communs entre effet placebo et homéopathie mais l'effet placebo n'est pas spécifique alors qu'en homéopathie l'effet semble spécifique au remède utilisé. »
Sujet 3 (Homme, 45 ans) Thèse – post-doc – enseignant-chercheur *Date de l'entretien : 26/03/2019*	« Dans le cadre d'une expérimentation on remplace le principe actif par une molécule neutre puis on dit ou pas à une personne qu'il prend un placebo (j'avais participé à une expérience où j'avais pris un placebo sans le savoir). Suite à la prise du médicament, on regarde si la personne réagit, c'est l'effet placebo. Le psychisme peut aider. Je ne peux pas l'expliquer mais psychologiquement notre corps peut répondre à des informations, cela reste dans le cadre biologique. On n'est pas forcément dans une réponse différente d'un système neurobiologique mais avec une information verbale. »
Sujet 4 (Homme, 64 ans) Études de Médecine – formation scientifique –médecin/chercheur + recherche sur l'homéopathie *Date de l'entretien : 03/06/2019*	« Votre organisme connaît ce qui peut lui faire du bien donc seulement en parlant avec son patient, si on fait une bonne anamnèse, le fait d'avoir compris le remède nécessaire fait prendre conscience à l'individu pourquoi il en est là. Quand un individu sort de ma consultation il peut être déjà guéri partiellement. On est tous capable d'autoguérison, il faut juste que quelqu'un vous dise où aller. Brain to brain : il y a de la télépathie possible donc il y a un effet du cerveau du médecin sur le cerveau du patient. L'effet placebo c'est dans le cadre d'un protocole pour voir le bénéfice d'un produit. Il y a un rituel d'administration. Effet placebo ou autoguérison : c'est dans la manière dont le médecin perçoit son patient. Le remède homéopathique soutient l'effet d'autoguérison. Certaines personnes sont plus sensibles que d'autres. L'effet placebo en homéopathie est encore plus puissant, car les patients s'auto-analysent plus, donc l'effet d'autoguérison est plus important. »
Sujet 5 (Femme, 40 ans) Thèse – post-doc – enseignant-chercheur *Date de l'entretien : 29/03/2019*	« Un placebo c'est donner quelque chose qui ressemble au médicament avec un conditionnement similaire avec un effet observé non lié à la molécule testée et on observe un effet car la personne doit se conditionner en se disant qu'elle a pris ce médicament en pensant que cela va marcher. C'est donc un effet psychologique mais non lié à la molécule testée.»
Sujet 6 (Femme, 58 ans)	« L'effet placebo oui il y en a dans l'allopathie comme dans l'homéopathie. Des patients me disent que le simple fait d'avoir attendu dans la salle d'attente les a soulagés.

Études de Médecine – médecin homéopathe ayant fait des expérimentations de recherche *Date de l'entretien : 27/02/2019*	Je définirai l'effet placebo comme un message inconscient adressé aux gens. »
Sujet 7 (Homme, 41 ans) Thèse – post-doc – enseignant-chercheur *Date de l'entretien : 01/04/2019*	« Un effet placebo c'est un effet induit par une partie de l'esprit, un conditionnement mental sur son état biologique. C'est très efficace sur les personnes actives qui veulent guérir. C'est un effet psychologique à prendre en compte dans le traitement d'une pathologie. Cela peut aider à ce que le corps se défende mieux contre les agressions. On connaît l'effet que cela a sur la biologie. L'écoute reçue pendant les séances peut suffire à traiter ou à retirer des bénéfices et tout ce qui fait du bien est bon à prendre. »
Sujet 8 (Homme, 65 ans) Études de Médecine – formation scientifique –médecin/chercheur + recherche sur l'homéopathie *Date de l'entretien : 11/03/2019*	« L'effet placebo, c'est pour moi un effet relationnel qui agit sur la guérison. Le médecin peut être un très bon placebo. Il y a un effet placebo dans l'homéopathie comme dans l'allopathie. Dans le cadre de l'homéopathie il y a deux choses : la relation entre le patient et le médecin et le médicament. En réalité le médicament homéopathique n'est pas un bon placebo en tant qu'objet. On n'a pas la preuve définitive que l'homéopathie est supérieure à un effet placebo, mais on a de bonnes études scientifiques. »
Sujet 9 (Homme, 66 ans) Études de Médecine – médecin homéopathe ayant fait des expérimentations de recherche *Date de l'entretien : 12/03/2019*	« L'effet placebo, c'est l'idéal de la médecine pour moi car c'est se guérir seul. C'est arriver à ce que le corps se guérisse, c'est de l'autoguérison. Le fonctionnement de l'effet placebo est lié à la conviction. Il y a aussi l'effet nocebo = paroles qui ont un effet délétère. L'homéopathie favorise un équilibrage puisqu'on apporte une information mais l'homéopathie a plus d'effets qu'un effet placebo. »
Sujet 10 (Femme, âge non renseigné) Études de Médecine – médecin homéopathe ayant fait des expérimentations de recherche	« L'effet placebo est un effet d'ordre psychologique qui donne une amélioration sans molécule chimique. Le remède homéopathique agit en stimulant l'énergie vitale. Faire des expérimentations pour étudier les remèdes homéopathiques c'est très important. Celles-ci montrent qu'il y a une différence entre placebo et médicaments homéopathiques. Les expérimentateurs qui reçoivent le

Date de l'entretien : 14/03/2019	placebo ne développent pas les symptômes de celui qui reçoit le remède. »
Sujet 11 (Homme, 68 ans) Études de Médecine – médecin homéopathe ayant fait des expérimentations de recherche *Date de l'entretien : 15/03/2019*	« L'effet placebo est le fait de croire vraiment qu'on va être bien soigné ce qui va mobiliser des ressources immunitaires, psychiques. L'effet placebo existe en homéopathie de même qu'en allopathie. L'effet placebo par contre ne fonctionne pas dans le temps, son effet s'épuise rapidement, alors qu'un remède homéopathique bien choisi peut guérir. »
Sujet 12 (Homme, 60 ans) Thèse – post-doc – enseignant-chercheur *Date de l'entretien : 22/05/2019*	« Notre système de contrôle homéostatique neuroendocrinien interagit avec son environnement physique, qui dépend aussi de nos émotions. Les signaux émis par ces systèmes de contrôle ne seront pas identiques selon l'état émotionnel. Ces signaux *in fine* déterminent une réponse physiologique. Lorsqu'on s'attend à ce qu'une molécule fasse un effet, on a un effet physiologique par l'effet placebo. Action du psychisme mais aussi des molécules dans le corps. Peut-être que l'effet placebo joue un rôle dans l'homéopathie, mais je ne sais pas si l'homéopathie n'est que de l'effet placebo. Je ne pense pas mais je ne sais pas. »
Sujet 13 (Femme, âge non renseigné) Études de Médecine – médecin homéopathe-médecin du sport ayant fait des expérimentations de recherche *Date de l'entretien : 20/03/2019*	« Effet positif qui n'est pas dû à une substance mais à l'impact de la consultation, du médecin, de l'environnement, du cachet et sa forme sur les résultats d'une maladie. C'est l'influence de la pensée sur la matière. L'effet placebo est identique en homéopathie et allopathie. C'est un effet induit par la « pensée » mais aussi dû aux croyances. Les couleurs de médicaments ont un effet, les formes aussi, il y a un effet de la consultation, du traitement. C'est un ensemble de choses, c'est multifactoriel. »
Sujet 14 (Homme, âge non renseigné) Études de Médecine – formation scientifique –médecin/chercheur *Date de l'entretien : 29/05/2019*	« On donne une substance non active et il y a une partie des croyances du patient qui donne un effet. Peut-être dans l'homéopathie il y a l'effet placebo, il y a peut-être autre chose aussi. Aujourd'hui c'est vrai qu'il n'y a rien dans les granules mais il faut creuser car il y a peut-être autre chose. C'est compliqué. »

Sujet 15 (Homme, 72 ans) Études de Médecine – médecin homéopathe ayant fait des expérimentations de recherche *Date de l'entretien : 27/05/2019*	« L'effet placebo c'est quand deux êtres humains se rencontrent, interfèrent, donc l'échange met en route, en dynamisme, notre capacité d'autoguérison. L'effet placebo c'est 50% de l'action entre patient/médecin. L'effet placebo est donc une action immatérielle (avec ou sans pilule) mobilisant l'autoguérison alors que l'homéopathie est une action informationnelle mobilisant l'autoguérison. La maladie est la manifestation d'un dérèglement et la médecine académique est réduite à un acte de réparation, même s'il ne faut pas la rejeter. Il existe un effet placebo en homéopathie comme dans toute relation thérapeutique et il peut être renforcé grâce à l'écoute du médecin approfondie telle qu'elle est pratiquée en homéopathie. »
Sujet 16 (Homme, 71 ans) Études de Médecine – médecin homéopathe ayant fait des expérimentations de recherche *Date de l'entretien : 28/05/2019*	« C'est un effet lié à l'espoir d'avoir un résultat. Même en chirurgie cet effet a été identifié. Mais cet effet n'est possible que pour des pathologies qui peuvent guérir seules et toujours à court terme. Je pense que cet effet est même plus important en homéopathie car on s'occupe de la psychologie de l'individu. C'est l'action de l'esprit sur le corps pour des pathologies spontanément réversibles. »
Sujet 17 (Homme, 67 ans) Études de Médecine – formation scientifique –médecin/chercheur *Date de l'entretien : 12/07/2019*	« Il est présent à 30% dans toutes les thérapeutiques. C'est l'effet docteur, c'est l'amplification, les croyances, la magie. Il est utile car il conduit à un résultat thérapeutique. Le produit placebo est différent car c'est un produit sans effet en lui-même, mais seul il n'a aucun intérêt. Cependant l'homéopathie est différente du seul et exclusif effet placebo. L'effet placebo doit être préservé même si l'homéopathie en a. L'effet placebo contribue à de l'autoguérison. »

Structures éditoriales du groupe L'Harmattan

L'Harmattan Italie
Via degli Artisti, 15
10124 Torino
harmattan.italia@gmail.com

L'Harmattan Hongrie
Kossuth l. u. 14-16.
1053 Budapest
harmattan@harmattan.hu

L'Harmattan Sénégal
10 VDN en face Mermoz
BP 45034 Dakar-Fann
senharmattan@gmail.com

L'Harmattan Cameroun
TSINGA/FECAFOOT
BP 11486 Yaoundé
inkoukam@gmail.com

L'Harmattan Burkina Faso
Achille Somé – tengnule@hotmail.fr

L'Harmattan Guinée
Almamya, rue KA 028 OKB Agency
BP 3470 Conakry
harmattanguinee@yahoo.fr

L'Harmattan RDC
185, avenue Nyangwe
Commune de Lingwala – Kinshasa
matangilamusadila@yahoo.fr

L'Harmattan Congo
67, boulevard Denis-Sassou-N'Guesso
BP 2874 Brazzaville
harmattan.congo@yahoo.fr

L'Harmattan Mali
ACI 2000 - Immeuble Mgr Jean Marie Cisse
Bureau 10
BP 145 Bamako-Mali
mali@harmattan.fr

L'Harmattan Togo
Djidjole – Lomé
Maison Amela
face EPP BATOME
ddamela@aol.com

L'Harmattan Côte d'Ivoire
Résidence Karl – Cité des Arts
Abidjan-Cocody
03 BP 1588 Abidjan
espace_harmattan.ci@hotmail.fr

Nos librairies en France

Librairie internationale
16, rue des Écoles
75005 Paris
librairie.internationale@harmattan.fr
01 40 46 79 11
www.librairieharmattan.com

Librairie des savoirs
21, rue des Écoles
75005 Paris
librairie.sh@harmattan.fr
01 46 34 13 71
www.librairieharmattansh.com

Librairie Le Lucernaire
53, rue Notre-Dame-des-Champs
75006 Paris
librairie@lucernaire.fr
01 42 22 67 13

www.ingramcontent.com/pod-product-compliance
Lightning Source LLC
LaVergne TN
LVHW050650051026
849532LV00002B/588